经管文库·管理类
前沿·学术·经典

RESEARCH ON 3D RECONSTRUCTION ALGORITHM
BASED ON PRIOR KNOWLEDGE OF HIGH–RISE
STRUCTURES

基于高层结构先验的三维重建算法研究

王伟 著

MANAGEMENT

经济管理出版社
ECONOMY & MANAGEMENT PUBLISHING HOUSE

图书在版编目（CIP）数据

基于高层结构先验的三维重建算法研究 / 王伟著 . — 北京：经济管理出版社，2023.9
ISBN 978-7-5096-9326-1

Ⅰ.①基… Ⅱ.①王… Ⅲ.①三维数值模拟 – 算法设计 – 研究 Ⅳ.① O242.1

中国国家版本馆 CIP 数据核字（2023）第 188529 号

组稿编辑：杨国强
责任编辑：杨国强
责任印制：许　艳
责任校对：陈　颖

出版发行：经济管理出版社
　　　　　（北京市海淀区北蜂窝 8 号中雅大厦 A 座 11 层　100038）
网　　址：www.E-mp.com.cn
电　　话：（010）51915602
印　　刷：唐山玺诚印务有限公司
经　　销：新华书店
开　　本：720 mm×1000 mm/16
印　　张：16.75
字　　数：291 千字
版　　次：2023 年 10 月第 1 版　　2023 年 10 月第 1 次印刷
书　　号：ISBN 978-7-5096-9326-1
定　　价：98.00 元

序 言

基于图像的三维重建是计算机视觉领域的重要研究方向，在文化遗产保护、数字化城市建模、驾驶导航、虚拟现实等领域具有广泛的应用。传统的三维重建算法通常仅利用图像底层特征或简单的场景语义类别（如天空、建筑）等信息从单幅或多幅图像中推断场景的空间结构，而当图像中存在较大的光照变化、透视畸变、噪声等干扰因素时，其往往难以获得较好的结果。在此情况下，利用高层结构先验引导三维重建过程将有助于提高三维重建的精度、完整性与效率。

本书在多视几何、深度学习及优化算法等基本理论的基础上，着重对基于高层结构先验的三维重建算法进行深入研究。对于每种算法，均对其原理进行剖析，并采用多种数据集对其可行性与有效性进行验证。本书共分为十二章，每章主要内容如下：

第一章介绍三维重建存在的问题、研究现状以及特征匹配、优化算法、卷积神经网络等基础知识。

第二章介绍多视图条件下利用匹配扩散方式提高三维重建完整性与精度的算法。

第三章介绍多视图条件下利用语义信息提高三维重建精度与效率的算法。

第四章介绍多视图条件下利用多级能量优化方式提高三维重建精度的算法。

第五章介绍针对海量带噪空间点的建筑主平面快速检测算法。

第六章介绍面向合成孔径雷达技术生成空间点的建筑主平面检测算法。

第七章介绍多视图条件下利用稀疏空间点与协同优化方法提高三维重建完整性与效率的算法。

第八章介绍两视图条件下利用平面及平面夹角等结构先验实现三维"线 – 面"结构重建算法。

第九章介绍两视图条件下利用平面及平面夹角等结构先验实现融合点、

线、面结构的三维重建算法。

　　第十章介绍在单视图条件下利用平面夹角、空间布局等结构先验提高三维重建精度与效率的算法。

　　第十一章介绍多视图条件下利用交互方式实现场景多平面结构重建的算法。

　　第十二章介绍单视图条件下利用交互方式实现场景多平面结构重建的算法。

　　本书适合于计算机视觉、城市建模、测绘等领域的高等院校教师、研究生、科研人员和工程技术人员学习参考。

　　本书由河南省重点研发与推广专项（科技攻关）项目基金（232102321068）资助完成。

目　录

第一章 绪 论

视觉是人类获取信息、感知世界的重要渠道。人类通过眼睛从周围环境中获取相关信息并传输到大脑，大脑中的视觉处理系统根据已知的知识或经验对这些信息进行加工、整理及推断，最终完成对周围环境的感知与理解。计算机视觉技术是根据类似人眼的数字设备（如相机）所获取的特定场景信息（如图像、视频等），利用计算机模拟人类大脑视觉处理系统以完成对当前场景进行认识与理解的技术（如空间结构、物体类别等）。

然而，尽管数字设备可对场景的亮度、颜色等信息进行可靠的记录，但却无法保存相关的几何信息（如深度），因而如何从已知不包含深度信息的图像或视频中恢复相应场景的几何结构是计算机视觉要解决的基本问题。尽管当前也存在一些数字设备（如 Kinect、TOF）可以在对场景成像的同时保存相应的深度信息，但这些设备的深度获取范围非常有限，并不适于深度范围较大的室外场景，因而利用单幅或多幅图像对相应场景的三维结构进行重建通常具有更广阔的应用前景。

在实际中，由于图像中存在光照变化、透视畸变、噪声等干扰因素，传统三维重建算法往往存在精度与效率较低、可靠性与适应性较差等问题。在此情况下，利用高层结构先验引导三维重建过程是提高三维重建的精度、完整性与效率的有效途径。

第一节 问题分析

在实际中，由于受到诸多干扰因素的影响，在利用多幅或单幅图像重建相应场景完整、精确的三维结构时往往存在较大的困难：

一、宽基线或透视畸变

由于室外场景（如位于高山险要位置的古建筑）的拍摄位置受限，在利用相机采集的图像中，有效用于场景结构重建的图像可能并不多，且图像间可能存在较大的基线宽度或较严重的透视畸变，因而导致场景结构重建过程中像素或区域间的特征匹配以及整体结构优化的可靠性较差。

二、光照变化

室外场景通常存在较大的光照变化，因而导致在不同视角、不同时间对同一场景拍摄的图像颜色、纹理等信息存在较大差异，进而对图像特征提取及匹配的可靠性产生较大影响。

三、弱纹理区域

室外场景中的弱纹理区域（如颜色均一的白色墙壁）存在两方面的干扰：①难以在其中检测到可靠的图像特征；②像素或区域之间匹配存在多义性（如当前图像中的指定像素往往与其他图像相应极线多个匹配点相对应），因而难以从中确定准确的空间结构。

四、重复纹理区域

室外场景中的重复纹理区域（如古建筑中多个相同的瓦片相接排列）的干扰与弱纹理区域类似，通常会导致图像特征提取以及像素或区域之间匹配的多义性，进而影响场景结构重建的完整性。

五、图像噪声及分辨率

图像噪声及较低的图像分辨率不利于对图像像素或区域的特征进行描述，进而影响匹配的可靠性。随着计算机处理速度、图像与视频采集设备性能的提高，采用包含更丰富场景结构信息的高分辨率图像对场景结构进行重建有利于生成较完整、可靠的结果；然而，由于随之而来的计算复杂度增大，相应算法在实时性要求较高的场合可能并不适用。本质上而言，高分辨率图像中仍然存在噪声、弱纹理与重复纹理等区域，难以从根本上解决场景结构重建的完整性问题。

六、遮挡

在室外场景中，建筑、树木等同类或异类对象之间通常存在严重的遮挡（如不同建筑之间的遮挡及同一建筑不同构成平面之间的遮挡）。对于被遮挡对象，由于难以在多幅图像间确定可靠的像素或区域匹配关系，往往无法对其结构进行重建。

本书将围绕以上问题展开研究，利用深度学习、概率图模型等研究成果探索利用高层结构先验提高场景结构重建完整性与精度以及相关语义特征可靠性的有效方法，具体解决以下两个问题：

（1）如何充分挖掘图像中蕴含的高层结构先验（如平面基元、平面的关系等）以提高场景结构重建的完整性与可靠性。当前技术在大数据的驱动下通常采用像素/空间点级且不具有明确语义信息的图像特征或过于简单的几何模型对场景进行重建；然而，由于其缺乏对图像中所蕴含高层结构先验的深度挖掘，往往在不易获取图像数据（如受限视点下的城市建筑）或仅可获取少量图像数据的情况下难以获得较好的结果。此外，由于缺乏对高层结构先验的理解，当前技术通常重复性地采用相同的方式对具有相同结构的古建筑或同一古建筑的相同构件进行重建，不但灵活性与适应性差，而且整体效率较低。

（2）如何通过融合高层结构先验、不同层次的图像特征以及不同结构基元（如点、线与平面）等信息对场景结构及相关语义特征（如场景平面与图像区域的关联）进行优化。

在实际应用中，越来越多的场合（如混合现实、智慧旅游）不仅对场景结构的精度要求较高，而且对场景不同构成基元间的相关性要求也较高。当前技术尚不能同时获取精确的场景结构与相关语义特征，而不具有语义特征的场景结构不利于后续的处理（如结构编辑、混合现实中的元素融合）及应用的拓展。相对而言，若能同时实现场景不同结构的重建及语义特征的关联，后续依此对相近风格场景的重建具有重要的引导作用，相关技术将具有更广阔的应用空间。

第二节 国内外研究现状

利用多幅或单幅图像重建场景的结构是计算机视觉领域的研究热点，本节对相关算法进行分类讨论。

一、根据结构先验的场景重建算法分类

（一）像素或空间点级的场景重建算法
此类算法[1, 2]以像素或空间点作为重建基元，主要采用图像特征点匹

配、空间点计算与优化等步骤重建结构。为了克服图像特征点稀疏、空间点计算与优化误差累积等因素影响，在初始稀疏空间点基础上采用空间点扩散的算法[3]被广泛用于提高结构重建的完整性。此外，利用特定方法检测可靠特征点并对局部结构进行描述[4]也是解决结构重建完整性的常用算法。然而，尽管性能优良的特征度量或图像特征描述有助于克服透视畸变、光照变化等因素的影响，但仍然难以较好地解决弱纹理、曲面等区域的匹配多义性问题，因而不易保证结构重建的完整性，如 Gao 采用匹配点校验、集束优化等方式对古建筑航拍图像与地面图像对应的点云进行融合，但并未对弱纹理、曲面等区域对应结构进行推断，因而难以解决古建筑结构重建完整性问题[5]。

　　整体而言，此类算法通常用于获取空间点形式表达的场景初始结构或利用集束优化方法获取相关相机参数，需在此基础上对场景完整的结构做进一步的推断。此外，相对于像素或空间点，利用直线或曲线[6]等中层、高层重建基元获得的场景结构虽具有较好的可理解性，但严格而言也并不完整，在很多情况下仍需对场景完整的结构进行推断。

（二）区域级与模型级的场景重建算法

　　相对于像素或空间点级的算法，此类算法采用了更高层次的重建基元或结构先验[7]。例如，先假设场景由多个平面构成，进而将图像过分割为互不交迭的区域集，然后在全局优化框架下为每个区域分配最优的平面。然而，在实际中，由于受到空间点较为稀疏、图像过分割精度较低、初始平面不完备等因素的影响，此类算法在建筑结构推断与优化时往往会产生较大错误。在初始空间点的基础上，Nguatem 首先采用分治算法对其进行分割并对分割后的不同点云区域进行特定结构的识别（如地面、建筑立面等），进而对不同结构的点云进行拟合以生成场景完整的结构[8]；Fang 等则通过探测局部平面结构的方式对物体不同尺度的结构进行表达[9]。然而，此类算法由于对初始点云稠密度及场景结构存在一定的依赖与假设，因而在初始点云较为稀疏或场景结构较为复杂时不易获得较好的结果。此外，许多算法[10]采用仅有三个正交场景主方向的 Manhattan-world 模型对场景的完整结构进行推断，虽然在一定程度上可以解决弱纹理区域的重建问题，但由于场景模型或结构先验过于简单，在复杂场景的重建中往往会产生较大的错误。

（三）基于特征学习的场景重建算法

　　此类算法通过利用由机器学习获取的高层图像特征或结构先验实现结构

的推断。例如，在基于单幅图像的算法中，Qi 等利用深度与法向量之间的关系，通过融合深度与法向量的两分支卷积神经网络同时预测深度与法向量，有效提高了深度与法向量预测的精度与整体一致性[11]；Poms 等利用卷积神经网络对图像中具有高重构性的区域进行了检测，避免了耗时的逐像素匹配，进而极大地提高了整体重建效率[12]；He 等将相机焦距作为深度神经网络的调控参数，提高了从单幅图像学习深度信息的可靠性[13]；Liu 等在由残差神经网络获取的高分辨率特征图的基础上，利用全局平均池化、金字塔池化等方法构建三分支神经网络预测单幅图像对应的多平面结构[14]；Yu 等利用卷积神经网络将像素映射至特定空间并采用均值漂移方法检测平面区域，进而通过像素与平面的一致性估计相应的平面参数[15]；Li 和 Snavely 利用从互联网收集的图像集构建训练样本，并通过融合语义信息的方式对单幅图像对应的深度图进行预测，较好地解决了传统算法受限于训练样本及相关类别数量不足的问题[16]；Qi 等根据深度与法向量之间的相关性提出边缘增强的几何神经网络，较好地提高了单幅图像对应深度与法向量预测的可靠性[17]。在双目或多视结构重建中，为提高立体匹配的可靠性，Poggi 等与 Tonioni 等分别提出弱监督引导性匹配网络与无监督自适应性匹配网络[18][19]；Liang 等将匹配代价计算、视差估计与优化等步骤整合于统一的框架下完成，并利用特征一致性（特征相关性与重构误差）约束引导视差估计过程以提高视差估计的精度[20]；Jie 等提出左右比较性重现模型同时对视差进行估计与一致性校验[21]；Yao 等利用多幅图像通过高层特征提取、初始深度的估计与优化等过程推断场景的深度信息，极大地提高了场景重建的完整性与效率[22]。

本质上而言，相对于几何意义上的场景结构重建，利用机器学习方法所推断的场景结构的精度通常较低；然而，将其作为先验信息或约束以与几何意义上的场景结构重建相融合或引导几何意义上的场景结构重建过程，则有利于解决场景结构重建的完整性与效率等问题。

（四）交互式场景重建算法

此类算法通过用户提供结构先验的方式重建结构。在特定情况下，通过消影点或直线的约束，仅利用单幅图像[23, 24]即可恢复较完整的结构。然而，由于单幅图像所包含的约束条件较少，相关算法通常不适用于复杂结构的重建；相对地，基于多视图的交互式算法往往具有更高的可靠性，例如，Chen 等在初始稠密深度图的基础上，采用交互方式对由弱纹理、遮挡等因素导致的错误进行修正以提高深度图的精度[25]；王伟和胡占义前期在初始稀疏空间点的基础上通过融合空间点扩散、几何基元拟合等操作的方式实现多视图交互式结构重建，有效提高了交互式结构重建的精度与效率[26]；Wolberg 和 Zokai 在初始稀疏空间点的基础上，以地平面作为参考，采用在图像中绘制草图的方式快速对城市场景进行建模[27]；Liu 等在用户输入的三维体素网络模型的基础上，利用生成式对抗神经网络辅助用户采用交互的方式完成模型的编辑[28]。

整体而言，传统交互式场景重建算法为了构建有效的约束条件以保证场景结构重建的可靠性，通常需要用户提供大量的交互信息或过于依赖初始条件（如初始稠密空间点），而且由于对用户理论基础要求较高，相关系统往往也不易被普通用户所接受。

（五）基于形状文法的场景重建算法

基于形状文法的算法通过建筑结构特点或先验，以及编写特定的规则文件（如基本形状的空间位置与尺寸以及平移、旋转、缩放、切分等操作）实现三维建筑模型的构建，具有自动化程度高、代码复用性强等优势，特别是在大规模建筑结构重建中，往往表现出较好的性能。例如，Mueller 等通过建筑分层解析与形状文法的融合，利用单幅图像对建筑立面进行高精度建模[29]；Nishida 等通过卷积神经网络对人工绘制草图对应的特定建筑基元形状规则与参数进行识别，进而利用特定建筑基元实现复杂建筑结构的精细建模[30]；Aliage 等首先利用用户交互方式构建建筑初始模型并生成相应的形状文法，进而实现不同样式建筑模型的生成[31]；Jesus 等为了提高形状文法对复杂结构的表达能力，采用形状文法分层表达与形状向量化定义的方式对建筑进行建模[32]；Tran 等在初始点云与立方体重建基元的基础上，利用形状文法实现室内结构的重建[33]。

近年来，由于基于形状文法三维建模软件 CityEngine 的出现，基于形状文法的结构重建算法被广泛应用于大规模城市建筑或古建筑的建模中；然而，对于基于图像的建筑建模，该类算法的关键或难点仍是对图像中建筑结构的有效解析及相关参数的确定，此问题往往对形状文法生成的可靠性及所重建模型的精度产生较大的影响。

二、根据图像数量的场景重建算法分类

根据在场景重建中所采用图像的数量，相关算法可分为以下两种：

（一）多视图条件下场景重建算法

此类工作旨在利用多幅拍摄于同一建筑的图像（有序或无序）重建出相应的建筑结构。早期的运动恢复结构（Structure from Motion，SFM）技术[34, 35, 36, 37, 38]通过图像配准、特征提取与匹配、空间点计算与集束优化等步骤从无序未知相机参数的图像中同时确定建筑结构的稀疏空间点与相机参数。近年来，相关工作多集中于图像对选择、集束优化、场景先验融合等方法的研究，以提高整体效率与精度，如 Magerand 和 Bue 在广义射影重构理论的基础上提出 PSfM 算法[39]以及 Cui 等提出的基于全局相机旋转估计的 HSfM 算法有效提高了数据丢失、外点干扰等情况下的重建可靠性与效率[40]。

由于受到图像特征点稀疏、弱纹理与曲面等区域的匹配多义性、空间点计算与优化误差累积等因素的影响，运动恢复结构技术往往不易获得完整的建筑结构，因而，在初始稀疏空间点及已知相机参数的基础上重建完整建筑结构的工作倍受研究者的关注。早期的相关工作主要集中于图像特征提取、匹配与优化方法上（如 Tola 等通过在图像间进行逐像素 DAISY 特征匹配的方式获取稠密空间点[41]，Furukawa 和 Ponce 通过空间点扩散的方式提高空间点的稠密度[42]），而后续工作则通过全局优化或融合建筑结构先验（如建筑多平面结构、Manhattan-world 模型等）的方式提高建筑重建的完整性，如 Verleysen 根据建筑多平面结构的假设将图像过分割为互不交迭的区域（超像素）集，然后在 MRF（Markov Random Field）能量优化框架下为每个区域分配最优的平面[43]；Li 等则采用仅有三个正交场景主方向的 Manhattan-world 模型对场景的完整结构进行推断[44]。事实上，此类算法虽然在一定程度上可以解决弱纹理区域的重建问题，但由于所采用的先验或模型过于简单，在复杂建筑结构的重建中往往会产生较大的错误（如超像素对应的真实平面法向量与 Manhattan-world 模型三个主方向均不一致时则被分配错误的平面）。

随着深度学习技术的发展，利用可提取图像不同层次特征的卷积神经网络很大程度上可解决建筑结构推断中的特征匹配多义性、空间几何不确定性等问题，近年来在双目立体视觉[45, 46]或多视图三维重建[47, 48]中取得了较好效果。其中，Yao 等提出的端到端多视图深度估计框架 MVSNet 可通过深度特征提取、特征匹配代价构造与聚合、深度估计与优化等步骤获得稠密的重建结果[48]；在此基础上，后续出现许多改进性工作以解决其代价聚合与正则化时的资源消耗过大或深度估计范围受限等问题，如 R-MVSNet 利用循环神经网络中的 GRU（Gate-Recurrent Unit）结构对聚合代价体进行正则化以降低资源消耗[49]，P-MVSNet 通过将像素匹配扩展到区域匹配以提高重建的完整性[50]；Yu 和 Gao 通过稀疏高分辨率深度图预测、深度图扩展与精细化等步骤提高精度与效率[51]；Wang 等在表面网格引导下采用由粗至精的方式解决弱纹理区域重建的可靠性[52]；Gu 等通过先估计初始深度值之后再缩小深度估计范围的方式提高深度估计精度[53]；Yang 等利用代价聚合金字塔提高深度推断精度与效率[54]。此外，Ji 等提出了体素表达形式的 SurfaceNet+ 算法通过遮挡视点的检测可利用较少的宽基线图像获取稠密的结果[55]；Wang 等针对高分辨图像提出的迭代式多尺度立体 Patchmatch 算法则有效降低了重建资源消耗[56]。

（二）单视图条件下场景重建算法

此类算法通常利用图像中可检测的几何约束（如平行与垂直线段、消影点与线、不同类型的线段连接等）与特定场景结构先验（如平面的数量、平面之间的相关性、特定场景模型等）对图像对应的多平面结构直接进行推断。例如，Hoiem 等利用多种图像特征（如颜色、纹理等）将由图像过分割生成的超像素（以下简称超像素）对应的场景结构粗略地分类为指定的几何类别（如向左、向右与向前的垂直平面）[57]；Barinova 等利用类似的假设，利用地平线估计、消影点检测、条件随机场等预处理与优化方法确定城市场景结构中的垂直平面及相应的边界[58]；Delage 等假设室内场景具有简单的"地面 - 墙面"结构特征，然后利用贝叶斯网络确定不同平面间的边界[59]；根据由三个正交方向组成的 Manhattan-world 模型的假设，Lee 等在图像中检测与三个正交方向相应的消影点，利用凸、凹与遮挡转角等约束对室内场景结构进行推断[60]，而 Akhmadeev 首先确定包含两种消影点的图像区域对应的平面，然后采用投票策略推断与优化所有图像区域对应的平面（包括不可靠平面的剔除、遮挡平面的推断等）[61]；Delage 等首先利用 MRF（Markov Random Field）融合边界、区域、地面等特征推断场景中不同平面及其边界与方向，然后利用迭代优化算法确定所有平面的位置以获取全局一致性的场景结构[62]；Yang 和 Zhang 以图像中检测的线段及超像素为基础，利用墙面先验、消影点先验及几何上下文先验推断室内场景的多平面结构，并利用 MRF 对相关遮挡进行检测与优化[63]。对于结构对称的场景，Köser 等通过局部仿射特征检测与镜像描述子提取、对称平面检测与相机参数估计、平面扫描与融合对称约束的全局结构优化等步骤对单幅图像进行稠密重建[64]。

相对而言，Saxena 等仅假设超像素对应的空间面片可近似为平面，然后在 MRF 框架下利用图像特征与平面（方向与位置）之间的相关性、相邻超像素的共面性与连接性等特征推断场景多平面深度信息[65]；在此基础上，Cherian 等根据相机位置、物体与地面之间的关系等先验，通过判断超像素对应平面之间的共面性进一步提高了地面检测的精度[66]；Pan 等为了推断城市建筑立面多平面结构，首先采用垂直消影线与水平消影线产生场景结构候选平面集，然后在条件随机场框架下通过融合图像与几何（如立面高度）特征、相邻平面关系约束（如凸角约束、遮挡约束、相似性约束等）以获取全局一致的多平面布局[67]；Fouhey 等首先利用在图像中检测到的消影点估计超像素对应平面的法向量，然后以在图像中检测到的凸凹连接作为约束，利用二元二次规划方法确定相应的平面[68]；Zaheer 等利用特定的角度约束（如 90°），首先在图像中检测相互正交的线段并以此对图像进行校正（将图像区域对应平面校正为与相机光轴正向垂直）与图像区域分割（利用两线段延长后的交点将图像分割为矩形区域），然后确定不同图像区域对应的平面法向量并利用奇异值分解方法确定不同平面之间的相对深度[69]；Huang 和 Cowan 首先利用在图像中检测到的消影点检测室内场景的地面与天花板，然后估计相机参数并利用不同类型线段连接扫描的方式垂直平面[70]。

在实际中，特定的假设或先验（如 Manhattan-world 模型）虽有利于缓解单幅图像的重建多义性问题，但存在以下原因导致相关算法适应性较差或精度较低：①待重建平面被限制于特定的场景方向或预先指定待重建的平面数量；②相机参数的估计过于依赖特定的先验（如相机距离地面的高度、方向垂直向上等）；③在光照变化较大、透视畸变较严重、噪声较多时，在图像上检测到的线段并不一定与场景实际结构（如两主平面的相交线）相一致，因而消影点及相机参数估计的可靠性较低。

整体而言，利用单幅图像重建场景结构基元的算法为克服观测数据的不足或为缓解重建多义性问题以获得可靠的结果，通常需要融入更多的先验知识或需要对图像进行更深入的理解。随着深度学习理论与技术的不断发展与完善，利用单幅图像估计相机参数与不同层次结构基元的可靠性将不断提高，也将进一步推动三维重建技术的快速发展。

第三节　基础知识

三维场景重建涉及图像特征的检测与匹配、多视几何、最优化方法、数值分析等多种理论与技术，相关算法设计中的每个环节都会对最终结果产生不同程度的影响。为方便后续章节的表述，本节首先对三维重建算法涉及的基本理论与技术进行简要的介绍。

一、相机参数估计

相机内参数（焦距、主点等）及外参数（位置、方向等）是实现三维场景重建的关键。当前，在未知相机参数及任何三维信息的情况下，通常利用集束优化方法同时估计相机参数及初始空间点。

设空间点集为 $X=\{X_j\}$（$j=1$，…，m），相机投影矩阵为 $P=\{P_i\}$（$i=1$，…，n），空间点 X_j 在第 i 幅图像中的投影为 $x_{ij}=P_iX_j$，则相应的重投影误差为 $\|q_{ij}-P_iX_j\|$，其中 q_{ij} 为空间点 X_j 在第 i 幅图像中真实成像点。因而，集束优化的目标函数可表达为：

$$f(P,X) = \sum_{i=1}^{n} \sum_{j=1}^{m} \omega_{ij} \| q_{ij} - P_iX_j \| \tag{1.1}$$

式中，变量 ω_{ij} 表示空间点 X_j 在第 i 幅图像中的可见性。

由于每个投影矩阵有 11 个独立的变量，而每个空间点有 3 个变量，所以，以上目标函数的求解为（$3m+11n$）个变量的非线性最优化问题。在相机及空间点数量不多的情况下，此函数可利用传统的非线性最小化算法直接进行求解；而在相机及空间点数量较多时，为降低计算复杂度，则可采用增量式优化方法进行求解，通常也可获得较好的结果。

事实上，当前许多相机在成像的同时也记录了相应的焦距信息，尽管这些焦距并不十分准确，但以此作为以上目标函数优化时的初值，往往可有效提高求解的效率与精度。

二、特征或区域匹配

图像特征的提取与匹配是三维场景重建中非常关键的环节，直接影响着其他环节甚至最终结果的可靠性。事实上，对图像中的特征点或区域进行检测并对从两幅或多幅图像中检测到的特征点或区域进行匹配，从而建立图像间的几何关系也是基于图像进行三维场景重建这个最基本的问题。近年来，尽管许多相关研究工作已取得较好的效果，但相应的算法往往都依赖于特定的条件，普适性并不理想。在实际中，在室外场景的三维重建中，由于拍摄视角、光照变化等因素的影响，所获取的图像不但颜色、灰度可能严重失真，而且图像间的基线宽度也可能较大，导致当前很多算法只能检测到非常稀疏的特征点或区域，甚至无法检测到任何特征。例如，被广泛应用于三维场景重建中的对平移、旋转、尺度具有不变性的 SIFT 特征检测算法随着图像间基线宽度的增大，其性能往往会迅速下降。

在本章的工作中，为了获取更稠密的重建结果或为其他环节提供更可靠的初值，主要采用对透视与灰度畸变适应性相对较好或检测速度较快的三种特征点或区域检测算法。

（一）Affine-SIFT 特征

严格地讲，SIFT 特征并不具备完全的旋转与尺度不变性，为了克服此问题以获得更多的匹配结果，Affine-SIFT 特征检测算法采用仿射模型对相机在不同视角造成的形变图像进行了模拟，然后对模拟图像序列分别进行 SIFT 特征检测。具体而言，在 Affine-SIFT 特征检测算法中，图像中的局部形变采用仿射模型近似。事实上，对于近距离相机拍摄的景物，往往可采用多个位于无穷远处的相机拍摄的景物进行近似，而每个无穷远处的相机产生的形变通常可采用仿射形变近似，因而其所拍摄的景物对应于近距离相机拍摄景物的局部区域。

（二）DAISY 特征

DAISY 特征是为解决图像之间的稠密匹配问题而设计的一种计算高效的特征描述子。本质上而言，与 SIFT 特征相同，DAISY 也采用通过统计当前特征点邻域像素梯度方向与幅值的方式描述当前特征点的特征，但邻域结构的形式却采用了"菊花型"的环形结构，这使在对邻域像素梯度进行计算时可直接在方向图像中进行高斯滤波，因而对图像中所有像素特征计算时的整体效率非常高。

在实际中，尽管 DAISY 特征的计算较快，但由于其并不具备尺度与旋转不变性，因而在对图像进行匹配时，通常需要对图像之间尺度变化与基线宽度进行限制，而且往往需要对相应的特征根据极线的方向进行校正处理。此外，如果要同时保证匹配速度与精度，往往需要对 DAISY 特征相关参数进行合理的设置。

（三）Harris-Affine 特征

由于图像中的局部形变可采用仿射模型近似，因而，在图像中检测具有尺度与仿射不变性的特征点或区域对宽基线图像之间的匹配具有重要意义。事实上，在对宽基线图像对的匹配中，如果可以确定与相互匹配的特征点或区域相关的仿射参数，则对进一步获取该特征点或区域邻域更多的匹配有极大帮助。此类特征点或区域通常用于匹配扩散算法以获取稠密的匹配结果。Harris-Affine 特征是在传统 Harris 特征基础上的一种改进，主要通过两个步骤完成：

（1）尺度不变性：在多尺度图像空间进行 Harris 特征的检测，然后通过递归迭代的方式计算相应的 LoG（Laplacian-of-Gaussian）极值以选择其中最稳定的尺度。

（2）仿射不变性：为了使 Harris 特征同时具备尺度与仿射不变性，对于在两图像之间具有尺度不变性的 Harris 特征点匹配，利用匹配点邻域的二阶矩阵求取相应的仿射参数。

在实际中，为了获取可靠的仿射参数，Harris-Affine 特征检测算法采用了迭代调整特征点尺度、位置与相应高斯核形状的方法；然而，由于迭代条件（二阶矩阵的两个特征值应相差不大）过于严格，可能会导致许多特征点无法获得相应的仿射参数，最终所检测到的具有尺度与仿射不变性的特征点数量通常较少。

三、MRF 优化

在计算机视觉领域，许多问题可以转化为能量优化问题进行求解，如图像分割与复原、立体匹配等。此处的能量在数学上通常可定义为一个与具体问题相关的目标函数，能量的优化过程是为求取该目标函数最小值的过程，而最终的优化结果为目标函数取最小值时相关变量的取值。在实际中，由于视觉信息处理中的不确定性，这些问题的求解在很大程度上需要考虑目标函数中各变量间的依赖关系，因而，在已知观测数据的基础上，通过对后验或联合分布建模的方法往往是解决此类问题的主要手段。MRF（Markov Random Fields）是一种描述随机变量之间依赖关系的概率图模型，近年来，由于其丰富的理论基础及高效的求解算法而被广泛应用。

（一）MRF 基本理论

设已知观测变量（如像素）集合与离散标记（如天空、地面、建筑等语义类别）集合分别为 $S=\{y_i\}$（$i=1$，2，$\cdots$，n）与 $\mathcal{L}=\{\ell_i\}$（$i=1$，2，$\cdots$，k），基于 MRF 能量优化的关键问题可描述为：根据离散标记集合 $\mathcal{L}$ 确定与每个变量 y_i 相应的隐变量 x_i 的取值，进而使得由观测变量 $\{y_i\}$ 与隐变量 $\{x_i\}$ 构造的能量函数取值最小或者使相应概率（联合概率或后验概率）最大。

如图 1.1 所示，以函数 $\Psi(x_i, x_j)$ 表示相邻隐变量 x_i 与 x_j 之间的相关性或依赖关系，函数 $\Phi(x_i, y_i)$ 表示观测变量 y_i 与相应隐变量 x_i 之间的统计相关性，则所有变量的联合概率分布可表示如下：

$$P(x_1, x_2, \cdots, x_n; y_1, y_2, \cdots, y_n) = \frac{1}{Z} \prod_i \Phi(x_i, y_i) \prod_{j \in N_i} \Psi(x_i, x_j) \qquad (1.2)$$

式中，Z 为归一化常量，N_i 表示 MRF 中当前变量 i 的邻域系统（如 4 邻域、8 邻域等）。

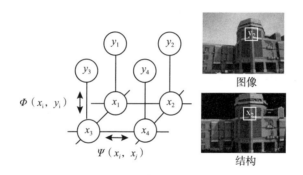

图像

结构

图 1.1 MRF 多标记示例

如果将所有 x_i 组合表示为 $x=\{x_i\}$（$i=1$，2，$\cdots$，n）并将所有观测变量视为固定值，则上式可表达为：

$$P(x) = \frac{1}{Z} \prod_i \Phi(x_i) \prod_{j \in N_i} \Psi(x_i, x_j) \qquad (1.3)$$

对式（1.3）取负对数并忽略常数项，同时令 $E(x) = -\ln P(x)$、$D(x_i) = -\ln \Phi(x_i)$ 与 $V(x_i, x_j) = -\ln \Psi(x_i, x_j)$，则式（1.3）可简化为：

$$E(x) = \sum_i D(x_i) + \sum_{j \in N_i} V(x_i, x_j) \qquad (1.4)$$

式中，$E(x)$ 为求解诸多计算机视觉问题所采用的能量函数的一般形式，而 $D(x_i)$、$V(x_i, x_j)$ 通常分别被称为数据项与平滑项。实际中，能量最小化问题实际是根据指定离散标记集为每个观测变量相应的隐变量分配最优值（状态）的问题，通常也称标记分配或优化问题，相应的 x 则称为标记。由式

（1.4）可知，使 $P(x)$ 最大化等同于使 $E(x)$ 最小化，最优标记 x^* 则为能量函数 $E(x)$ 取最小时的标记 x。

在许多视觉问题中（如图像恢复、图像分割等），MRF 的观测变量通常对应于图像中像素，而邻域系统则为具有规则结构 4 邻域或 8 邻域形式；在本章的工作中，为了解决三维场景重建中复杂的结构推断问题，MRF 采用了更灵活的结构形式与邻域系统。如图 1.2（a）所示，MRF 中的每个观测变量对应于图像中的区域而不是像素，隐变量的取值则为标记集中的空间平面序号；图 1.2（b）是邻域系统为不规则结构，通常用于表达图像过分割生成的超像素之间的相邻关系。

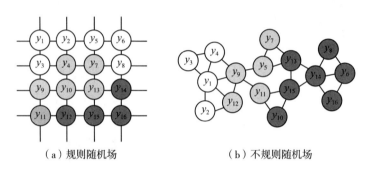

（a）规则随机场　　　　　　　　（b）不规则随机场

图 1.2　不同类型的随机场

（二）求解算法

能量函数虽然可以对特定问题进行描述，但却并不一定被有效地求解。事实上，除了具有凸函数性质的能量函数，其他类型的能量函数往往只能获得近似解甚至无法被求解。因而，针对特定问题，能量函数的构造与求解必须要同时兼顾。具体而言，如果能量函数的构造并不能准确反映问题的本质，即使采用最好的求解方法也很难获得较好的结果；同样，如果求解方法不得当，即使能量函数的构造是准确的，结果也可能是错误的。

随着此类问题研究的不断深入，针对特定能量函数形式的快速、有效的求解算法（如 Graph Cuts、Belief Propagation 等）的出现极大地推动了能量优化模型在计算机视觉领域的应用。其中，由于 Graph Cuts 具有类似于超平面的几何性质，因而为此类问题提供了一个较为有效的求解框架，甚至对于包含不连续的平滑项的能量函数（如 Potts 模型），通过逐步逼近的策略，最终也能较好地缓解 NP-hard 问题而获得近似最优解。

从根本上而言，此类算法的基本思想在于不断地调整标记 x 以使调整后新标记 x' 的能量小于调整前标记的能量，即 $E(x') \leqslant E(x)$。进一步而言，标记 x 的调整通常可采用 α 扩展与 α-β 交换两种方式；其中，在标记 x 的每次调整中，α 扩展方式将其中的非 α 节点标记为 α，而已标记 α 节点的标记保持不变；α-β 交换方式则交换已标记为 α 节点与已标记为 β 节点的标记，而保持其他节点的标记不变。事实上，标记 x 每次的调整均与特定图的最小割相对应，实际可通过求取图的最小割来实现，因而，Graph Cuts 本质上是迭代二值标记算法。从理论上可以证明，如果二值函数满足 Submodular 条件，则可通过最大流或最小割算法获取其最优解，而对多值标记问题，当且仅当其所有的二元投影函数均满足 Submodular 条件时，可在多项式时间时获得其近似最优解。所以，两种标记调整方式的应用条件都有一定的限制，即 α 扩展方式适于满足以下条件的能量函数：

$$V(\alpha,\alpha) + V(\beta,\gamma) \leqslant V(\alpha,\gamma) + V(\beta,\alpha) \tag{1.5}$$

相对而言，α-β 交换方式则适于满足以下条件的能量函数：

$$V(\alpha,\alpha) + V(\beta,\beta) \leqslant V(\alpha,\beta) + V(\beta,\alpha) \tag{1.6}$$

尽管如此，Graph Cuts 在求解精度与速度上的性能，始终是许多视觉问题（如图像合成、立体匹配等）求解的主要应用算法之一。

（三）高阶能量模型

在以上 MRF 的描述中，仅考虑了两两变量之间的相互依赖关系；在实际中，此类模型通常无法表达更复杂的先验及统计信息，因而在能量函数中引入可以表达更多变量间依赖关系的能量项（高阶能量项），往往可以更合理、精确地描述当前问题。如在图像的语义标注问题中，如图 1.3 所示，颜色及位置相近像素构成的区域（由图像过分割算法获取）通常需要分配一致的语义类别，此时如果仅考虑两两像素（变量）之间的关系，则本来语义上一致的区域中可能会出现被标注为其他语义类别的像素，如图 1.3（b）所示，"天空"区域中的一些像素被错误地标记为"鸟"类别；通过高阶能量项的定义，则可对"天空"区域中更多相邻像素（变量）之间的关系进行考察，进而可以增强该区域中像素语义标注的一致性，从而产生更精确的结果，如图 1.3（c）所示。

然而，虽然高阶能量模型是许多问题更合理的描述方法，但相应的能量函数在很多情况下并不一定满足 Submodular 条件；因而，针对具体问题，高阶能量函数不但难以被有效地构造，而且其求解可靠性往往也难以得到保证。

| （a）图像 | （b）采用低阶能量模型
生成的结果 | （c）采用高阶能量模型
生成的结果 | （d）真值 |

图 1.3　高阶能量模型

所幸的是，对于一些特定的高阶能量模型，如图 1.4 所示的 p^n Potts 模型[71]及鲁棒的 p^n Potts 模型，采用 Graph Cuts 算法仍能对其进行较好的求解。

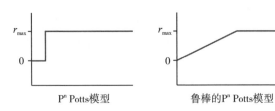

图 1.4　高阶能量模型

需要注意的是，相对于 p^n Potts 模型对区域中像素的语义标记进行强制的限制，鲁棒的 p^n Potts 模型则对区域中像素语义标记一致性进行了松弛化处理；在形式上，相应的惩罚量与区域中与主标记不一致变量的数量成线性关系，因而可以允许区域中存在其他语义类别的像素，进而获得更准确的结果。

四、协同优化

协同优化算法首先将复杂的目标函数分解为简单的子目标函数，然后对每个子目标函数进行优化并保持所有子目标函数的优化结果相一致，以实现原目标函数全局优化的目的。实验表明，协同优化算法没有局部最优化且具有非常良好的收敛特征，可有效解决计算机视觉、模式识别等领域非线性优化及组合优化问题。具体而言，对于复杂目标函数 $E(x) = E(x_1, x_2, \cdots, x_n)$，协同优化算法首先将其分解为如下由不同子目标函数构成的形式：

$$E(x) = E_1(x) + E_2(x) + \cdots + E_n(x) \tag{1.7}$$

一般情况下，单独优化每个子目标函数很难保证目标函数全局最优，为此，协同优化算法综合考虑了其他子目标函数的优化结果对当前子目标函数的影响，进而通过加权的方式对当前子目标函数进行修正，即：

$$(1-\lambda_k) \cdot E_i(x) + \lambda_k \cdot \sum_j \omega_{ij} \cdot \Phi_j(x_j) \tag{1.8}$$

式中，λ_k 表示第 k 次迭代时权重，ω_{ij} 表示其他子目标针对当前子目标函数的作用大小，$\Phi_j(x_j)$ 定义为：

$$\Phi_j(x_j) = \min_{X_j/x_j} E_j(x) \tag{1.9}$$

式中，X_j 表示子目标函数相应的变量集，X_j/x_j 表示 X_j 排除变量 x_j 的集合。

在此基础上，协同优化算法对修正后的子目标函数进行优化，进一步利用优化结果修正每个子目标函数，如此迭代直至每个子目标函数的优化结果达到一致，进而获得原目标函数全局最优解。

五、卷积神经网络

卷积神经网络（Convolutional Neural Network）是一种用于提取图像不同层次特征且具局部连接、权重共享等特性的神经网络，其基本机制源于生物学上的感受野，即只有视网膜上的特定区域（感受野）才能激活视觉神经元。卷积神经网络主要使用在图像与视频分析与理解任务（如图像分类、人脸识别、物体检测、图像分割等）中，其准确率远远高于浅层神经网络。

在图像的处理中，常用的卷积神经网络包括残差神经网络、孪生神经网络、生成式对抗神经网络三种。

（一）残差神经网络

对于深度神经网络，其层次越深，特征表达或非线性建模能力越强，但也由于易出现梯度弥散与梯度爆炸等问题，导致其在实际中难以被训练或泛化能力较差。事实上，以卷积神经网络为例，对从输入层至输出层的数据不断进行的滤波处理（如卷积与池化）虽然在一定程度上可以避免过拟合与降低运算量，但同时可能损失一些潜在的关键信息（类似于有损压缩），特别是在层次增多时，此问题更为严重（如清晰的图像经过多次卷积后将无法被辨识）。

为了解决此问题，如图 1.5 所示，残差神经网络通过在传统层或模块的基础上引入恒等映射（在输入与输出之间建立直接的关联通道）的方式将原数据与"期望输出与原数据之间的残差"进行融合，使用层或模块以原数据作为参考实现特征的学习而不至于损失较多的信息。

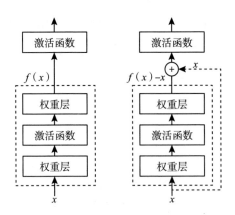

图 1.5 正常模块（左）与残差模块（右）

（二）孪生神经网络

孪生神经网络旨在利用两个神经网络将两个输入数据映射至高维特征空间以比较其相似程度。如图 1.6 所示，狭义的孪生神经网络由两个权重共享的神经网络拼接而成，而广义的孪生神经网络或"伪孪生神经网络"则可由任意两个神经网络拼接而成。

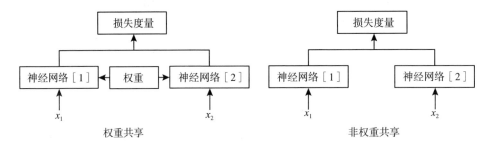

图 1.6 孪生神经网络结构

为更有效地衡量"两相似样本在特征空间距离较小而不相似样本在特征空间距离较大"的特性，孪生神经网络损失函数采用以下对比损失函数：

$$L(W,(Y,X_1,X_2)) = \frac{1}{2N}\sum_{n=1}^{N} YD_W^2 + (1-Y)\max(m-D_W,0)^2 \qquad (1.10)$$

式中，$D_W(X_1,X_2)=\|X_1-X_2\|_2$（两样本特征之间的欧氏距离），$Y$ 表示两样本匹配标记（$Y=1$ 表示两样本相似或匹配，$Y=0$ 表示两样本不相似或不匹配），m 为阈值（只考虑欧氏距离在 $0 \sim m$ 之间的不相似特征；需要注意的是，对于两个不相似的样本，若在其特征空间点距离较远，相应的损失应该较低；而对

于相似的样本，若在其特征空间点距离较远，则相应的损失应该较高）。

根据式（1.10）可知，当两样本相似时（$Y=1$），损失函数值由式（1.10）中第 1 项决定，若此时两样本特征距离较大，则损失函数值较大，表明模型参数需进一步优化。而当两样本不相似时（$Y=0$），损失函数值由式（1.10）中第 2 项决定，若此时两样本特征距离较小，则损失函数值较大，表明模型参数仍需进一步优化。

（三）生成式对抗网络

监督学习相关模型分为判别模型与生成模型两类，前者根据输入数据完成特定的预测（如预测图像中的动物是"狗"还是"兔"）或根据数据学习判别函数或条件概率分布，后者则通过隐含信息随机生成观测数据（如根据"狗"数据集生成新的"狗"图像）或根据数据学习联合概率分布。生成式对抗网络（Generative Adversarial Network，GAN）是将判别模型与生成模型有机地进行融合的深度神经网络框架，其包含的生成器（估计数据分布）与判别器（判断数据真伪）通过相互竞争或对抗的方式提取数据蕴含的内在规律。其基本框架如图 1.7 所示。

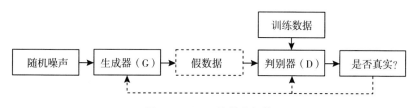

图 1.7　GAN 的基本架构

生成式对抗网络的基本原理可描述为：首先根据随机噪声利用生成器生成新图像，然后利用判别器判别图像的真实性（如图像的判别概率为 1 则为真，为 0 则为假）。在训练过程中，生成器尽量生成真实图像以欺骗判别器，而判别器则尽量把生成器生成的图像与真实图像分开，两者进而构成了一个动态的"博弈过程"。最终，生成器可生成"以假乱真"的图像（判别器难以进行判别或判别概率为 1）。

在数学形式上，设生成器与判别器分别为 G 与 D，则生成式对抗网络相应的目标函数为：

$$\min_{G}\max_{D}V(D,G) = E_{x \sim P_{data}(x)}\left[\log D(x)\right] + E_{z \sim P_z(z)}\left[\log(1 - D(G(z)))\right] \quad (1.11)$$

式中，$P_{data}(\cdot)$ 与 $P_z(\cdot)$ 分别为真实数据与噪声数据分布或先验。

根据式（1.11）可知，在更新判别器时，对于源自 $P_{data}(\cdot)$ 的数据 x，$D(x)$ 越接近于 1 或 $\log D(x)$ 越大越好；而对于通过噪声 z 生成的数据 $G(z)$，$D(G(z))$ 越接近于 0（判别器可区分出真假）或 $\log(1-D(G(z)))$ 越大越好，所以需求取 $\max\limits_{D} V(D, G)$。在更新生成器时，希望 $G(z)$ 尽可能与真实数据相同，即 $D(G(z))$ 尽量接近于 1 或 $\log(1-D(G(z)))$ 越小越好，因而需求取 $\min\limits_{G}\max\limits_{D} V(D, G)$。

第四节　本章小结

在利用多幅或单幅图像重建场景结构的过程中，由于场景结构的复杂性以及诸多干扰因素（如光照变化、透视畸变等）的影响，当前像素级、区域级、模型级等自动式算法以及交互式算法均存在效率低、可靠性差等缺点。在此情况下，通过在场景重建过程融合高层结构先验的方式有助于提高其场景重建的完整性、精度与效率。为此，本章首先对场景重建中存在的难点进行了简要描述，其次对国内外研究现状进行全面分析，最后着重针对相机参数估计、图像匹配扩散、常用优化算法、卷积神经网络等场景重建相关基础知识进行介绍，旨在为后续各章节基于高层结构先验的三维重建算法的设计奠定基础。需要注意的是，高层结构先验涉及点、线、面等不同层次的几何基元以及平面夹角、平面法向量等不同形式的结构特征，如何将其融合在统一的框架下以提高场景重建的精度、完整性与效率，以及如何根据高层结构先验构造既能"有效"表述又能"有效"求解的能量函数等问题，将是后续章节重点探讨的关键，其中将综合运用到本章所介绍的基础知识。

第二章　基于匹配扩散的多视图
三维场景重建

　　本章提出一种高精度的基于匹配扩散的稠密深度图估计算法。算法分为像素级与区域级两阶段的匹配扩散过程。前者主要对视图间的稀疏特征点匹配进行扩散以获取相对稠密的初始深度图，后者则在多幅初始深度图的基础上，根据场景分段平滑的假设，在能量函数最小化框架下利用平面拟合及多方向平面扫描等方法解决存在匹配多义性问题区域（如弱纹理区域）的深度推断问题。在标准数据集及真实数据集上的实验表明，本章算法对视图中的光照变化、透视畸变等因素具有较强的适应性，并能有效地对弱纹理区域的深度信息进行推断，从而可以获得高精度、稠密的深度图。

第一节　问题分析

　　利用从同一场景拍摄的多幅视图恢复出相应的稠密深度图对三维场景重建的完整性有重要意义。近年来，尽管许多相关工作[72, 73]已针对此问题进行了深入的研究，但由于受到光照变化、透视畸变、弱纹理区域、遮挡等因素的影响，恢复高质量的深度图始终是许多算法面临的难题。

　　以视图间稀疏特征点匹配为基础，采用扩散的方式获得稠密匹配的研究已有大量相关工作。其中，具有代表性的为 Lhuillier 和 Quan 提出的以 ZNCC（Zero-mean Normalized Cross-Correlation）作为匹配度量依据，采用"最优最先"扩散策略的算法[74]。对于透视畸变较小的短基线视图对，此算法采用非常稀疏的种子匹配即可获得稠密的匹配结果；然而，随着视图间基线长度的增加，扩散中采用 ZNCC 度量的可靠性逐渐变差，算法很难获得预期结果。为了将扩散算法引入到宽基线视图中，许多算法[75, 76, 77]采用了匹配与仿射参数同时进行扩散的方式。其中，Megyesi 和 Chetverikov 提出的算法根据相邻像素之间的仿射参数差别较小的假设，在以相邻像素仿射参数值为中心的特定范围内，采用穷举式搜索的方法更新当前像素的仿射参数[75]。此类算法最大的缺点是计算复杂度较高，而且在深度不连续区域，相邻像素之间的仿射参数差别可能会很大，搜索范围较难确定。为了克服以上缺点，Kannala 和 Brandt，以及 Koskenkorva 等在 Lhuillier 等工作的基础上利用灰度矩扩散仿射参数[76, 77]。由于灰度矩能很好地描述当前匹配邻域灰度的变化特征，使得仿射参数可以根据邻域灰度变化自适应地更新，从而能以更快的速度获取更稠密的匹配结果。然而，在实验中发现，由于光照变化的影响，此类算法求取的仿射参数可靠性通常较差，而且在扩散中也未对参数进行优化，往往导致许多错误匹配的产生。

此外，以上算法在扩散中均采用 ZNCC 或 SAD（Sum of Absolute Differences）作为匹配度量依据，这通常导致匹配无法扩散到弱纹理区域，而且缺少对弱纹理区域的匹配或深度进行推断的过程，最终只能获得不完整的匹配结果或深度图。为了解决弱纹理区域像素的匹配或深度推断问题，当前许多工作[78, 79, 80, 81, 82]通常在视图间初始匹配的基础上，根据场景分段平滑的假设，将视图中颜色相似、位置相近的像素聚类为一个区域，然后将该区域在几何上与场景中相应的空间平面建立关联，从而将弱纹理区域匹配或深度推断问题转化为求取其对应空间平面的问题。例如，Wei 和 Quan 在采用扩散的方式对区域深度进行推断时，为了简化问题模型，在扩散中根据区域内部的视差 / 深度变化将较大的区域分割成若干对应空间平面可近似为 fronto-parallel 平面的小区域，然后通过度量当前小区域的匹配代价值确定其最优视差 / 深度值[82]。此算法的主要问题在于，对于实际空间平面存在倾斜的较大尺寸的弱纹理区域，分割得到的小区域仍然可能存在匹配多义性问题，匹配代价值最小时所对应的视差 / 深度值可能是错误的，所以扩散结果的可靠性难以得到保证。为了更直接、准确地确定弱纹理、倾斜表面等区域对应的空间平面，一些工作[80, 81]首先通过平面拟合的方法确定部分区域对应的空间平面，从而形成可靠的初始空间平面集，然后根据所定义的区域匹配代价函数，采用全局优化算法（如 Graph Cut、Cooperative Optimization 等）对其他区域对应的空间平面进行推断。事实上，如果当前弱纹理区域对应的空间平面并不包含于初始空间平面集中时，优化的结果往往是错误的。所以，此类算法的可靠性较差。此外，Gallup 为了增强采用分段平面模型重建建筑场景的可靠性，首先采用机器学习的方法将场景粗略地分为平面结构与非平面结构等区域，然后以初始稀疏或准稠密深度图为基础，对建筑区域采用平面拟合、Graph Cuts 等算法进行稠密重建[83]。然而，由于算法过多地依赖平面结构与非平面结构区域的分类精度，而且只从初始深度图中拟合出非常少的平面来近似场景结构，使得精度与可靠性在复杂场景中都难以得到保证。Furukawa 等[84]、Mičušík 和 Košecká[85] 采用 Manhattan-world 场景模型推断弱纹理区域对应的空间平面以获取稠密的重建结果。但是，由于场景模型过于简单，当真实空间平面法向量与模型主方向不一致时，此类算法往往会产生较大的重建错误。

第二节　算法原理

为了克服以上问题，本章提出一种采用匹配扩散的方式获取稠密深度图的算法。本章算法采用像素级与区域级两阶段的匹配扩散过程重建场景完整的深度图，如图 2.1 所示，像素级匹配扩散主要对视图间的初始稀疏特征点匹配进行扩散以获取相对可靠、稠密的初始深度图；而区域级匹配扩散则在初始深度图的基础上，根据场景分段平滑的假设，在能量函数最小化框架下利用平面拟合及多方向平面扫描算法对弱纹理等区域的深度进行推断。整体上，像素级匹配扩散可为区域级匹配扩散提供可靠的约束条件，而区域级匹配扩散能有效处理弱纹理区域的深度推断问题，进一步完善了像素级匹配扩散的结果。

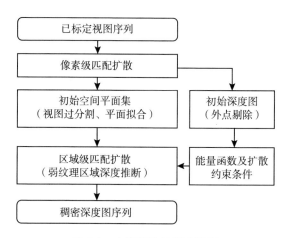

图 2.1　本章算法的基本流程

理论上而言，在像素级匹配扩散中，算法对利用灰度矩求取的仿射参数进行了误差检测与校正，使得扩散过程更稳定，从而可以获得相对更可靠、更稠密的初始深度图。而在区域级匹配扩散过程中，算法基于多幅初始深度图构造了能量函数，并根据区域的可见性约束条件，利用多种平面求取方法确定当前弱纹理、倾斜表面等区域对应的最优空间平面，最终可以获得更完整的深度图。

本章算法的主要特色与创新之处如下：

（1）像素级匹配扩散对视图中存在的光照变化、透视畸变等因素具有更强的适应性，从而可以获得更可靠、更稠密的匹配结果。

（2）区域级匹配扩散根据多幅初始深度图构造了扩散约束条件及能量函数，而且在扩散中融合了多种平面求取方法对弱纹理区域的深度信息进行推断，从而可以获得更可靠的结果。

（3）本章算法对视图质量及基线宽度具有较强的适应性，即使在视图分辨率较低、数量较少的情况下，也能恢复出可靠的稠密深度图。

一、像素级匹配扩散

针对宽基线视图间的匹配扩散，由于种子匹配相应邻域之间存在较大的透视形变，在扩散中直接利用 ZNCC 度量进行匹配检测不易获取稠密的匹配结果，因此，通常需要匹配与变换参数两部分同时进行扩散。其中，利用灰度矩求取仿射参数的算法[76]使扩散中新匹配的仿射参数可根据其邻域灰度变化特征自适应地更新，往往可以以更快的速度获取更稠密的匹配结果。此类算法主要步骤可描述为：①利用 Hessian–Affine 特征检测算法[86]获取初始种子匹配与仿射参数，并根据初始种子匹配的 ZNCC 度量值大小顺序构造扩散列表；②从扩散列表中依次取出种子匹配并将其从扩散列表中删除，然后利用相应仿射参数规范化种子匹配的邻域，最后在规范化的区域内利用 ZNCC 度量检测新匹配；③利用二阶灰度矩获取新匹配的仿射参数，并根据新匹配的 ZNCC 度量值将其与相应仿射参数插入扩散列表；④重复步骤②③直至扩散列表为空。

在实际应用中发现，此类算法尽管在一定程度上表现出较好的性能，但也存在不足：① Hessian–Affine 特征检测算法通常只能检测到非常少的仿射协变区域，因此构造的初始种子匹配非常少。在匹配扩散中，缺少种子匹配的区域通常不能通过扩散获得更多的匹配。②二阶灰度矩求取的仿射参数可靠性较差，尤其在光照变化严重的区域，仿射参数偏离真值较大，而且算法在扩散中也未对此错误进行检测与优化，往往会产生较多的错误匹配。③种子匹配邻域内存在较大深度变化时，邻域之间假定的仿射变换近似模型可靠性变差，但算法仍然采用自适应的方法扩散仿射参数，易产生错误的结果。

为了说明利用二阶灰度矩更新仿射参数的不稳定性，本章采用数据集Herz-Jesu-P8[87]中两幅相邻视图（序号分别为 1 与 2）进行匹配扩散实验（见图 2.2）。图 2.2（a）为序号为 8 的 Hessian-Affine 特征匹配种子扩散 1000 次时所生成的结果，从中不难发现，由于扩散中仿射参数的偏差，导致扩散结果中存在许多错误匹配。例如，对于当前视图（左图）实线圆形区域中的像素，其在匹配视图（右图）中的匹配应位于虚线圆形区域内，但结果却位于实线圆形区域内。

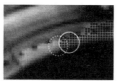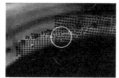

（a）利用未校正的仿射参数计算的匹配　　　　（b）利用校正后的仿射参数计算的匹配

图 2.2　仿射参数误差与校正（黑点为当前获取的匹配）

根据上述分析，本章从以下两个方面对算法[76]进行改进：①采用更多初始种子匹配进行扩散；②在扩散过程中对仿射参数进行错误检测并及时校正。

（一）仿射参数的求取

为了获取更多初始种子匹配，本章采用 ASIFT 算法[88]检测并匹配 SIFT[89]特征。该算法对当前视图的潜在透视畸变进行了模拟，并在此基础上进行SIFT 特征检测，通常可以获得更多的结果。对于每对 SIFT 特征匹配，为了确定相应邻域之间的透视形变，本章用仿射变换模型近似邻域间的单应映射，同时，分别以相匹配的两点为中心建立坐标系，从而消除了平移量，简化了计算。

基本模型与求取：设 m_1、m_2 分别为视图 I_1、I_2 中相互匹配的特征点，相应邻域分别表示为 $N(m_1)$、$N(m_2)$。在理想情况下，仿射模型下的区域匹配可描述为：对于 $x_1 \in N(m_1)$，$x_2 \in N(m_2)$，存在仿射矩阵 A，使得两者通过坐标变换（$x_1 = A \cdot x_2$）后灰度值相等，即：

$$I_1(A \cdot x_2) = I_2(x_2) \tag{2.1}$$

实际中，由于光照变化的影响，即使 x_1 与 x_2 在几何上对应于场景中相同的空间点，而实际视图中相应的灰度值也并不一定完全相同。然而，在邻域尺寸比较小的情况下，此灰度畸变通常可用线性模型近似[23]。因此，以上匹配关系可进一步表示为：

$$\mu \cdot I_1(A \cdot x_2) + \delta = I_2(x_2) \tag{2.2}$$

式中，μ、δ 分别表示与光源方向和与相机增益相关的模型参数。

如果 $N(m_1)$ 与 $N(m_2)$ 内部像素在仿射矩阵 A 变换下能够全部匹配，则匹配误差 ϑ 必然最小，即：

$$\vartheta = \sum_{x_2 \in N(m_2)} [(\mu \cdot I_1(A \cdot x_2) + \delta) - I_2(x_2)]^2 \tag{2.3}$$

通过求解式（2.3）误差 ϑ 的最小值，则可以确定 $N(m_1)$ 与 $N(m_2)$ 之间的仿射变换矩阵 A。

对于式（2.3）所示的最小二乘问题，在利用梯度下降算法对其求解中，本章将其在初始参数 $A=E$（单位矩阵）、$\mu=1$、$\delta=0$ 处进行一阶泰勒展开后再进行迭代；同时，为了提高算法的稳定性，避免迭代过程陷入局部极值，采用了算法[90]对相关窗口内沿水平与垂直方向的灰度导数进行加权的方法确定梯度下降步长。在迭代过程中，利用每次迭代获得的仿射参数将 $N(m_2)$ 内部像素坐标变换到视图 I_1 并对相应灰度值进行双线性插值运算，然后求取插值运算的结果与 $N(m_2)$ 之间的 ZNCC 度量值。当仿射参数接近于真值时，ZNCC 度量值将会很高，如果高于指定阈值 T_z，则认为迭代收敛，此时的仿射参数即所求；而如果迭代在指定次数内仍未达到指定阈值，则认为迭代失败。

在实验中发现，如果视图间的基线比较短，则相应邻域之间的透视畸变比较小，迭代一般在 3~5 次即可收敛。然而，随着视图间基线长度的增大，相应邻域之间透视畸变增大，尤其是对旋转变换导致的非线性，通常会使迭代过程收敛速度很慢甚至无法收敛。为了克服此问题，确定较好的迭代初值以消除邻域之间的旋转与尺度变换是保证梯度下降算法收敛的关键。

根据算法[90]，本章将仿射矩阵 A 进行如下近似：

$$A \cong \left(\begin{bmatrix} \sqrt{\lambda_1 \lambda_2} & 0 \\ 0 & \sqrt{\lambda_1 \lambda_2} \end{bmatrix} \cdot R(\alpha - \beta) \right) = S \cdot R(\alpha - \beta) \tag{2.4}$$

式中，λ_1、λ_2 为 A 的特征值，α、β 为两视图中匹配点相应极线的倾斜角。

在匹配扩散过程中,式(2.4)相似变换中的$\sqrt{\lambda_1\lambda_2}$可以根据相邻像素仿射矩阵的行列式求取。而在确定初始种子匹配的仿射参数时,由于与其相邻像素的仿射矩阵未知,本章则利用算法[91]确定相应的尺度变换。

综上所述,已知种子匹配(O,O'),通过以下步骤可确定相应邻域w、w'之间的仿射变换矩阵A:①将矩阵R作用于邻域w'以消除两邻域间存在的旋转变换;②利用矩阵S对步骤①的变换结果进行相似变换以消除两邻域间尺度上的差异;③利用迭代的方法求取w与步骤②中获得的区域之间的变换(设为T);④求取邻域w与w'之间的仿射变换A,即$w=(T \cdot S \cdot R(\alpha-\beta)) \cdot w' = A \cdot w'$。

图2.3是数据集Herz-Jesu-P8中两幅相邻视图(序号分别为1与2)在匹配扩散过程中的一个仿射参数变换的例子,其中,直线为种子匹配(中心点)相应的极线。在种子匹配的邻域内,如果相互匹配的两点到相应极线的平均距离位于区间[0,0.05],本章将其标记为圆点,同时用叉号标记平均距离位于区间[0.05,0.1]的匹配点。此例子表明,以上方法可有效提高对种子匹配相应仿射参数求取的可靠性。

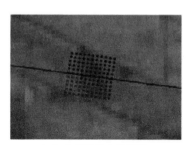 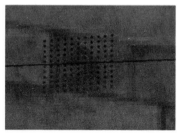

(a)参考图像中的邻域　　　　　　　(b)匹配图像中的邻域

图2.3　仿射参数求取示例

(二)迭代次数与窗口的选择

为了确定仿射参数求取时的最优邻域(相关度量窗口)尺寸及迭代次数,本章从数据集Herz-Jesu-P8相邻两视图(序号分别为1、2)中提取1504对SIFT特征匹配进行仿射参数的求取,其中T_2设置为0.95。在实验中,首先,在保持邻域尺寸不变的情况下考察平均计算时间、仿射参数求取正确率与迭代次数的关系;其次,在保持迭代次数不变的情况下考察平均计算时间、仿射参数求取正确率与邻域尺寸的关系,结果如图2.4所示。

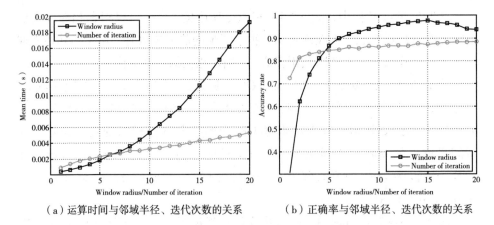

（a）运算时间与邻域半径、迭代次数的关系　　　（b）正确率与邻域半径、迭代次数的关系

图2.4　邻域尺寸及迭代次数的确定

由实验结果可以发现，随着邻域半径或迭代次数的增加，平均计算时间均近似呈线性趋势增长；而仿射参数求取正确率均在开始阶段增长很快，随后增加缓慢。所以，综合考虑速度与精度，本章实际选择的邻域半径与迭代次数分别为5个像素、5次。如果迭代次数达到5次时ZNCC度量低于阈值T_z，则认为仿射参数求取失败。此情况多发生于深度不连续区域。

（三）仿射参数误差检测与校正

在扩散过程中，利用二阶灰度矩求取的仿射参数可靠性通常较差，所以应进行误差检测并校正，以防止误差的扩散及错误匹配的产生。由于当前新匹配的邻域中通常包含许多已知种子匹配（设为M），所以，则可依据以下度量标准验证当前仿射参数A的可靠性：

$$\rho = \frac{1}{|M|} \sum_{(x_i, y_i) \in M} \left(d(y_i, A \cdot x_i) + d(x_i, A^{-1} \cdot y_i) \right) \tag{2.5}$$

式中，$d(x, y)$表示x、y之间的欧氏距离，$|M|$表示集合M的元素数量（下文采用相同标记）。

如果误差ρ小于指定阈值δ，表明矩阵A是可靠的；否则，表明矩阵A与真值间存在较大偏差，则利用前文所述方法进行校正。而在校正时，以与新匹配相邻的种子匹配的仿射参数作为初始值，通常可保证迭代过程更快地收敛。此外，对于在指定次数内迭代无法收敛的情况，则停止新匹配及其仿射参数的继续扩散。

图2.2（b）是仿射参数校正后的扩散结果，同样的种子匹配扩散1000次，

但扩散结果却有较大的提高。实地中，仿射参数经过校正后，相同扩散次数下往往能扩散出更多的匹配。在此实验中，未校正前扩散获得 2140 对匹配，而校正后则获得 5676 对匹配。此外，作为一个完整的例子，本章分别采用算法[76]与本章算法对数据集 Herz-Jesu-P8 中序号为 1、8 两幅基线相对较宽的图像进行了匹配扩散。其中，利用 Hessian-Affine 算法只能检测到 15 对种子匹配，而本章算法检测到 265 对种子匹配。最终，算法[76]通过匹配扩散共获得 80726 对匹配，而本章算法则获得 99557 对匹配。如图 2.5 所示，甚至在比较倾斜的区域（如大门右边的墙壁），本章算法仍然能获得较好的结果。

（a）算法［76］生成的结果　　　　　　　　（b）本章算法生成的结果

图 2.5　匹配扩散的例子

在实验中发现，即使视图间的基线较宽且存在较大的光照变化，利用改进的像素级匹配扩散算法仍然可以获取当前视图中大部分区域可靠、稠密的匹配结果，而对于纹理相对丰富的视图，其扩散结果更加理想，整体上具有较强的适应性与可靠性。

（四）初始深度图

设当前视图及与其相邻的视图序列分别为 I_r、$\{N_k\}$（$k=1$，$\cdots$，n），相应的深度图分别为 D_r、$\{D_k\}$（$k=1$，$\cdots$，n）。为了求取稠密的深度图 D_r，本章分别对相邻两视图进行像素级的匹配扩散，然后利用三角化方法[92]求取了匹配结果对应的空间点（深度）。具体而言，设与 I_r 相邻的左、右视图分别为 N_1、N_2，I_r 与其所确定的深度图分别为 D_{r1}、D_{r2}，如图 2.6 所示，斜线与反斜线部分，深度图 D_r 应是两部分深度图为 D_{r1}、D_{r2} 的合并。此外，由于扩散中采用 ZNCC 度量的局限性及其他干扰因素的影响，弱纹理区域并不能获得较好的匹配效果。为利用初始深度图构造可靠的约束条件以推断弱纹理区域的深度信息，本章对深度图 D_r 中的外点进行了剔除以增强深度图间的一致性。

令像素 $m \in D_r$ 对应的空间点为 X，设 X 在深度图 D_k 中映射点的深度值为 $d(X, D_k)$（虚线双箭头所示），而根据 X 与 D_k 的相机参数求取的 X 相对于 D_k

相机中心的深度值为 $\lambda(X, D_k)$（实线单箭头所示）。显然，如果 X 在深度图 D_r 与 D_k 中均可见，或者像素 m 在深度图 D_r 的深度值与其在深度图 D_k 中相应映射点的深度值均对应于 X，则相应深度值的误差应当小于指定阈值 ε，即：

$$\|\lambda(X, D_k) - d(X, D_k)\|/d(X, D_k) < \varepsilon \qquad (2.6)$$

如果 X 在至少 k_1 个深度图中均能保持深度值的一致性，则认为 X 是可靠的空间点，相应深度值也是可靠的，则被保留；否则将其从深度图 D_r 中剔除。如图 2.6 如示，深度图 D_r 中 m 点的深度值与深度图 D_1 中的相应深度值不一致，而与深度图 D_2 中的相应深度值一致。

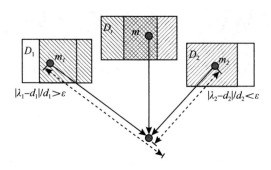

图 2.6　初始深度图的确定（合并与外点剔除）

在合并 D_{r1}、D_{r2} 以确定深度图 D_r 时，对于像素 $m \in D_r$，可分三种情况确定其深度值 $D_r(m)$：①如果 $D_{r1}(m)$ 与 $D_{r2}(m)$ 皆不为空（斜线与反斜线交迭部分），则将两者深度误差最小者赋予 $D_r(m)$；②如果 $D_{r1}(m)$ 为空而 $D_{r2}(m)$ 为可靠深度值，则将 $D_{r2}(m)$ 赋予 $D_r(m)$；③如果 $D_{r1}(m)$ 为可靠深度值而 $D_{r2}(m)$ 为空，则将 $D_{r1}(m)$ 赋予 $D_r(m)$。

二、区域级匹配扩散

区域级匹配扩散主要对弱纹理等区域的深度信息进行推断。弱纹理区域颜色分布比较单一，根据场景分段平滑的假设，其对应的场景中的区域通常可用诸多平面近似；因而，弱纹理区域内的像素匹配问题可以转化为推断其对应平面的问题。由于初始深度图中大部分区域已获得可靠的深度值，因此，这些区域及其对应的平面潜在地构成了对弱纹理区域对应平面进行推断时的有效约束；另外，弱纹理区域对应的平面并不一定与这些区域对应的平面相同，如果直接从这些区域对应的平面中为当前弱纹理区域选择平面或法向量，即使该平面或法向量在所定义的代价函数下是最优的，但仍可能是错误的。为此，本章仍然采用扩散的方式并在能量函数最小化框架下直接求取弱纹理区域对应的平面。

（一）初始平面集

类似于其他基于图像过分割的重建算法，本章利用 Mean-shift 算法[93] 将当前视图分割成若干区域（超像素）。通过确定每个超像素对应的平面，则可求解其内部像素的匹配或深度推断问题。

根据初始深度图，如果超像素内部已确定深度值的像素数量大于 3，则可以利用 RANSAC 拟合算法对相应空间点进行拟合，求取其相应的平面；然后，通过求取像素反投影线与平面交点的方式确定超像素内部全部像素对应的深度值，从而获得更稠密的深度图。在实际中，对于少量超像素，由于相应空间点分布的问题（如细长结构超像素），以上过程可能会产生错误的平面及深度值。为了检查错误的平面，本章根据深度图 $\{D_k\}$ 的拟合结果，采用前文所述方法对当前深度图的拟合结果进行错误深度值检测与剔除。在超像素内部，如果错误深度值对应的像素数量与像素总数之比大于指定阈值 k_2，表明该超像素对应的平面是不可靠的。对于此类超像素以及内部已确定深度值的像素数量少于 3 而无法拟合平面的超像素，下文利用区域级匹配扩散的方法求解其对应的平面。为便于下文表述，特将这些超像素统称为弱纹理超像素；相应平面能够被正确拟合的超像素，则称为可靠超像素；所有可靠超像素对应平面的集合称为初始平面集。

需要注意的是，初始平面集并不是完备的，也就是说，初始平面集不但不能完整地表达当前视图的深度信息，而且也不一定与弱纹理区域对应的平面间有直接关联，所以，直接从初始平面集中选择平面或法向量作为弱纹理区域对应的平面或法向量的算法并不可靠。

（二）区域可见性约束

类似于空间点的可见性，对于当前视图中的超像素 s，如果其对应的平面在视图 $\{N_k\}$ 中可见，则相应的映射区域之间必然具有较高的灰度一致性；相应地，如果能够确定超像素 s 在视图 $\{N_k\}$ 中一致性的匹配区域，则可有效地缩小其对应平面的求解空间。实际上，由于过分割算法存在的不精确性问题，在视图 $\{N_k\}$ 中确定超像素 s 准确的匹配区域是很困难的，但在本章算法中，由于像素级匹配的充分扩散，超像素 s 在视图 $\{N_k\}$ 中的匹配区域可被约束到非常小的空间，所以，根据区域间的颜色相似性、匹配区域所包含的可靠深度值数量等信息，仍可以可靠地确定其在视图 $\{N_k\}$ 中匹配的约束区域。

在视图 $\{N_k\}$ 中，设超像素 s 内部像素的极线所包含的最大区域为 R，与超像素 s 的质心对应极线相交的全部超像素在区域 R 内的部分为 $\{U_k^i\}$（$i=1$，…，m）。如果不考虑遮挡情况，区域集 $\{U_k^i\}$ 必包含超像素 s 的真实匹配区域；然而，实际遮挡的存在往往对匹配区域的可靠求取造成很大影响。为了克服此问题，本章同时考虑了超像素 s 在视图 $\{N_i\}$ 中匹配区域间的约束关系。

显然，弱纹理超像素 s 的匹配区域应该与其颜色相似，且内部对应的可靠深度值数量也较少，所以，本章定义超像素 s 与区域 U_k^i 间的匹配度量为：

$$cost(s,U_k^i) = \gamma_1 \cdot \|c(s) - c(U_k^i)\| + \overline{\gamma}_1 \cdot L(U_k^i) \qquad (2.7)$$

式中，$L(x)$ 表示区域 x 中已确定可靠深度值的像素数占全部像素数的比例；$c(x)$ 表示区域 x 的平均颜色。权重 γ_1、$\overline{\gamma}_1$ 均为正数且其和为 1。实验中 γ_1 取值为 0.5，表示构成匹配度量的两部分具有相同的作用。

为了确定超像素 s 在视图 $\{N_k\}$ 中的匹配约束区域，本章首先采用式（2.7）计算其质心与在区域 $\{U_k^i\}$ 内且位于其质心极线上的每个像素之间的匹配代价 $cost(s, U_k^i)$，同时利用三角化方法[92]计算质心相对于当前视图的深度值。显然，此时每个深度值都与匹配代价 $cost(s, U_k^i)$ 相对应。若标记当前深度值序列为 d_k，则对于视图 $\{N_k\}$，可获取深度值序列集合 $\{d_k\}$（$k=1$，…，n）。最后，将由初始深度图确定的深度范围等分成 l 个区间 $\{B_j\}$（$j=1$，…，l），采用投票策略确定每个深度区间 B_j 的投票值，即：

$$V(s,B_j) = \sum_k T((cost(s,U_k^i) < \gamma_2) \wedge (d_k^i \cap B_j \neq \varnothing)) \qquad (2.8)$$

式中，函数 $T(x)$ 当 x 为真时等于 1，否则等于 0；d_k^i 表示超像素 s 的质心与在视图 $\{N_k\}$ 中的区域 U_k^i 内且位于相应质心极线上的像素确定的深度值。为了增强投票策略的可靠性，区间 B_j 的间隔应采用较小的值，在实验中设置为 0.1。

式（2.8）表明，$V(s, B_j)$ 值越高，则超像素 s 在视图 $\{N_k\}$ 中的匹配区域之间越具有一致性，而此时的深度区间 B_j 则确定了超像素 s 对应平面所在的大致空间位置。事实上，由于初始深度图的约束，$\{U_k^i\}$ 中满足式（2.8）所示条件的候选区域很少，$V(s, B_j)$ 取最高值时对应的区域 U_k^i 通常为超像素 s 的可靠的匹配区域。最坏情况下，如果出现多个得票数最高的投票区间，本章将所有投票区间对应的区域 U_k^i 作为超像素 s 的可能匹配约束区域；而如果因为投票区间较小而导致多个相邻的投票区间对应同一区域 U_k^i，则只选择其中一个投票区间确定超像素 s 的匹配约束区域。需要指出的是，由于光照及过分割算法的不精确性的影响，超像素 s 在视图 $\{N_k\}$ 中的真实匹配区域可能由多个超像素构成。为了增强匹配区域的可靠性，本章也考虑与区域 U_k^i 相邻的区域，并将满足指定条件的邻域与 U_k^i 一起作为超像素 s 的可能匹配约束区域，即：

$$cons(s)_k = U_k^i \cup \{p \mid (\|c(p) - c(U_k^i)\| < \sigma_1) \wedge (L(p) < \sigma_2) \wedge p \in Q(U_k^i)\} \quad (2.9)$$

式中，$Q(x)$ 表示区域 x 的邻域；$c(x)$ 表示区域 x 的平均颜色；σ_1、σ_2 分别为颜色相似性阈值及可靠深度值所占比例阈值。

确定超像素 s 在视图 $\{N_k\}$ 中的匹配区域之后，对于候选平面 H，本章定义其可信度定义为：

$$P_s^k(H) = (cons(s)_k \wedge H_k(s)) / |H_k(s)| \quad (2.10)$$

式中，$H_k(s)$ 表示超像素 s 在平面 H 诱导下在视图 $\{N_k\}$ 中的映射区域。$P_s^k(H)$ 值越高，则 $H_k(s)$ 位于匹配区域内部的概率越大，该平面的可信度也越高。在实验中，如果 $P_s^k(H)$ 大于指定阈值 υ，则认为平面 H 相对于视图 $\{N_k\}$ 是可靠的。

相应地，根据视图 $\{N_k\}$ 确定的候选平面 H 的可信度定义为：

$$P_s(H) = \sum_k T(P_s^k(H) > \upsilon) \quad (2.11)$$

$P_s(H)$ 度量了超像素 s 在平面 H 诱导下在视图 $\{N_k\}$ 中映射区域的可见性，其值越高，则平面 H 越可靠。在实验中，如果 $P_s(H)$ 大于指定阈值 k_3，则认为平面 H 是可靠的。

（三）能量函数

区域的可见性约束可有效缩小弱纹理超像素 s 对应平面的求解空间，而能量函数的优化则可在已缩小的求解空间中对相应平面进行精确求解，相应的能量函数定义如下：

$$E(s, H) = E_{data}(s, H) + E_{smooth}(s) \quad (2.12)$$

式中，$E_{data}(s, H)$、$E_{smooth}(s)$ 分别表示为数据项与平滑项。

为了定义数据项，本章首先定义超像素 s 内部像素的匹配代价。设在深度图 D_k 中，已确定可靠深度值的像素集合为 M，其余像素集合为 $\overline{M}$。此外，如果超像素 s 的候选平面为 H，则对于像素 $p \in s$，其在平面 H 诱导下在 D_k 中的映射点及相应深度值分别表示为 $H(p)$、$d(H(p))$。

由于 $H(p)$ 可能位于区域 $\overline{M}$ 或 M，同时考虑到遮挡情况，则像素 p 的匹配代价可定义为：

$$C(p,H,N_k) = \begin{cases} m(p,H,N_k) & H(p) \in \overline{M} \\ \lambda_{occ} & D_k(H(p)) \leq d(H(p)) \\ m(p,H,N_k) + \lambda_{occ} & D_k(H(p)) > d(H(p)) \end{cases} \qquad (2.13)$$

式中，λ_{occ} 为遮挡惩罚常数，而 $m(p,H,N_k)$ 则度量了 p 与 $H(p)$ 之间的颜色差异，即：

$$m(p,H,N_k) = \min(\|I_r(p) - N_k(H(p))\|, \tau) \qquad (2.14)$$

式中，τ 为截断阈值，以增强遮挡情况下像素匹配度量的鲁棒性，实验中取值与 σ_1 相同。

式（2.13）中，第一种情况表示映射点 $H(p)$ 位于区域 $\overline{M}$，此时的平面 H 更可能为真实平面，则采用 p 与 $H(p)$ 间的颜色差异作为匹配度量；第二种情况表示映射点 $H(p)$ 位于区域 M 且被 D_k 中的相应点所遮挡，所以给予较大的惩罚量；第三种情况表示映射点 $H(p)$ 位于区域 M 且遮挡了 D_k 中的相应点，由于 D_k 中的深度值均是可靠的，不可能被遮挡，因而给予更大的惩罚量。

最后，数据项 $E_{data}(s,H)$ 定义为超像素 s 内部全部像素匹配代价之和，即：

$$E_{data}(s,H) = \frac{1}{n} \sum_{k=1}^{n} \sum_{p \in s} C(p,H,N_k) \qquad (2.15)$$

式中，n 为与 I_r 相邻的视图数量。

在确定平滑项时，本章综合考虑了与超像素 s 相邻的可靠超像素之间相邻接的像素数、颜色相似性[94]及相邻超像素对应平面间的空间几何关系，即：

$$E_{smooth}(s) = \lambda_{smo} \cdot \sum_{t \in N(s)} (b_{st} \cdot (1 - \|c(s) - c(t)\|) \cdot \|n(s) - n(t)\|) \qquad (2.16)$$

式中，$N(x)$ 表示与超像素 x 相邻的所有可靠超像素集合；λ_{smo} 为平滑项权重；$c(x)$ 表示超像素 x 的平均颜色；$n(x)$ 表示超像素 x 对应平面的单位法向量；b_{st} 则为超像素 s 与 t 相邻接的像素数，即：

$$b_{st} = |\{(p,q) \mid p \in s \land q \in t \land (p,q) \in \mathbb{N}_4\}| \qquad (2.17)$$

式中，$\mathbb{N}_4$ 表示像素 4 邻域关系。

式（2.16）表明，超像素 s 与相邻可靠超像素之间的颜色越相似、相邻接的像素数越多，则超像素之间的平滑性越好，如果两者对应的平面法向量差异较大，则应给予较大的惩罚量。

（四）扩散可信度

对于超像素 s，与其相邻的可靠超像素越多，则所受约束就越强，从而正确求取其对应平面的可靠性越高；在利用扩散的方式求解超像素对应的平面时，优先获取可靠性较高的平面可有效提高扩散过程的稳定性。因此，本章定义超像素 s 的扩散可信度如下：

$$confidence(s) = |\{m \mid m \in R(s)\}| + |\{(p,q) \mid (p,q) \in con(s) \wedge D_r(p) \neq \emptyset\}| / |con(s)| \tag{2.18}$$

式中，$R(x)$ 表示与超像素 x 的相邻的可靠超像素的集合，D_r 为参考视图对应的初始深度图，$con(s)$ 为超像素 s 的边界，即：

$$con(s) = \{(p,q) \mid p \notin s \wedge q \in s \wedge (p,q) \in \mathbb{N}_4\} \tag{2.19}$$

（五）最优平面的求取

对于弱纹理超像素 s，为了确定其对应的最优平面，同时保证区域级匹配扩散过程的速度与可靠性，本章根据相应的区域可见性约束条件，在能量函数最小化框架下采用了平面拟合及多方向平面扫描相结合的方法。

1. 平面拟合

超像素 s 在视图 $\{N_k\}$ 中的匹配约束区域能极大地缩小其内部像素的匹配空间，使匹配的多义性问题在一程度上得到缓解。因此，本章在超像素 s 及其在视图 $\{N_k\}$ 匹配约束区域内，利用相关窗度量的方法进一步检测像素匹配。为了提高在宽基线情况下匹配检测的可靠性，对于 $p \in s$ 及相应极线上的候选匹配 $\{q_i\}$（$i=1$，…，n），分别以 p、q_i 为中心沿两者相应极线方向选取尺寸为（35×35）的相关窗口进行度量，然后从中选择 ZNCC 度量值最高且大于 0.9 的匹配为最优匹配。此外，为保证平面拟合算法的可靠性，本章在视图 $\{N_k\}$ 中分别进行了匹配的检测，然后利用三角化方法[92]计算相应的空间点，最后选择可靠空间点作为平面拟合的初始点。

事实上，对于弱纹理超像素，以上过程获取的空间点数量通常很少，而且仍有可能存在外点，所以，在对空间点进行拟合求取平面时，采用 RANSAC 拟合算法并不可靠。为克服此问题，本章根据能量函数及平面可信度的约束确定最优平面。具体步骤为：①随机且不重复地抽取 3 个空间点拟合平面，构成候选平面集；②从候选平面集中剔除冗余平面，即对于多个法向量相近的平面，从中只选择一个作为候选平面；③从候选平面集中选择使能量函数取最小值时的平面 H 并验证其可信度值 $P_s(H)$，如果 $P_s(H)$ 满足条件，则 H 即最优平面，否则，拟合过程失败。

实验表明，即使参与拟合的空间点中存在外点，以上拟合方法仍能可靠地求取最优平面。

2. 多方向平面扫描

对于少量无纹理超像素，由于无法确定足够多的空间点，以上平面拟合方法通常会失败，因此，本章采用多方向平面扫描方法求取其对应的平面。一般而言，超像素对应的平面通常可由其质心的深度值与平面的法向量 n 共同决定。其中，法向量的球面坐标系表达式为：

$$n = \begin{bmatrix} \cos\theta\sin\phi \\ \sin\theta\sin\phi \\ \cos\phi \end{bmatrix}$$ （2.20）

考虑到平面在各个视点的可见性，本章假设平面法向量与相机主轴的夹角不大于指定阈值（实验中设为 60°），即 $\phi \in [0°, 60°]$，$\theta \in [0°, 360°]$。

理论上而言，在确定超像素 s 对应的平面时，应求取所有法向量与深度值组合的平面相应的能量函数值，然后从中选取对应最小能量的平面为最优平面，但这必然导致较高的计算复杂度；另外，如果仅在指定的几个方向上进行扫描，则当真实平面法向量与扫描方向不一致时，往往会产生错误的结果。在本章中，由于超像素 s 在视图 $\{N_k\}$ 中匹配约束区域的确定，质心对应的深度扫描范围非常小，而且，在每个深度值下，虽然与全部法向量的组合会产生较多的候选平面，但根据平面可信度 $P_s(H)$ 则可以滤除掉大部分可信度较低的平面，最终参与能量函数计算的候选平面很少（一般为几十个），所以，多方向平面扫描算法的可行性与精度都能得到保证。

（六）区域级匹配扩散过程

对于当前超像素，除了采用平面拟合与多方向平面扫描算法确定最优平面外，本章也求取了与其相邻可靠超像素对应平面在当前超像素的能量函数下的取值。如果该能量值比平面拟合或多方向平面扫描算法得到的平面对应能量小，则该可靠超像素对应平面即当前超像素对应的最优平面。此外，在复杂情况下，当前超像素的区域可见性约束条件可能会存在偏差，往往导致其最优平面的求取失败；对于此类超像素，本章在区域级匹配扩散过程中暂时延迟了对其平面的求取。事实上，随着其他超像素对应平面的确定，此类超像素的区域可见性约束条件的可靠性也随之增加，其对应平面的求取也更加可靠。

综上所述，区域级匹配扩散过程如下：

步骤 1：根据当前视图中弱纹理超像素扩散可信度值的大小构造扩散列表 L。

步骤 2：从列表 L 中依次取出超像素并将其从列表 L 中删除，然后求取超像素在视图 $\{N_k\}$ 中的匹配约束区域，并在匹配约束区域内进一步检测像素匹配且求取相应的空间点。如果空间点较多，利用平面拟合方法所述算法确定最优平面；如果空间点较少或步骤 2 失败，利用多方向平面扫描方法所述算法确定最优平面。

步骤 3：根据最优平面的扩散可信度，更新列表 L 并返回步骤 2 直到列表 L 为空。

步骤 4：迭代以上步骤直至全部超像素的对应平面被求取，或者当连续两次迭代中没有弱纹理超像素的对应平面被求取，则终止迭代过程。

步骤 5：根据弱纹理超像素对应的平面获取相应的深度信息。

在实际中，视图中可能存在少量超像素（如场景中运动对象映射到视图中的超像素）由于各种干扰因素的影响而始终难以确定其对应的平面，所以，在上述过程的步骤 4 中，本章设置了相应的迭代终止条件。

区域级匹配扩散之后，几乎全部弱纹理超像素均可获得最优平面。同样，通过求像素反投影线与空间平面交点的方式可确定每个超像素内部全部像素对应的空间点，从而获得更稠密的深度图。对于极少数超像素，由于视图过分割算法的原因，导致其对应的空间区域内部深度值变化较大，利用平面近似该区域时往往会导致错误的结果，因此，本章仍然采用前文所述方法剔除相应的外点。

第三节 实验评估

本章采用标准数据集与实拍数据集验证本章算法可行性与有效性。此外，为了验证本章算法对视图质量的适应性，在实验中主要采用了普通分辨率视图。对于当前视图 I_r，如果采用短基线视图 $\{N_k\}$ 对其进行深度图估计，则相应的深度估计误差通常较大；如果视图 $\{N_k\}$ 相应基线长度过大，则不但导致像素级匹配扩散中的初子种子匹配较少，而且所采用的仿射模型的可靠性也会降低；因而，在实际中，本章采用了文献［72］中的方法选择视图 $\{N_k\}$（$k=1$，…，n）作为辅助以估计其相应的深度图。同时考虑速度与精度问题，

在实验中设置 $n=4$。

对于算法中的参数，如表 2.1 所示，实验中的所有数据集均采用了相同的设置。

表 2.1 实验参数设置

序号	参数	描述	取值
1	T_z	相关性度量	0.95
2	δ	仿射参数误差	0.5
3	ε	深度误差	0.01
4	k_1	空间点在多幅图像中的可见性	4
5	k_2	平面中错误深度值所占比例	0.1
6	γ_2	区域匹配度量	0.2
7	σ_1	颜色相似性度量	0.2
8	σ_2	可靠深度值所占比例	0.2
9	υ	区域可见性约束	0.8
10	k_3	平面可信度	2
11	λ_{occ}	遮挡惩罚常数	2
12	λ_{smo}	平滑项权重	0.6

在像素级匹配扩散的参数设置中，T_z 度量了仿射参数求取的可靠性，取值不应低于 0.9；而 δ 取值越高，则存在误差的仿射参数的数量越多，因而，δ 取值不应高于 1。在区域级匹配扩散中，为了保证当前深度值在多个视图中的一致性，k_1 取值应大于 2，而 ε 则应取较小的值，通常不应大于 0.02；同样，为了保证初始平面集的可靠性，k_2 取值不应大于 0.2。为了增强匹配约束区域的可靠性，γ_2、σ_1 及 σ_2 应取较大的值，但同时为避免因此而引入较多的干扰区域，三者取值均不应高于 0.5；参数 υ、k_3 度量了平面的可信度，取值越高，对平面的约束力越强，在实验中将其分别设置为 0.8 与 2 时可获得较好的结果。此外，由于视图 $\{N_k\}$ 及相应深度图 $\{D_k\}$ 的约束，能量函数中的参数 λ_{occ} 与 λ_{smo} 分别在区间 [2，5]、[0.2，0.8] 取值时，均可获得较好的结果。

本章实验环境为 32 位 Windows 7 系统，基本硬件配置为 Intel 2.33 GHz 双核 CPU 与 4G 内存。本章算法采用 Matlab 语言实现。

一、标准数据集

标准数据集采用 Strecha 等提供的视图分辨率均为 768×512 的 Fountain-P11、Herz-Jesu-P8 数据集[87]，相关的相机内外参数均已被标定。为了定量地对算法精度进行评估，本章采用以下深度度量准则：

$$\kappa = \| d - d_{gt} \| / d_{gt} \tag{2.21}$$

式中，d 为算法估计的深度，d_{gt} 为真实深度。

在深度图中，如果像素的深度值对应的 κ 值小于设定的阈值 ζ，则认为其深度值求解正确。在给定阈值 ζ 下，本章用三个指标衡量当前深度图的质量，即正确率（表示获得正确深度值的像素数占全部像素数之比）、错误率（获得错误深度值的像素数占全部像素数之比）与均误差（平均深度误差）。

图 2.7 为标准数据集与相应的视图过分割示例，图 2.8 是本章算法运行的中间过程。为了更直观地表现深度图重建效果，本章将深度图转换成空间点并进行纹理映射。

（a）Herz-Jesu-P8　　　　　　　　　（b）Fountain-P11

图 2.7　标准数据集视图与相应的过分割视图示例

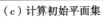

（a）像素级匹配扩散　　（b）深度图合并与　　（c）计算初始平面集　　（d）区域级匹配扩散
　　　　　　　　　　　　　　外点剔除

图 2.8　深度图估计中四个阶段生成的结果

从实验结果可以发现，在像素级匹配扩散阶段，如图 2.8（a）所示，场景中大部分区域均可获得稠密的匹配结果，尤其对深度图 D_{r1}、D_{r2} 进行合并与外点剔除之后，相应的深度图相对更加完整，如图 2.8（b）所示。在利用区域级匹配扩散对弱纹理区域（如 Herz-Jesu-P8 大门区域）的深度进行推断时，基于初始深度图拟合而获取的初始平面集［见图 2.8（c）］不但进一步完善了当前深度图，极大地缩小了弱纹理区域对应平面的求解空间，而且使因此构造的能量函数及区域可见性约束条件更可靠，有效保证了在能量最小化框架下利用平面拟合及多方向平面扫描算法获取弱纹理区域对应平面的可靠性与精度，进而可以重建出更可靠、更完整的深度图，如图 2.8（d）所示。

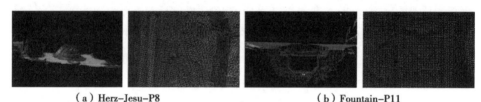

（a）Herz-Jesu-P8　　　　　　　　　　（b）Fountain-P11

图 2.9　深度图顶部观察效果及图 2.8（d）的矩形区域放大显示

本章分别对图 2.8 所示四个阶段相应的正确率及平均误差进行了统计，结果如表 2.2 所示。

表 2.2　各个阶段深度图的均误差及 ζ=0.01 时的正确率

数据集	第一阶段		第二阶段		第三阶段		第四阶段	
	正确率	均误差	正确率	均误差	正确率	均误差	正确率	均误差
Herz-Jesu-P8	0.6179	0.0299	0.6037	0.0251	0.7894	0.0348	0.8659	0.0503
Fountain-P11	0.7815	0.0519	0.7659	0.0192	0.9069	0.0297	0.8511	0.0420

为了验证本章算法对视图质量的适应性，本章也对高分辨率视图进行了实验。从算法原理上而言，高分辨率视图可以捕获场景更多的结构细节，因而更有利于匹配扩散与弱纹理区域的深度推断，通常可以获得更好的结果。然而，如图 2.10 所示，不同深度值阈值 ζ 下的正确率，随着 ζ 在可容许的范围内增大，采用两种分辨率视图获得的结果基本一致，表明本章算法对视图质量具有较好的适应性。

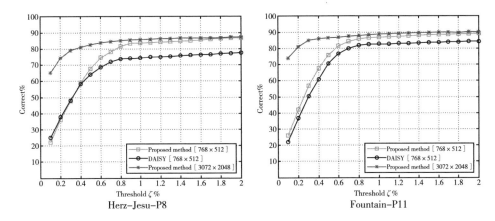

图 2.10 不同深度值阈值 ζ 下的正确率

为了进一步证明算法的有效性，本章与基于 DAISY 特征描述子的稠密深度图重建算法[72]进行了对比实验。事实上，对于数量较少的普通分辨率视图，许多稠密重建算法（如 PMVS[3]）通常不能获得稠密的重建结果，即使采用高分辨率视图，由于缺少对弱纹理区域的深度推断过程，此类算法也很难保证重建的完整性。

在基于 DAISY 特征描述子获取稠密深度图的算法中，根据文献［41］中参数设置建议，本章设置特征描述子最优参数为 R=15、Q=3、T=8、H=8，同时采用了该文献中的匹配度量准则。对于匹配获得的深度图 D_{r1}、D_{r2}，则采用前文所述方法进行深度图合并及外点剔除。

表 2.3 是两种算法在 ζ=0.01 时的实验结果及运算时间。为了更全面地考察两种算法的性能，本章也对数据集中全部视图的深度图重建结果进行了对比。其中，数据集首尾两视图由于缺少与其相邻的视图而没有进行深度图合并操作。实验结果如图 2.11 所示。

表 2.3 均误差、运算时间及 ζ=0.01 时的正确率、错误率

数据集	算法	正确率	错误率	均误差	运算时间（分钟）
Herz-Jesu-P8	本章算法	0.8659	0.0251	0.0363	29.7
	DAISY 算法	0.8243	0.0569	0.0449	41.5
Fountain-P11	本章算法	0.8711	0.0196	0.0251	25.0
	DAISY 算法	0.8327	0.0471	0.0279	39.1

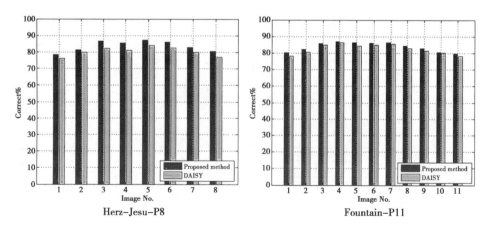

图 2.11　全部视图的深度图估计

由实验结果可以看出，本章算法整体上要优于基于 DAISY 特征描述子的深度图重建算法；特别是在 Herz-Jesu-P8 数据集的实验中，由于场景中存在很多平面结构模型与弱纹理区域，两算法间的精度差别更加明显。在计算速度上，尽管 DAISY 特征提取算法能快速提取视图中全部像素的特征，但由于特征不具有旋转与尺度的不变性，为了提高匹配精度，在匹配时必须考虑像素的极线方向与尺度问题，这极大地影响了匹配速度。本章算法在像素级匹配扩散时同时考虑了旋转与尺度的变换，在区域级匹配扩散时则在较小的空间求解超像素对应的平面，因此速度相对较快。此外，对于在深度值阈值 ζ 较小时，本章算法正确率略低于 DAISY 算法的情况，其可能是由本章算法所依赖的场景分段平滑假设所致。

二、实拍数据集

为了验证本章算法在实际场景中对光照变化、基线宽度、场景结构等因素的适应性，本章采用"清华物理楼""生命科学院""云岗石窟"等实拍数据集对其进行测试，其中的视图分辨率分别为 819×546、1024×728、752×500。所有数据集中的视图之间均有较大的光照变化，而且基线相对较宽；从场景结构上而言，前两组数据集相应场景具有相对规则的几何结构，同时包含更多的弱纹理、倾斜表面等区域，而后者具有不规则的结构且纹理相对丰富。实验结果如图 2.12 所示［其中，图 2.12（a）中每组数据的左上角视图为当前视图］。

　（a）数据集例图　　（b）像素级匹配扩散　　（c）区域级匹配扩散　　（d）矩形区放大显示
　　　　　　　　　　　（两幅视图）

图 2.12　深度图估计

　　由实验结果可以看出，像素级匹配扩散算法对光照变化及透视畸变具有较强的适应能力，在像素级匹配扩散阶段均可以获得相对稠密的扩散结果；特别对于"云岗石窟"视图，由于场景纹理相对丰富，像素级匹配扩散阶段几乎就可能恢复完整的深度图。而对于弱纹理区域（如"清华物理楼"矩形框区域）、倾斜表面区域（如"生命科学院"矩形框区域）以及遮挡区域（如"生命科学院"当前视图的左边区域），区域级扩散算法能准确对其深度进行推断，从而重建出稠密的深度图。类似于标准数据集，本章也对实拍数据集的实验结果进行了统计，如图 2.13 所示。与标准数据不同的是，由于实际场景数据集缺少相应的深度图真值，所以，图 2.13 所示为正确率随深度阈值 ε 的变化关系。从结果中不难发现，本章算法的性能仍然优于基于 DAISY 特征描述子的深度图重建算法。

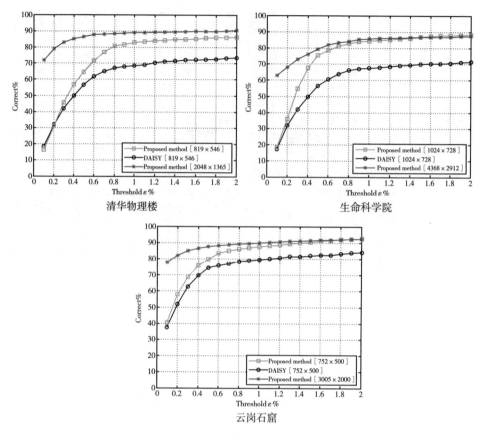

清华物理楼

生命科学院

云岗石窟

图 2.13 不同阈值 ε 时的正确率

第四节 本章小结

为了从视图序列中恢复出相应场景的稠密深度图，同时克服光照变化、透视畸变、弱纹理区域等因素的影响，本章提出了一种基于像素级与区域级两阶段匹配扩散的深度图估计算法。相对于当前匹配扩散算法，像素级匹配扩散对视图中存在的光照变化、透视畸变等因素具有较强的适应性，从而可以获得更可靠的稠密匹配结果。而对于弱纹理区域深度推断问题，区域级匹配扩散根据多幅初始深度图构造了能量函数及区域可见性约束条件，保证了能量函数最小化框架下的平面拟合及多方向平面扫描算法的速度与精度；因而，相对于当前全局优化算法对弱纹理区域的推断，本章中的区域级扩散算法更快速、更可靠。两个阶段的扩散过程在整体上相互补充，使算法利用普通分辨率视图即可恢复相应场景的稠密深度图。当前，本章算法的缺点主要体现在两个方面：首先，场景分段平滑假设可能导致其产生较大的误差（例如，对于场景中的球状区域，即使用很小的空间平面去近似，最终深度值的推断仍会存在偏差）；其次，其在一定程度上受到视图过分割算法精度的影响。针对这些问题，利用更合理的模型近似场景结构并采取全局优化算法对当前重建结果进行处理，则有望获得更可靠的结果。

第三章　基于语义约束的多视图三维场景重建

在城市场景的三维重建中，为了快速恢复其稠密、精确的深度信息，本章算法首先在视图中对建筑区域进行语义分割以降低非重建区域（如天空、地面等）的干扰并提高整体重建效率与可靠性；然后通过基于 DAISY 特征的空间点扩散方法获取的初始深度图的基础上，针对传统算法难以重建的弱纹理、倾斜表面等区域，本章算法依据场景分段平滑的假设，在超像素级 MRF 框架中对其相应的空间平面进行推断。由于能量函数融合了初始深度图的约束、空间平面先验及空间平面间的几何关系等信息，且候选平面集通过平面拟合与已知平面约束下的多方向平面扫描两种方法构造，使得能量函数的求解更快速与精确。采用标准数据集与实拍数据集的实验表明，本章算法能有效克服光照变化、透视畸变、弱纹理区域等因素的影响，快速恢复建筑区域完整的深度图。

第一节　问题分析

利用从同一场景获取的多幅视图恢复出高精度、稠密的深度图是计算机视觉领域研究的热点。近年来，尽管许多相关工作已针对此问题进行了深入的研究，但由于光照变化、透视畸变、弱纹理区域、遮挡、视图分辨率较低等因素的影响，恢复高质量的深度图仍是许多场景重建算法面临的难题；特别对于存在较多弱纹理、倾斜表面等区域的城市建筑，此问题尤为突出。例如，对于基于特征检测及扩散的方法，由于在弱纹理区域无法检测到特征及特征匹配多义性问题的存在，通常很难获得完整的深度图；而基于场景分段平滑假设的方法以及基于特定场景模型（如 Manhattan-world 模型）的方法尽管在一定程度上可以解决弱纹理区域的重建问题，但在场景结构比较复杂的情况下，会由于所采用的求解模型或场景模型过于简单而产生较大的错误。

在利用两幅或多幅视图恢复场景稠密视差或深度图的过程中，许多算法[95, 81, 79, 83]通常根据场景分段平滑的假设，将颜色相近、位置相邻像素的集合与相应的视差或空间平面进行关联，然后在通过传统匹配算法（如ZNCC）获取的初始视图或深度图的基础上，利用平面拟合的方法求取初始平面集，最后采用 Graph Cuts、Cooperative Optimization 等算法求取弱纹理、倾斜表面等区域对应的视差或空间平面以获取完整的视差或深度图。此类算法的最大问题在于，由于像素匹配的多义性、噪声等问题的存在，由此求取的初始平面集通常并不能完整地表达场景结构，如倾斜表面区域，在像素匹配及平面拟合阶段一般难以获取较好的匹配结果及相应的平面，因而其对应的真实平面与初始平面集中的平面并不一定存在相关性，此时如果用初始平面集中的平面推断其视差或深度往往会产生较大的错误。Bleyer[96] 为了克服此问题，首先为每个像素随机地分配一个视差平面，然后根据所定义的视差平面下的像素累积匹配代价，利用迭代扫描的方法对每个像素对应的视差平面进行优化。事实上，由于此算法采用的像素累积匹配代价仍然存在匹配多义性问题，因而对弱纹理区域视差的推断并不理想，而且迭代扫描方式导致整体重建速度也较低。Shen[97] 将此算法推广至多视场景重建中深度图的推断中，尽管可利用更丰富的视图信息以构造具有强约束性的像素累积匹配代价，但类似问题仍然存在。

　　根本上而言，由于诸多干扰因素的存在，仅仅依赖像素级匹配的算法很难获取场景稠密的重建结果。从视图中挖掘更多可用于重建的信息（如城市建筑的平面结构特征及与地面垂直等先验）以构造对弱纹理、倾斜表面等区域视差或深度求解的更严格的约束是一种解决场景稠密重建的有效途径。在此类算法中，Çığla 根据空间平面诱导下弱纹理区域在多个视图中映射区域的颜色差异，通过深度与法向量扫描获取其对应的空间平面[98]。然而，此类穷举式方法不但速度较慢，而且由于仅依赖于颜色差异的像素累积匹配代价的约束性通常较低，导致算法的可靠性也较差。Gallup 则根据城市建筑平面结构的先验，利用平面模型解决弱纹理区域的重建问题，而且为了增强平面模型的可靠性，首先采用机器学习的方法将场景粗略地分为平面结构与非平面结构等语义区域，然后以初始稀疏或准稠密深度图为基础，对建筑区域采用平面拟合、Graph Cuts 等算法进行稠密重建[83]。然而，由于算法过多地依赖于平面结构与非平面结构区域的分类精度，而且只从初始深度图中拟合出非常少的平面来近似场景结构，使精度与可靠性在复杂场景中都难以得到保证。根据 Manhattan-world 场景模型的先验，Furukawa[84]、Mičušík[85] 则分别利用PMVS 算法[11] 获取的带方向的空间点、初始稀疏空间点的投影、城市建筑中消影点检测等方法，首先确定场景模型的主方向，然后在每个主方向上求取所有可能的空间平面以构成对弱纹理区域进行深度推断的候选平面集，最后利用 Graph Cuts 等算法推断弱纹理区域对应的空间平面以获得稠密的重建结果。然而，由于场景模型过于简单，当真实空间平面法向量与模型主方向不一致时，此类算法往往会产生较大的重建错误。Häne 将视图语义标注与场景重建问题融合到体素多类标注框架下进行求解，不但使语义标注结果为场景中特定类别的重建提供了具有几何意义的先验信息（如建筑物是垂直的、地面是水平的），而且比较好地克服了传统算法难以解决的弱纹理、倾斜表面等区域的重建问题[99]。然而，利用体素进行场景或对象重建时，不但时间与空间复杂度较高，而且体素尺寸也会对重建精度产生较大影响；此外，利用机器学习方法推断场景中特定类别的表面方向，其可靠性、速度也是一个困难的问题。Bao 利用机器学习方法获取的特定语义类别的形状先验解决物体重建的完整性问题[100]，但对于城市场景，由于城市建筑结构、形状复杂，算法并不适用。

第二节　算法原理

为了克服以上问题，本章提出一种基于语义约束与 Graph Cuts[101] 的快速、稠密的场景重建算法。对于场景重建中主要感兴趣的建筑区域，本章算法在视图中对其进行快速语义分割，排除了天空、地面等非重建区域的干扰，不但提高了整体重建速度，而且增强了采用平面结构模型对建筑区域进行重建的可靠性，进而使得后续在 MRF 能量优化框架下对弱纹理、倾斜表面等区域对应的空间平面进行推断时更加可靠。在获取建筑区域的初始深度图时，本章利用扩散的方式同时完成 DAISY 特征在多幅视图中的匹配及相应空间点的求取。由于 DAISY 特征匹配的搜索空间被有效缩小，使深度图的求取过程更快速，结果更稠密，从而进一步增强了对弱纹理区域和倾斜表面所对应的空间平面进行全局优化求解的可靠性。整体上，本章算法克服了利用 Manhattan-world 场景模型重建复杂场景结构时的误差较大、利用机器学习方法推断表面法向量可靠性差与精度低等缺点，能够快速重建出包括弱纹理区域、透视畸变严重的倾斜区域等在内的稠密、准确的城市建筑深度图。

根据场景分段平滑的假设，本章算法旨在从已标定的视图序列中快速恢复相应的稠密深度图，其基本流程如图 3.1 所示，相应的三个主要构成模块可简要描述为：

（1）视图语义分割。对视图中的建筑区域进行分割，剔除天空、地面等非重建区域的干扰，同时增强后续环节采用平面模型对弱纹理、倾斜表面等区域对应空间平面进行推断的可靠性。

（2）基于 DAISY 特征的空间点两阶段扩散。以 DAISY 特征为基础，利用扩散的方式快速获取建筑区域初始稠密的深度图，同时为建筑区域先验信息的获取、弱纹理与倾斜表面等区域所对应的空间平面的推断提供可靠的基础。

（3）MRF 能量优化框架下的空间平面推断与深度图获取。在 MRF 能量优化框架下对弱纹理、倾斜表面等区域对应的空间平面进行推断，进而获取完整的深度图。

图 3.1　本章算法的基本流程

　　相对于传统算法，尽管本章算法也采用平面模型、语义信息及全局优化等方法解决建筑区域弱纹理、倾斜表面等区域的重建问题，但在语义信息的利用、初始深度图的求取及空间平面优化求解模型的构造等环节中采用了更为有效的方法。整体上，本章算法的主要创新之处如下：

（1）利用语义约束不但极大地提高了整体场景重建的效率，而且有效增强了采用平面模型对建筑区域进行重建的可靠性。

（2）利用扩散的方式同时完成 DIASY 特征在多幅视图中的匹配与相应空间点的求取，可以快速获取更稠密、更准确的初始深度图，有效克服了传统算法在求取深度图时由于 DIASY 特征的匹配搜索空间较大[72]、单独进行深度图外点剔除等过程导致的结果稀疏、速度慢的问题。

（3）利用平面拟合及已知平面约束下的多方向平面扫描两种方法获取全局优化阶段所用的候选平面集及先验，有效克服了 Manhattan-world 场景模型的局限性，进而可生成更精确的场景结构。

（4）在能量函数中融合了区域颜色差异、初始深度图约束、空间平面先验及空间平面间的几何关系等信息并采用两阶段的 Graph Cuts 方法迭代求解，保证了空间平面全局优化求解的可靠性，同时降低了整体算法对语义标注精度的依赖性。

一、图像语义分割

鉴于当前语义分割算法对基本类别（如建筑、天空、地面等）的分割精度都比较高，同时考虑到语义分割的速度，本章采用基于区域的语义分割算法[102]对视图中的建筑区域先进行分割。该算法首先利用过分割算法将视图分割成超像素集合，然后针对每个超像素，在融合其外观特征及几何特征的能量函数最小化框架下对其进行语义标注。由于过分割算法不精确性问题的存在，超像素可能会被标记为错误的语义类别，为克服此问题，该算法采用不同的过分割参数将视图分割成多个超像素集合（"过分割字典"），而对于当前超像素，则根据"过分割字典"与能量函数最小化准则对其进行语义标注优化操作（如为其分配新的语义类别、与相邻的相同语义类别的超像素进行合并等），进而获得最终的标注结果。由于该算法以超像素为语义标注基元，因而速度比较快。事实上，对于本章算法而言，该预处理步骤的主要目的在于：①去除参考图像中实际并不具备平面结构特征的区域（如天空、树木等），增强算法所依赖的场景分段平面假设的可靠性以及后续对场景完整结构进行推断的可靠性；②去除参考图像中的不必要重建的区域（如天空、树木等），提高整体场景重建的效率。

二、空间点扩散

对于建筑区域中包含的弱纹理、倾斜表面等区域，由于像素匹配的多义性、严重的透视畸变等因素的干扰，其对应的深度信息一般很难获取。为了获取完整的深度图，本章首先求取纹理丰富区域的初始深度图，进而提取建筑结构的先验信息以对弱纹理、倾斜表面区域的深度进行推断。为了快速获取更稠密、更可靠的初始深度图，本章采用了基于 DAISY 特征[41]的空间点扩散的方式。在此情况下，采取 DAISY 特征的主要原因在于：①视图中全部像素的 DAISY 特征可以同时被快速提取；② DAISY 特征所采用的菊花状邻域结构在视图基线距离较宽的情况下往往也能表现出较高的辨识性，因而有助于提高特征匹配的可靠性。

（一）空间点扩散原理

在传统匹配扩散算法[103]中，对于已知种子匹配（x, x'）及相应邻域

$N(x)$、$N(x')$ 中可能相互匹配的两点 $u \in N(x)$、$u' \in N(x')$，在视差梯度约束条件下，(u, u') 存在下述关系，即：

$$\| (u' - u) - (x' - x) \|_\infty \leqslant \in \qquad (3.1)$$

式中，$\in$ 为预先指定的阈值。

根据式（3.1）可知，对于 x 邻域内的任意像素 $u \in N(x)$，在 x' 的邻域中总可以找到与种子匹配 (x, x') 具有相同偏移的点 u'，而以 u' 为中心的指定邻域尺寸内的点即 u 的候选匹配集（也在 x' 的邻域内）。随着视图间基线距离的增大，在确定视差梯度约束条件时应同时考虑水平与垂直两个方向的视差约束，而在极线已知的情况下，极线的约束将进一步缩小种子匹配邻域像素的匹配搜索范围。

图 3.2 为参考视图 I_r 与 $k=2$ 个相邻视图 $\{N_i\}$（$i=1$，…，k）之间的匹配情况。设参考视图 I_r 中的像素 p_r 在视图 N_i 中的匹配为 p_i，由匹配（p_r，p_1，…，p_k）确定的种子空间点为 $P(p_r, p_1, …, p_k)$（黑色点所示）。根据水平与垂直方向的视差梯度约束，像素 p_r 邻域内的像素 m_r 在视图 N_i 中的候选匹配区域（尺寸设为 w）也在 p_i 的邻域内（粗线框所示），而极线的约束则进一步缩小了像素 m_r 的候选匹配范围（短虚线所示为 m_r 的极线在候选匹配区域中的部分）。

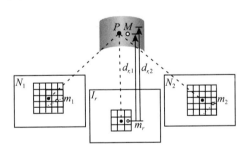

图 3.2 空间点扩散原理（相邻视图数 $k=2$）

在确定像素 m_r 的匹配时，为了保证匹配精度，本章将极线在候选匹配区域内的部分等间隔采样（采样间隔设为 ϑ），将采样点作为其候选匹配点，其中采样点的特征根据相邻像素的 DAISY 特征并采用双线性插值方法求取。此外，由于 DAISY 特征并不具有旋转不变性，为了获得更准确的匹配度量，在对像素 m_r 进行匹配时采用了根据相应极线方向校正后的 DAISY 特征。

最后，利用欧氏距离度量在视图 N_i 中确定与像素 m_r 最相近的匹配 m_i（白色点所示）。为了验证匹配 $\{m_i\}$（$i=1$，…，k）的可靠性以确定其是否对应于场景中真实的空间点 $M(m_r, m_1, \cdots, m_k)$，本章根据像素 m_r 在视图 N_i 中的匹配 m_i，利用三角化方法[92]求取像素 m_r 相应的深度值 $d_{r,i}$。显然，如果匹配 m_i 是可靠的，则深度值集合 $\{d_{r,i}\}$（$i=1, \cdots, k$）中任意两元素之差应很小，因此，本章将度量 $M(m_r, m_1, \cdots, m_k)$ 是否可靠的标准 $D(M)$ 定义如下：

$$D(M) = \frac{1}{k} \sum_{i \neq j} \| d_{r,i} - d_{r,j} \| (i, j = 1, \cdots, k) \tag{3.2}$$

如果 $D(M)$ 值小于指定阈值 ε，表明空间点 $M(m_r, m_1, \cdots, m_k)$ 是可靠的，可以作为种子空间点继续进行空间点的扩散；而为了增强扩散过程的可靠性，根据"最优最先"的原则进行扩散，即 $D(M)$ 值最小的种子空间点总是优先进行扩散。需要注意的是，对于在基线距离较窄的视图对中检测到的匹配，相应深度值的求取通常会产生较大的偏差，为了保证空间点扩散的可靠性，本章选择基线距离相对较宽的多幅视图进行匹配的检测与扩散。

事实上，上述基于空间点扩散的深度图求取方法不但度量了空间点在多幅视图中的映射点之间的 DAISY 特征相似性，也考察了相邻空间点之间的平滑性约束关系，因而更易于获取稠密的深度图；而且，由于在扩散过程中极大地缩小了 DAISY 特征的匹配搜索空间，有效地克服了传统方法在场景深度范围未知时在较大的深度范围进行匹配搜索导致的计算复杂性，所以具有更快的速度。此外，扩散过程结束后，相邻视图建筑区域中的大部分像素获得了可靠的深度值，因而在相邻视图作为参考视图时，仅对未获得可靠深度值的像素进行了匹配检测与空间点的扩散，从而极大地节约了初始深度图的求取时间。

（二）初始种子空间点的选取

对于空间点扩散开始时的初始种子空间点，可采用以下两种方法获取：

（1）对于参考视图中像素 p_r，直接与视图 N_i 中相应极线上的所有采样点分别进行匹配并从中确定最优匹配 p_i，然后对全部匹配结果 $\{p_i\}$（$i=1, \cdots, k$）对应空间点 $P(p_r, p_1, \cdots, p_k)$ 的可靠性进行验证，如果 P 是可靠的，则作为种子空间点进行扩散。

（2）借助其他特征检测算法（如 SIFT 特征）在多幅视图中进行特征检测并匹配，然后将由匹配求取的相应空间点作为种子空间点。

在实验中发现，采用第一种方法确定种子空间点时，由于极线上候选匹配较多且 DAISY 特征维数较高，往往会消耗大量的时间，因而，本章实验中采用第二种方法确定初始种子空间点集合。

（三）空间点两阶段扩散过程

在理想情况下，一个种子空间点即可获得稠密的扩散结果，然而，由于室外场景中存在的遮挡、光照变化等诸多因素的影响，初始种子空间点往往不能得到充分的扩散。为了解决此问题，本章采用种子空间点扩散与检测两阶段的循环过程，即在当前种子空间点扩散结束后，对视图中建筑区域中所有未参与扩散的像素进行了检测。而对于每个未扩散像素，在其相邻视图相应极线上尚未匹配的采样点中确定其最优 DAISY 特征匹配并对相应的空间点进行可靠性验证，如果该空间点是可靠的，则将其作为种子空间点继续进行扩散，如算法 1 所示。实验中发现，随着第一阶段扩散过程的继续，由扩散得到的空间点为第二阶段种子空间点的检测提供了越来越丰富的先验信息，极大地降低了第二阶段种子空间点检测的计算复杂性，同时，本章也采用了 KD-tree 算法以提高整体匹配速度。

根据算法 1 可知（见表 3.1），空间点在扩散的同时也完成了相应深度值的求取与外点剔除，避免了传统深度图求取方法在像素匹配结束后单独对深度图进行外点剔除所导致的计算复杂性。然而，由于弱纹理区域像素匹配的多义性、倾斜区域严重的透视畸变以及遮挡区域等问题的存在，本章的扩散方法仍无法获得建筑区域完整的匹配结果及深度图，因而需要进一步利用场景的平面先验对这些区域进行深度推断。

表 3.1　基于 DAISY 特征的空间点两阶段扩散

输入：种子空间点集合 $Seed$、已扩散像素列表 $Mark$

输出：深度图 $Depth$

初始化：根据 $Seed$ 更新 $Mark$、$Depth$

% 种子空间点的扩散

1：while $Seed \neq \varnothing$ do

2：从 $Seed$ 中取出 $D(P_i)$ 最小的种子空间点 $P_i(p_r, p_1, \cdots, p_k)$

3：for each $m_r \in N(P_r)$ do

4：确定视图 N_i 中的匹配 m_i

5：if $D(M) < \varepsilon$

6：根据 $D(M)$ 值将 M 插入至 $Seed$ 并分别将 m_r、M 的深度值保存于 $Mark$、$Depth$

7：end-if

8：end-for

9：end-while

% 种子空间点的检测

10：if $Seed = \varnothing$

11：for each $q_r \notin Mark$ do

12：确定视图 N_i 中的匹配 q_i

13：if $D(Q) < \varepsilon$

14：根据 $D(Q)$ 值将 Q 加入至 $Seed$ 并分别将 q_r、Q 的深度值保存于 $Mark$、$Depth$

15：goto 1

16：end-if

17：end-for

18：end-if

三、平面推断

为了获取弱纹理、倾斜表面等区域的深度信息，类似于其他重建算法，本章利用 Mean-shift 算法[93]将当前视图过分割成超像素集合。根据场景分段平滑的假设，每个超像素对应的空间点位于空间某一平面上；因而，对弱纹理、倾斜表面等区域的深度推断问题可转化为求其内部超像素对应空间平面的问题。

而为了克服简单场景模型（如 Manhattan-world 模型）的局限性，本章通过将超像素的颜色信息、空间平面之间的位置关系以及场景的先验信息融合在统一的 MRF 能量优化框架下分别对建筑区域主方向及非主方向上的空间平面进行推断，进而获取完整的深度图。具体流程如图 3.3 所示。

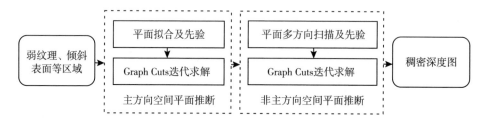

图 3.3　空间平面推断流程

下面对图 3.3 中的关键步骤进行介绍。

（一）空间平面拟合与外点剔除

如前文所述，在求取建筑区域的初始深度图时，空间点在扩散的同时也剔除了不可靠的深度值，因而最终获得的深度值绝大部分是可靠的，而其中极少量的外点可在空间平面推断时进行剔除，此处将其统称为"可靠深度值"。根据初始深度图，当超像素内部包含的已求取可靠深度值的像素数量大于 3 时，本章利用 RANSAC 方法进行平面拟合，然后通过求取超像素内部所有像素的反投影线与此空间平面交点获得更稠密的空间点或深度值。对于少量超像素，如细长结构超像素，以上过程可能会产生错误的空间平面及深度值。为了检查错误空间平面，本章根据相邻视图对应深度图的拟合结果，采用文献［72］所述方法对当前深度图的拟合结果进行错误深度值检查与剔除。如果超像素内部错误深度值数量与像素总数之比大于给定阈值 K_1，表明该超像素对应的空间平面是不可靠的。

对于利用上述拟合方法求取的空间平面不可靠或内部已确定深度值的像素数量少于 3 而无法拟合平面的超像素，如弱纹理、倾斜表面等区域内的超像素，已拟合求取的空间平面及相应空间点、建筑区域特定平面结构及方向先验（如垂直于地面、主方向的数量较少等）等信息，可对这些区域对应空间平面提供一些约束。下面将在 MRF 能量优化框架中利用这些信息推断这些平面。为便于下文表述，特将此类超像素统称为不可靠超像素，而空间平面能够被正确拟合的超像素，则称为可靠超像素，所有可靠超像素所对应的空间平面的集合称为初始空间平面集。

（二）能量函数的定义

为了在 MRF 能量优化框架下推断不可靠超像素对应的空间平面，对于超像素 s 及候选空间平面 H，本章定义如下能量函数：

$$E(s,H) = E_{data}(s,H) + E_{smooth}(s) \qquad (3.3)$$

式中，$E_{data}(s, H)$ 与 $E_{smooth}(s)$ 分别为数据项和平滑项。

1. 数据项

为提高全局优化的可靠性与速度，在定义数据项时，本章在式（2.13）所定义数据项的基础上进一步融入空间平面 H 相应的先验概率 $p(H)$。具体而言，在空间平面 H 已知的情况下，假设数据项 $E_{data}(s, H)$ 在噪声、相机参数偏差等因素影响下服从高斯分布，即：

$$p(E_{data}(s,H) \mid H) = e^{-\frac{E_{data}(s,H)}{2\sigma^2}} \qquad (3.4)$$

为使概率 $p(H|E_{data}(s, H))$ 最大化，则等同于最小化 $-\log(p(H|E_{data}(s, H)))$，根据贝叶斯公式可得融合先验概率 $p(H)$ 的数量项 $E_{data}^{prior}(s, H)$，即：

$$E_{data}^{prior}(s,H) = E_{data}(s,H) - 2\sigma^2 \log(p(H)) \tag{3.5}$$

根据式（3.5）可知，空间平面的先验 $p(H)$ 越高，则数据项 $E_{data}^{prior}(s,H)$ 越小，则超像素 s 对应的空间平面越偏向于空间平面 H。此外，如果超像素 s 内部部分像素对应的空间点集 P_s 已知，则距离点集 P_s 越近的空间平面 H 更有可能为其对应的空间平面，因而，本章在空间平面先验 $p(H)$ 的基础上增加了由点集 P_s 与当前所选空间平面 H 所确定的偏置项 θ，即：

$$\theta = \begin{cases} 0 & |P_s| = 0 \\ \omega \cdot e^{-d(P_s,H)} & |P_s| > 0 \end{cases} \tag{3.6}$$

式中，$d(P_s,H)$ 为空间点集 P_s 中的所有元素到空间平面 H 的平均距离，$|P_s|$ 表示集合 P_s 中的元素总数，ω 是偏置项的作用权值（实验设置为 0.5）。

最终，融合空间平面先验概率及偏置项的数据项为：

$$E_{data}^{prior}(s,H) \propto E_{data}(s,H) - 2\sigma^2 \log(p(H) + \theta) \tag{3.7}$$

根据式（3.7）可知，在空间平面 H 的先验不变的情况下，如果其距离超像素 s 对应的空间点集 P_s 越近，则相应的偏置项值越大，数据项 $E_{data}^{prior}(s,H)$ 越小，因而，其成为超像素 s 对应空间平面的可能性也越大。

2. 平滑项

在确定平滑项时，本章采用了 Potts 模型，即：

$$E_{smooth}(s) = \lambda_{smo} \cdot \sum_{t \in N(s)} \omega_{st} \cdot \delta(l_s \neq l_t) \tag{3.8}$$

式中，$N(s)$ 表示与超像素 s 相邻的超像素集合，$\delta(\cdot)$ 函数在括号内的条件为真时值为 1，否则为 0，l_s 为超像素 s 当前标记值，实际与特定空间平面的相对应，ω_{st} 则为超像素 s 与其相邻超像素 t 分配不同标记值的惩罚量，λ_{smo} 为平滑项权重。

而在定义式（3.11）中的惩罚量 ω_{st} 时，为使其可以根据相邻超像素间的属性差异而自适应地调整，本章综合考虑了相邻超像素之间相邻接的像素数、颜色相似性以及对应空间平面之间的几何关系，即：

$$\omega_{st} = b_{st} \cdot (1 - \|c(s) - c(t)\|) \cdot \|n(s) - n(t)\| \tag{3.9}$$

式中，$c(s)$ 表示超像素 s 的平均颜色，$n(s)$ 表示超像素 s 对应平面的单位法向量，b_{st} 则为超像素 s 与 t 相邻接的像素数，即：

$$b_{st} = |\{(p,q) \mid p \in s \wedge q \in t \wedge (p,q) \in N_4\}| \tag{3.10}$$

式中，N_4 表示像素的四邻域关系。

式（3.10）表明，超像素 s 与相邻超像素之间的颜色越相似、相邻接的像素数越多，则超像素之间的平滑性越好，如果两者对应的空间平面法向量差异较大，则应给予较大的惩罚量。

（三）候选空间平面及先验

建筑区域通常具有规则的几何结构，其内部超像素对应的空间平面通常分布在特定的方向与深度上，从而使得当前许多算法仍可利用相关的场景模型（如 Manhattan-world 模型）实现对弱纹理、倾斜表面等区域对应空间平面进行推断。然而，由于这些算法采用的场景模型过于简单，实际场景中与模型主方向不一致的区域往往无法获取正确的空间平面，导致重建结果中存在大量的错误；如图 3.4（b）~（c）所示，屋顶区域对应的真实空间平面是倾斜的，但推断出的空间平面却是与垂直墙壁相同的错误空间平面。

（a）三个主方向　　　　　　（b）侧面视图　　　　　　（c）顶端视图

图 3.4　简单场景模型存在的问题

为了克服此问题，建筑区域通常具有规则的几何结构，其内部超像素对应的空间平面分布在特定的方向与深度上，本章首先根据初始深度图确定建筑区域的主方向，其次推断主方向上存在的所有空间平面，最后在主方向空间平面的约束下进一步完成非主方向上空间平面的推断。

1. 主方向候选空间平面及先验

由于建筑区域 DAISY 特征匹配及相应空间点的充分扩散，求取出的初始深度图及空间平面集已包含建筑区域大部分结构与先验，为利用这些信息进一步对弱纹理、倾斜表面等区域的深度进行推断，本章算法首先利用 AP（Affinity Propagation）聚类算法[104]对初始空间平面集对应的法向量集合进行聚类。由于 AP 聚类算法并不需要事先指定类别数量，而是将每个法向量均视为潜在的聚类中心，因而在建筑区域主方向未知的情况下，往往可以获得更可靠的聚类结果。在此基础上，本章将与类别对应的所有法向量作为建筑区域的初始主方向，标记为 $\{n_i\}$（$i=1$，$\cdots$，m），而主方向上相应的空间平面集则标记为 $\{P_i\}$（$i=1$，$\cdots$，m）。需要强调的是，$\{n_i\}$ 并不一定是建筑区域完整的法向量集合，如倾斜表面区域，可能由于无法获得任何匹配（空间点），其对应的空间平面无法通过拟合的方法获取，因而集合 $\{n_i\}$ 中并不包含该区域的法向量。

事实上，AP 聚类的偏向性值通常会对最终类别的数量产生一定影响。而对于建筑区域，由于主方向比较少，实验中发现，采用法向量相似度的最小值作为初始偏向性值即可获得较好的聚类效果（主方向通常在 10 个左右）。对于存在如树木、花草、前景等非重建对象的复杂场景，相应的超像素对应的空间平面法向量具有很高的随机性，往往会导致聚类结果中包含许多并不反映建筑区域结构特征的干扰法向量，最终会在全局优化阶段对弱纹理、倾斜表面等区域对应的空间平面的正确求取产生极大影响，这正是本章之所以采用语义约束先对建筑区域进行分割重建的原因之一。

为了进一步提取建筑区域包含的先验信息，对于集合 $\{n_i\}$，本章沿每个主方向 n_i 将相应空间平面集合 P_i 中的元素根据位置的相近性进行 AP 聚类 $\{D_k\}$（$k=1$，$\cdots$，n），然后统计每个类别 D_k 中所有空间平面对应的空间点总数 M_k。显然，M_k 值越高，则由方向 n_i 与相应位置 D_k 确定的空间平面 $\Pi_{i,k}$ 包含的先验信息越丰富，其成为弱纹理、倾斜表面等区域对应的空间平面的可能性越大；所以，本章用 M_k 与主方向 n_i 上全部空间点数之比度量空间平面 $\Pi_{i,k}$ 所包含的先验信息。所有候选空间平面 $\{\Pi_{i,k}\}$ 将用于在全局优化阶段对弱纹理、倾斜表面等区域对应的空间平面进行求解。

事实上，尽管在匹配及平面拟合过程中可能导致极少数超像素对应的空间平面不正确，但与可靠空间平面相比，这些错误空间平面包含的先验信息非常少，往往对后续基于全局能量优化的空间平面推断影响不大。另外，本章在利用 Graph Cuts 对能量函数的迭代求解中，不断地剔除错误空间平面并更新空间平面的先验信息，使这些错误空间平面能够很快地得以校正。

2. 非主方向候选空间平面及先验

在对应主方向上空间平面的推断中，由于能量函数的约束性、空间平面先验的融入及在每次迭代中的更新，弱纹理、倾斜表面等区域中越来越多的超像素获得了正确的空间平面，而这些可靠的空间平面对"法向量与主方向不一致的空间平面的正确求取"构成的约束越来越强。事实上，不在主方向上的空间平面法向量通常具有较高的随机性，传统多方向空间平面扫描算法一般要在较大的深度与多方向上进行扫描，然后从中选择使特定能量函数值最小的深度与法向量构成的空间平面作为最优空间平面。

　　然而，由于深度与法向量的扫描空间较大、能量函数约束性较低等原因，此类算法的速度与精度都较低。在本章算法中，由于第一阶段沿主方向确定的空间平面将法向量与主方向不一致的空间平面扫描范围约束到非常小的空间内，使多方向空间平面扫描过程更可靠、更快速。为此，对于当前超像素，本章首先采用多视图区域匹配算法［85］确定其对应空间平面所在的 K_2 个最有可能的深度值（与算法［85］不同的是，算法［85］虽然指定了超像素 s 的主方向，但仍需要在较大的深度范围内进行区域匹配的扫描；而本章算法虽然没有指定超像素 s 的主方向，但在每幅相邻视图中，则将其候选匹配区域限制在未获得深度值的区域内，极大地缩小了候选匹配区域的数量，因而具有更高的可靠性与速度）；然后，对于每个可能的深度值下的法向量扫描，类似于融入空间平面先验的数据项，本章也将建筑区域垂直结构的先验融入到空间平面扫描时的可靠性度量 $E(s, H_{d,n})$ 中，即：

$$E(s, H_{d,n}) = E_{data}(s, H_{d,n}) - 2\sigma^2 \log(p(H_{d,n})) \quad (3.11)$$

　　在式（3.11）中，$H_{d,n}$ 表示由当前深度与法向量构成的空间平面，$p(H_{d,n})$ 表示 $H_{d,n}$ 的垂直方向先验，可用球面坐标系下法向量参数 ϕ 表达为：

$$p(H_{d,n}) = e^{-d(\phi_{d,n}, \phi_o)} \quad (3.12)$$

　　式中，$\phi_{d,n}$ 为当前空间平面 $H_{d,n}$ 的法向量 ϕ 值，ϕ_o 为主方向 $\{n_i\}$ 中与水平法向量的 ϕ 值最近的主方向 n_i 的 ϕ 值，度量了建筑区域当前的垂直特性。显然，空间平面 $H_{d,n}$ 的方向与建筑区域主体方向越一致，则成为超像素 s 对应的空间平面的可能性越大。最后，从所有深度与法向量的组合中选择使 $E(s, H_{d,n})$ 值最小的前 K_3 个可能的空间平面作为超像素 s 的初始空间平面集。同样，通过对所有超像素的初始空间平面集进行聚类可确定非主方向上空间平面推断时的候选空间平面集 $\{\Pi_{i,k}\}$ 及空间平面 $\Pi_{i,k}$ 的先验。

（四）两阶段空间平面的推断

　　在确定了候选空间平面集 $\{\Pi_{i,k}\}$ 及空间平面 $\Pi_{i,k}$ 的先验后，本章在 MRF

能量优化框架中推断弱纹理、倾斜表面等区域对应的空间平面；其中，MRF 的位置集对应于视图过分割得到的超像素，而标记集 L_s 则由候选空间平面集 $\{\Pi_{i,k}\}$ 中的元素序号构成。最终通过标记问题的求解，为每个超像素 s 确定最优标记 $l_s \in L_s$，使 $\{l_s\}$ 对应的空间平面集相应的能量函数最小。

式（3.3）能量函数的求解一般属于 NP-hard 问题，通常无法确定全局最优解，本章采用 Graph Cuts 获取其近似解。为了解决主方向集合不完备的问题，本章采用两阶段的 Graph Cuts 求解弱纹理、倾斜表面等区域对应的空间平面，即：①根据主方向候选平面集，利用 Graph Cuts 迭代求取主方向上的所有空间平面；②在主方向空间平面的约束下，确定非主方向候选空间平面集，然后利用 Graph Cuts 迭代求取非主方向上的所有空间平面。此外，为了提高 Graph Cuts 速度的求解，本章将 MRF 中已正确求取空间平面的超像素视为常量处理。

综上所述，对于参考视图 I_r 及其相邻视图 $\{N_i\}$，以参考视图 I_r 为例，设其初始不可靠超像素集合为 U_0，分别以 U_1、U_2 表示两阶段 Graph Cuts 迭代求解中产生的不可靠超像素集合，$|U_1^i|$、$|U_2^i|$ 表示第 i 次迭代求解时 U_1、U_2 包含的元素数，则两阶段空间平面推断过程如算法 2 所示（见表 3.2）。

表 3.2　算法 2：基于 MRF 能量优化的空间平面推断与深度图生成

输入：初始深度图 $Depth$、不可靠超像素集合 U_0

输出：稠密化的深度图 $Depth$

初始化：$U_1 = \phi$、$U_2 = \phi$

% 主方向的空间平面的推断

1：利用主方向候选空间平面集确定 MRF 标记集

2：while $U_1 = \phi$ or $|U_1^{i+1}| - |U_1^i| > 0$ do

3：Graph Cuts 对能量函数（3.3）进行求解

4：检测不可靠超像素并将其加入至 U_1

5：更新空间平面先验

6：end-while

7：根据（$U_0 - U_1$）内超像素的标记更新深度图 $Depth$

% 非主方向空间平面的推断（U_1 内的超像素对应空间平面的推断）

8：求取非主方向候选空间平面集及 MRF 标记集

9：While $U_2 = \phi$ or $|U_2^{i+1}| - |U_2^i| > 0$ do

10：Graph Cuts 对能量函数（3.3）进行求解

11：检测不可靠超像素并将其加入至 U_2

续表

12：更新空间平面先验
13：end–while
14：根据（U_1–U_2）内超像素的标记更新深度图 *Depth*

需要注意的是，算法 2 同时在参考视图及其相邻视图中进行，因而，最终可同时获得多幅相应的深度图。在实验中发现，相邻视图数至少应为 2；而随着相邻视图数量的增加，本章算法可靠性增强，但速度随之降低。

第三节　实验评估

从本章算法原理上而言，相对于普通分辨率视图，采用高分辨率视图可以获得更好的效果。考虑到利用普通分辨率进行稠密场景重建是传统算法的难点，因而，为了验证算法的可行性及对视图分辨率的适应性，本章采用牛津大学提供的标准数据集[105]Wadham、Valbonne 及实拍数据集"清华物理楼""生命科学院"（视图分辨率分别为 1024×768、512×768、819×546 及 1092×728）对其进行测试。此外，两类数据集参考视图分别采用 2 个和 4 个相邻视图进行实验以验证算法对视图数量的依赖性。

本章实验环境为 32 位 Windows 7 系统，基本硬件配置为 Intel 2.33 GHz 双核 CPU 与 4G 内存。本章算法采用 Matlab 语言实现。

一、参数设置

本章所有实验采用相同的参数设置，以下对其中的关键参数设置问题进行讨论。

对于空间点扩散阈值的选择，在实验中发现，在相邻视图数 k 为 2 时，将候选匹配区域尺寸 w 设置为 5×5，极线采样间隔 ϑ 及空间点可靠性验证阈值 ε 分别设置为 0.5、0.01 时，扩散结果和速度能得到比较好的均衡。随着相邻视图数的增加，扩散结果中包含的外点减少，计算复杂度也相应增大。

在空间平面全局能量优化过程中，空间平面先验常数 σ 设置过小，则先验信息的约束力较小，不利于正确空间平面的求取；反之，如果 σ 设置过大，则趋向于强制为所有超像素分配先验较大的空间平面，可能会导致真实空间平面中先验较小的超像素无法获得正确的空间平面。在实验中发现，σ 设置在区间

[0.8，1.5]，整体性能影响不大。此外，遮挡惩罚常数 λ_{occ} 如果设置过小，则即使在错误空间平面的诱导下，能量函数中的数据项仍然可能获得较小值，不利于正确空间平面的求取；如果设置过大，即使在正确空间平面的诱导下，能量函数中的数据项仍然可能获得较大值，也不利于正确空间平面的求取。实验中将遮挡惩罚常数 λ_{occ} 设置为区间 [0.4，0.8] 内任意值可获得较好的结果。平滑项权重 λ_{smo} 度量了当前超像素的相邻超像素对其空间平面求取的约束能力，实际中应根据数据项值进行设置。在本章所有数据集的实验中，平滑项权重统一设置为 0.5，表示数据项与平滑项对空间平面的求取具有相同的贡献。

深度图外点剔除时的比例阈值 K_1 在实验中设置为 0.1，而深度候选阈值 K_2 及每个超像素对应的初始空间平面数 K_3 均设置为 10。此三值设置越高，则全局优化时的可靠性越高，而求解速度则越慢。

二、利用标准数据集的实验结果

如图 3.5 所示，两组标准数据集都存在如天空、地面等非必要重建区域；如果采用传统算法，这些区域的像素匹配及外点剔除过程将会对整体重建速度造成很大的影响，尤其对于 Valbonne 数据集，天空区域也表现出比较丰富的纹理特征，匹配时往往会产生大量难以剔除的外点。在本章算法中，通过视图的语义约束直接对建筑区域进行重建，不但极大地提高了整体重建速度（见表 3.3），同时保证了利用平面场景模型对弱纹理、倾斜表面等区域的深度进行推断的可靠性。在求取初始深度图时，利用基于 DAISY 特征的空间点的扩散通常可以获得更稠密、更可靠的结果，使得后续的平面拟合、建筑区域主方向及空间平面先验的求解更可靠（如 Wadham 建筑主方向比 Manhattan-world 场景模型的 3 个主方向更准确）。对于弱纹理、倾斜表面等区域，如图 3.5 中红色矩形标示区域，两阶段的空间平面全局优化准确地求取了其对应的空间平面，最终获得了稠密的重建结果。

表 3.3　阈值 ε=0.01 建筑区域重建正确率及消耗时间

数据集	正确率		消耗时间（分钟）	
	本章算法	算法 [72]	本章算法	算法 [72]
Wadham	0.8867	0.6938	14.9034	58.7612
Valbonne	0.9189	0.7939	9.6669	34.1797

续表

数据集	正确率		消耗时间（分钟）	
	本章算法	算法［72］	本章算法	算法［72］
清华物理楼	0.9057	0.7195	10.9781	41.0841
生命科学院	0.9209	0.7632	18.0301	61.3377

图 3.5　采用标准数据集的实验结果

注：第 1、3 行从左至右分别为数据集示例图像、超像素集合、建筑区域的语义约束、初始深度图；第 2、4 行从左至右分别为初始空间平面集、相应空间平面数最多的前 4 个（前 2 个）主方向上的空间平面、空间平面两阶段全局优化的结果、重建结果中红色矩形标示区域的放大显示。

三、利用实拍数据集的实验结果

对于两组实拍数据集，如图 3.6 所示，尽管建筑区域具有平面结构特征，但其中的平面分布比较复杂，如果采用传统的 Manhattan-world 场景模型进行重建，必然会产生较大的错误；而且，各平面间也存在自遮挡情况，两平面邻接区域的像素很难得以正确匹配。此外，两组数据集中的视图间的透视畸变及光照变化比较大，而且存在相对较多的弱纹理与倾斜表面区域，如"清华物理楼"数据集中的玻璃区域及在"生命科学院"数据集中的倾斜表面区域〔图3.7（d）所示红色矩形区域〕。最终实验表明，以上问题利用本章算法均可得到比较好的解决，特别对于一些严重遮挡区域，如"生命科学院"数据集中的视图左侧的被遮挡区域，本章算法仍然可以得到正确的重建结果，如图3.7（d）与图3.8所示。

（a）清华物理楼 （b）生命科学院

图3.6　实拍数据集及其中两幅相邻图

（a）建筑区域　　（b）初始深度图　　（c）主方向上的空间平面　　（d）重建结果

图3.7　采用实拍数据集的实验结果

（a）清华物理楼 （b）生命科学院

图3.8　重建结果的顶部视图与图3.7（d）中矩形标示区域放大显示

四、算法比较

为进一步验证本章算法的性能，本章也与其他场景重建算法进行了对比实验。鉴于许多算法（如 Bundler+PMVS[3]）从数量较少的普通分辨率视图中很难获得较好的稠密重建结果，所以仅与稠密重建算法[72]进行了对比实验。此外，由于本章算法首先利用语义标注算法对建筑区域进行了约束，为了保证对比结果的合理性，算法[72]也仅针对建筑区域进行重建。

为了保证对比结果的公平性，类似于算法[72]中剔除深度图外点的方法，本章定义了建筑区域重建完整性的度量标准，即重建正确率 T。设参考视图及 k 个邻居视图对应的深度图分别为 D_r、$\{D_i\}$（$i=1$，$\cdots$，k），D_r 中建筑区域全部像素集合为 A。则对于 $m \in A$，其对应的空间点 X_m 在深度图 D_i 中映射点的深度值为 $d(X_m, D_i)$，而根据 X_m 与 D_i 的相机参数求取的 X_m 相对于 D_i 相机中心的深度值为 $\lambda(X_m, D_i)$。显然，如果 X_m 相对于 D_i 是可靠的，则 $d(X_m, D_i)$ 与 $\lambda(X_m, D_i)$ 的差别应当非常小，如果 X_m 在至少 N 个邻居深度图中均是可靠的，则认为 X_m 即可靠的空间点，相应深度值也是可靠的。因而重建正确率 T 可定义为：

$$T = \frac{1}{|A|} \sum_{m \in A} \delta \left(\sum_{i=1}^{k} \delta \left(\frac{\| \lambda(X_m, D_i) - d(X_m, D_i) \|}{d(X_m, D_i)} < \varepsilon \right) > N \right) \quad (3.13)$$

式中，ε 为深度值差异阈值，阈值 N 度量空间点 X_m 的可靠性，在实验中统一设置为 4。

表 3.3 所示为阈值 $\varepsilon=0.01$ 时的重建正确率及消耗时间的对比。由于本章算法同时求取多幅稠密深度图，表 3.3 中的本章算法消耗时间为平均消耗时间，重建正确率则为参考视图对应深度图的重建正确率。图 3.9 所示为算法[72]相应的重建结果。

为了更全面地考察两种算法性能的差异，如图 3.9 所示，对于每个数据集，本章对不同阈值 ε 时两种算法获得的正确率 T 进行了对比。

实验结果可以发现，算法[72]并不能解决弱纹理、倾斜表面等区域的重建问题（见图 3.9 矩形标示区域），相对而言，本章算法的整体性能明显更高。分析表明，基于 DAISY 特征的空间点扩散算法不但节约了大量的 DAISY 特征计算与比对时间，而且在一定程度上缓解了 DAISY 特征的匹配多义性问题，从而可以获得更稠密、更准确的深度图；而在对弱纹理、倾斜表面等区域所对应的空间平面进行重建时，由于视图过分割获取的超像素数量较少及空间平面先验的融入，使得法向量聚类及两阶段 Graph Cuts 对能量函数的迭代求解等过程均耗时不多，如数据集"生命科学院"建筑区域包含 5522 个超像素，法向量聚类及全局优化过程仅用时 1 分钟。显然，如果将场景中的天空、地面等非重建区域也考虑在内，两种算法消耗时间的差异将会更大，本章算法将表现出更强的优势。

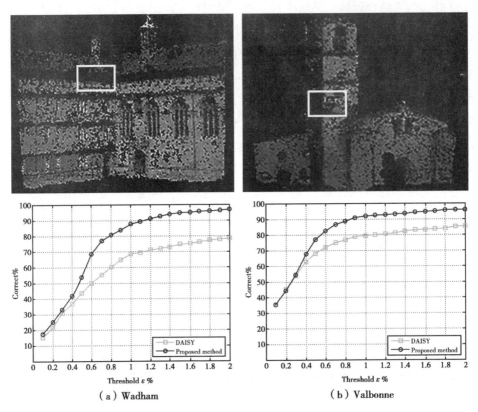

图 3.9　阈值 ε=0.01 时算法［72］生成的结果及不同阈值 ε 时两种算法的重建正确率对比

（第 1 行：算法［72］生成的结果；第 2 行：重建正确率对比）

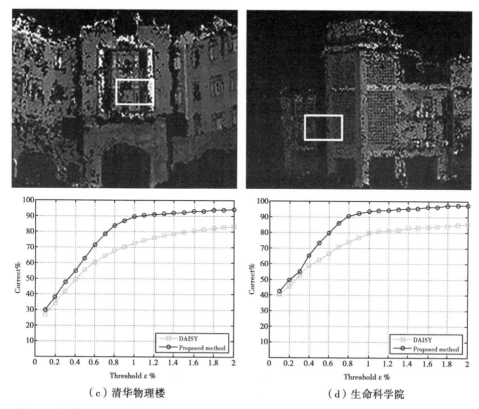

（c）清华物理楼　　　　　　　　　（d）生命科学院

图 3.9　阈值 $\varepsilon=0.01$ 时算法［72］生成的结果及不同阈值 ε 时两种算法的重建正确率对比
（续图）

第四节　本章小结

　　本章提出了一种快速、有效的多视图条件下三维场景重建算法。为了快速生成完整、精确的场景结构，本章算法首先对图像中的建筑区域进行语义分割以剔除非重建区域的干扰。在此基础上，为有效解决弱纹理、倾斜表面等区域的重建问题，根据场景分段平滑的假设，本章算法首先采用基于 DAISY 特征的两阶段空间点稠密扩散及平面拟合方法生成足量的可靠初始空间平面，然后将弱纹理、倾斜表面等区域对应平面的推断问题转化为 MRF 能量优化框架下融合图像特征、平面之间关系、场景先验等信息的多平面标记优化问题进行求解。实验结果表明，本章算法能有效克服光照变化、透视畸变、弱纹理区域等因素的影响，快速重建场景完整、可靠的结构。

目前，本章算法的缺点主要体现在以下两个方面：①在场景中曲线结构相应的区域，所依赖的场景分段平滑假设并不成立，因而可能产生较大的误差；②图像过分割的精度可能对本章算法的可靠性产生一定的影响（若当前超像素实际与多个平面对应时，为其分配一个平面将导致较大的误差）。针对此问题，根据超像素内部像素颜色分布及相应深度值的变化等信息对其进行多尺度分割，则有利于增强利用平面模型对相应场景面片近似的可靠性。此外，在平面全局优化中通过融入高阶能量项的方式，则有助于利用更多相邻超像素对应平面之间的约束提高弱纹理、倾斜表面等区域的重建精度与完整性。

第四章 基于多级能量优化的渐近式三维建筑重建

本章主要介绍如何在多级能量优化框架下重建场景完整、精确的结构。相对于第三章提出的基于匹配扩散的三维场景重建算法，本章算法通过融入更多场景结构先验与几何约束，可以更有效地重建全局最优的多平面场景结构。此外，通过 MRF 框架下基于超像素的高阶能量项及 TGV（Total Gneralized Variation）框架下基于各向异性扩散张量的规则化项的融入，在一定程度上可克服图像过分割精度对平面推断与优化的影响，进而可生成不同层级（超像素级与像素级）的可靠多平面场景结构。

第一节 问题分析

对于室外场景三维重建，正如第一章所述，由于光照变化、透视畸变、弱纹理区域等因素的影响，传统像素级的重建算法（如 PMVS[3]）通常难以生成完整的场景结构，而分段平面的重建算法尽管在一定程度上可以解决弱纹理区域的重建问题，但由于缺乏像素级的场景结构探测及深度图优化机制，所生成的场景结构往往过于简单，难以表达场景结构的细节。事实上，传统分段平面重建算法通常很难有效兼顾以下两个关键问题：①如何获取充分、可靠的候选平面以用于完整场景结构的推断；②如何有效地为场景中每个空间面片分配最优的空间平面。

在相关工作中，Çığla 为了解决场景中弱纹理区域的重建问题，采用深度与法向量扫描的方式获取其相应的空间平面[98]。然而，此类穷举式搜索方法尽管不易遗漏真实的空间平面，同时易生成大量错误的空间平面，进而导致其可靠性与效率均较低。Mičušík 首先通过消影点检测方法确定场景的几个主方向并沿主方向通过多幅图像之间的超像素匹配确定初始候选平面集，然后在 MRF 框架下为每个超像素分配最优的空间平面，进而获得完整的重建结果[85]。事实上，当超像素对应的真实空间平面与所有场景主方向均不一致时，此算法往往会生成许多错误的结果。Gallup 采用初始空间点投影方法先获取场景主方向，然后采用多方向平面扫描与全局优化的方法解决场景的完整性重建问题[94]。然而，由于空间点投影方法只能确定数量非常少的几个场景方向，因而此算法并不适于具有复杂结构的场景重建。此外，Gallup 也采用机器学习方法将场景粗略地分为平面结构与非平面结构等语义区域，然后针对平面结构区域采用基于分段平面假设的算法进行稠密重建[83]。事实上，由于该算法过多地依赖于平面结构与非平面结构区域的分类精度，而且仅从初始深度图中检测非常少的空间平面近似场景结构，进而导致其精度与可靠性在复杂情况下均难以得到保证。

为了解决以上问题，Sinha 首先采用初始空间点与空间线段产生相对完备的候选平面集，然后在 MRF 框架下通过为每个像素分配最优空间平面的方式进行场景的完整性重建[106]。然而，为了获得更多可靠的候选平面，该算法采用随机采样的方式进行空间平面的拟合，因而通常导致较高的计算复杂度。此外，当初始空间点或线段较为稀疏时，许多真实的场景平面仍可能被遗漏。同样，Kim 通过沿超像素边界角点的反投影线进行空间点采样的方式生成候选平面[107]，此过程不但效率较低，而且仍然会遗漏场景中许多真实的空间平面；此外，当超像素分割质量较低时，该算法的可靠性将会受到极大的影响。Chauve 采用基于区域增长的方法生成候选平面[108]，尽管其效率相对较高，但在空间点较稀疏或噪声较高时则会产生许多错误的候选空间平面，其算法的适应性与可靠性整体并不高。Hawe 在压缩感知框架下对稠密深度图重建问题进行了探索[109]，但该算法存在的最大问题在于其过于依赖压缩感知变换基与小波基的相关性；因而，当深度图过于稀疏或深度值分布不均匀时，该算法往往难以产生较好的结果。

对于场景结构的全局优化（如稠密立体匹配与深度图优化），TGV 规范化[110]方法尤其是具有分段平面求解特性的二阶 TGV 规则化方法在许多情况下可表现出较高的性能。Ferstl 在解决由低分辨率深度图产生高分辨深度图的过程中，利用由图像梯度获得的各向异性扩散张量对 TGV 规范化项进行了加权，进而获得了精度较高的结果[111]。然而，与 Hawe 的算法类似，当初始深度图的质量较低时（如初始深度图比较稀疏或存在大面积的孔洞）时，该算法的精度与可靠性并不理想。Kuschk 在大规模场景的稠密重建中，在利用各向异性扩散张量对 TGV 规范化项加权的基础上，采用从图像中检测到的直线信息修正了各向异性扩散张量，进而有效保持了场景的边界结构细节[112]。然而，在纹理丰富的区域，许多假的直线边界则可能会影响算法的鲁棒性。此外，该算法由于会遗漏许多场景中存在的具有曲线结构的边界，因而往往会出现边界过度平滑问题。整体而言，虽然 TGV 规范化方法在许多情况下可以获取较好的结果，但其在很大程度上也依赖于初始值的可靠性。因而，在三维场景的重建中，有效地获取可靠的初始重建结果以进一步利用 TGV 规范化方法对其进行优化是提高场景结构精度的关键。

在第三章提出的基于语义约束的三维场景重建算法中，通过两阶段的空间平面推断过程，每个超像素虽可获得相对可靠的空间平面，但也可能存在超像素内部像素对应的空间点并不属于同一个平面的情况（如由于两个或多个深度变化较大的平面的外观特征较相近而将其对应的图像区域分割为同一个超像素），此时将超像素对应的空间面片近似为一个平面进行处理通常会导致较大的错误。

第二节　算法原理

为了解决以上问题，本章提出一种基于多级能量优化的渐近式三维重建算法。本章算法通过将像素级重建算法与分段平面重建算法在多级能量优化框架下进行整合并融入各种场景结构先验与几何约束，从而克服传统像素级重建算法难以完整重建弱纹理、倾斜表面等区域的缺点和传统分段平面重建算法对复杂场景适应性差、重建的场景结构过于简单等缺点，可有效地重建场景完整、精确的结构。本章算法是像素级重建算法与分段平面重建算法在多级能量优化框架下的整合，其关键思路主要集中在两个方面：①如何有效地获取可靠、充分的候选平面集；②如何有效地为场景中每个空间面片分配最优的空间平面。本章算法主要包括基于能量优化的主平面检测、两阶段平面推断、平面级深度图优化与像素级深度图优化四个关键环节，下文将对其详细描述。

一、主平面检测

在初始稀疏空间点的基础上，本章算法首先利用基于 DAISY 特征的空间点扩散方法快速获取稠密的空间点以对场景中可能存在的潜在平面进行探测，然后通过对图像进行过分割并拟合每个分割区域（超像素）对应的空间点以生成可靠且完备的候选平面集。最终，在能量优化框架下，通过融合图像特征与几何约束构建基于超像素的能量函数以对每个空间点对应的平面进行优化，同时在"模型重估"步骤中增加外点检测机制提高整体平面检测过程的效率与可靠性。整体上，基于能量优化的建筑平面检测过程如算法1所示（见表4.1）。

表 4.1　算法 1：基于能量优化的主平面检测

输入：初始稀疏空间点。

输出：全局最优平面集。

1：候选模型生成：获取初始平面集。

　1.1：基于 DAISY 特征的空间点扩散。

　1.2：利用 RANSAC 拟合方法获取候选平面集。

2：模型优化：空间平面集的优化。

　2.1：利用 α 扩展算法求解能量函数。

　2.2：如果能量值不再降低则停止。

3：模型重估：更新候选平面集。

　3.1：利用改进的"模型重估"方法更新候选平面集。

　3.2：跳转至步骤 2。

下文对算法 1 中的关键步骤进行描述。

（一）能量模型

与传统基于能量优化的多模式拟合算法[113, 114]不同，本章算法的能量函数利用图像过分割而生成的超像素构造，其主要优点在于：①每个超像素为颜色相似、位置相近的像素集合，通常与场景中的真实平面相对应，因此，通过拟合其相应的空间点生成的候选平面集具有较高的可靠性；②超像素数量通常较少，有利于提高平面优化环节的效率。具体而言，设利用图像过分割生成的超像素集为 R，根据候选平面集中的平面序号构成的平面标记集为 L，则平面优化的目标旨在为每个超像素 $s \in R$ 分配最优平面标记 $f_s \in L$ 以使以下能量函数最小化：

$$E(f) = \sum_{s \in R} E_{data}(s, f_s) + \sum_{(p,q) \in N} E_{smooth}(f_s, f_t) + E_{label}(f) \tag{4.1}$$

式中，$E_{data}(\cdot)$、$E_{smooth}(\cdot)$ 与 $E_{label}(\cdot)$ 分别表示数据项、平滑项与模型复杂度项。

1. 数据项

数据项度量了为当前超像素 s 分配平面标记 f_s 所产生的几何误差。设超像

素 s 对应的空间点集为 P_s（所有可投影到超像素 s 内部的空间点集合），与平面标记 f_s 相应的平面为 H_s，则数据项可由 P_s 中的所有空间点到 H_s 的平均距离确定，即：

$$E_{data}(s,f_s) = D(P_s,H_s) \tag{4.2}$$

式中，$D(P_s,H_s)$ 为空间点集 P_s 与平面 H_s 之间的平均距离。

2. 平滑项

平滑项旨在增强为相邻超像素分配相同平面标记的约束，采用 Potts 模型定义如下：

$$E_{smooth}(f_s,f_t) = \lambda_{smo} \cdot \sum_{t \in N(s)} \omega_{st} \cdot \delta(f_s \neq f_t) \tag{4.3}$$

式中，$N(s)$ 为所有与超像素 s 相邻的超像素，$\delta(\cdot)$ 为指示函数（输入条件为真时值为 1，否则为 0），f_s 为分配为超像素 s 的平面标记，ω_{st} 为相邻超像素 s 与 t 对应平面标记不连续惩罚量，λ_{smo} 为平滑项的权重。

根据场景分段平滑的假设，如果相邻超像素之间的颜色较相似，则其对应的平面更可能相同或应为其分配相同的平面标记；此外，如果物体边界区域存在较大的颜色差异，则相应的平面之间也更可能相同。因而，对于平面标记不连续惩罚量时，本章算法根据相邻超像素之间的颜色差异及其相邻接的像素数量等信息进行定义，即：

$$\omega_{st} = b_{st} \cdot (1 - \|c(s) - c(t)\|) \cdot \|n(s) - n(t)\| \tag{4.4}$$

式中，$c(s)$ 为超像素的平均颜色，$n(s)$ 为平面 H_s 对应的归一化法向量，b_{st} 则为超像素 s 与 t 之间相邻接像素的数量，即：

$$b_{st} = |\{(p,q) | p \in s \wedge q \in t \wedge (p,q) \in N_4\}| \tag{4.5}$$

式中，N_4 表示像素之间的四邻域关系。

根据式（4.5）可知，相邻超像素之间颜色越相似，相邻接的像素数越多，则相应的平滑性越强，如果为其分配差异较大的平面，则应给予较大的惩罚量。

3. 模型复杂度项

虽然平滑项可以有效增强相邻超像素间的平滑性约束，但却无法增强不相邻超像素间的空间一致性。模型复杂度项通过约束能量函数对应解中的平面标记数量而将不相邻超像素对应的平面标记进行合并或鼓励采用较少的平面表达当前的场景结构，进而在一定程度上降低场景结构的复杂度。

在实际中，如果某平面标记对应的超像素较少，则该平面标记可靠性通常较低，一般对应于错误的平面，因而应当给予较大的惩罚量以使其有机会选择更合理的平面标记。因此，本章算法采用当前平面标记对应超像素的数量构造模型复杂度项，即：

$$E_{label}(f) = \lambda_{lab} \cdot \sum_{L \subseteq \mathcal{L}} e^{-\lambda \cdot |L|} \cdot \delta_L(f) \tag{4.6}$$

式中，$|L|$ 为每次"模型优化"后平面标记 L 对应的超像素数量，权重 λ_{lab} 为相应的权重，函数 $\delta_L(f)$ 定义为：

$$\delta_L(f) = \begin{cases} 1 & \exists s : f_s \in L \\ 0 & \text{otherwise} \end{cases} \tag{4.7}$$

一般情况下，式（4.1）所示能量函数的求解属于 NP-hard 问题，不易获取全局最优解；为此，本章算法采用 Graph Cuts 方法获取其近似最优解或次优解。

（二）候选平面生成

在初始稀疏空间点的基础上，为了生成尽可能多的真实候选平面，本章算法采用前文描述的基于 DIASY 特征的空间点扩散方法对其进行扩散处理。从本质上而言，此过程对场景中存在的潜在平面进行了全面探测，因而有利于生成完备且可靠性候选平面集。

根据基于 DAISY 特征的空间点扩散原理，在理想情况下，一个种子空间点即可获得稠密的扩散结果。然而，在实际中，由于室外场景中存在的遮挡、光照变化等诸多因素的影响，初始种子空间点往往得不到充分的扩散。为了解决此问题，本章采用种子空间点扩散与检测两阶段的循环过程，即在当前种子空间点扩散结束后，对图像中所有未参与扩散的像素进行检测。对于每个未扩散像素，在其相邻图像相应极线上尚未匹配的采样点中确定其最优 DAISY 特征匹配并对相应的空间点进行可靠性验证，如果该空间点是可靠的，则将其作为种子空间点继续进行扩散。在实验中发现，在空间点扩散与检测的循环执行中，空间点扩散过程生成的空间点可为种子空间点检测提供丰富的先验信息或较强的约束，不但可极大地降低种子空间点检测的计算复杂性，而且可有效提高其可靠性。此外，本章算法也采用 K-D 树搜索方法以提高不同图像之间相应像素的匹配效率。事实上，由于空间点在扩散的同时也完成了相应深度值的求取与外点剔除，因而避免了传统深度图求取方法在像素匹配结束后需另外单独对深度图进行外点剔除所导致的计算代价。

利用基于 DAISY 特征的空间点扩散方法生成稠密空间点之后，本章算法利用 Mean-shift 图像过分割算法将当前图像分割成若干区域（超像素）的集合，然后利用 RANSAC[115]方法对每个超像素相应的空间点（可投影到该超像素内部的空间点）进行平面拟合以生成用于空间平面全局优化的候选平面集。实际中，由于空间点位置及平面拟合过程中的计算误差等因素的影响，候选平面集中往往会存在少量外点，这些外点将在后续平面全局优化环节被校正。

整体而言，以上产生候选平面集方法的优点在于：①由于超像素对应的空间面片更可能为平面，因而以超像素作为平面先验而拟合生成的平面更加可靠，而空间点扩散过程进一步增强了平面拟合的可靠性（候选平面集中通常包含更多可靠的真实平面）；②超像素与平面之间的对应关系有利于后续在能量最小化框架下融合图像特征与几何先验以提高平面全局优化的可靠性；③由于图像过分割生成的超像素数量通常较少，因而也有利于平面全局优化效率的提高。

（三）平面更新与优化

通过"模型优化"步骤，多个超像素可获得相同的平面标记，如果平面标记对应的平面是真实平面（下文简称此类平面标记为"可靠平面标记"），则相应的超像素数量通常较多；否则，错误的平面对应的超像素数量往往很少或者为空。因而，为了增强下一轮"模型优化"步骤的可靠性，可靠平面标记对应的平面应被重新计算（"模型重估"步骤），而不可靠平面标记应该被舍去。事实上，与可靠平面标记对应的所有超像素中，也存在少量被错误分配真实平面标记的超像素（下文简称不可靠超像素），其对应的空间点往往会影响当前"模型重估"步骤的可靠性，由此产生的错误平面进一步将影响下一轮"模型优化"步骤的可靠性。

为了检测当前可靠平面标记对应的不可靠超像素，进而在"模型重估"步骤中利用可靠超像素对应的空间点拟合新的平面，对于当前图像 I_r 及与其相邻的图像 $\{N_i\}$（$i=1, \cdots, k$），本章算法采用如下灰度一致性度量判断平面 H 与超像素 s 是否具有一致性：

$$C(s,H) = \frac{1}{k} \sum_{i=1}^{k} \sum_{p \in s} \min(\| I_r(p) - N_i(H(p)) \|, \tau) \qquad (4.8)$$

式中，$p \in s$、$H(p) \in N_i$ 分别为当前图像中的像素及其在平面 H 诱导下相邻图像中的对应点，截断阈值 τ 旨在增强遮挡情况下灰度一致性度量的鲁棒性。

根据灰度一致性度量，设当前可靠平面标记为 L 对应的平面及超像素集分别为 N（用于下一轮"模型优化"步骤的候选平面集）与 M，其中，平面标记 L 对应的可靠超像素集表示为 $B \subset M$；对于超像素 $s \in M$，为确定其可靠平面标记，本章算法首先根据以下几何度量从当前候选平面集中选择 n 个可能性最高的平面 $\{H_i\}$（$i=1, \cdots, n$），即：

$$D(P_s, H_i) < \sigma \tag{4.9}$$

式中，P_s 与 $D(P_s, H_l)$ 的定义与式（4.3）相同，σ 为距离阈值。

根据式（4.9）可知，如果 $C(s, H)$ 小于平面集 $\{H_i\}$ 对应的最小灰度一致性度量 $\min_{H_i} C(s, H_i)$，则平面 H 更可能为超像素 s 对应的真实平面，否则，平面 H 则为不可靠的平面。

在此基础上，本章算法中的"模型重估"步骤描述如下：

（1）如果 $C(s, H) \leqslant \min_{H_i} C(s, H_i)$，则将超像素 s 加入到集合 B。

（2）否则，将超像素 s 的平面标记设置为与 $\min_{H_i} C(s, H_i)$ 相应的平面 H_i 对应的平面标记，同时将平面 H_i 增加到平面集合 N。

（3）利用集合 B 中的超像素对应的空间点重新计算新的平面并将其增加到平面集合 H。

在实验中发现，由于下一轮"模型优化"步骤中候选平面集可靠性的增加及数量的减少，当前"模型优化"步骤中不可靠的超像素往往可在下一轮"模型优化"步骤中被分配正确的平面标记。

二、两阶段平面推断

城市建筑通常具有明显的平面特征，构成其主体结构的空间平面通常沿数量不多的几个场景主方向（如 Manhattan-world 模型的三个正交的场景主方向）分布。事实上，在已知场景初始空间点的情况下，如果至少有三个空间点可以投影在图像过分割生成的指定超像素内，则该超像素对应的平面即可通过 RANSAC 拟合方法进行求取，而所求取的平面相应的法向量通常更可能与场景主方向相一致。然而，对于具有复杂结构的场景，仅沿场景主方向推断与超像素相应的平面往往会导致较大的错误（如超像素对应的真实平面与场景主方向不一致时可能会被分配错误的平面）。为解决此问题，本章算法采用两阶段的平面推断方式对建筑多平面结构进行重建。在此情况下，相关问题可简要描述为：已知参考图像 I_r 与其相邻图像 $\{k_i\}$（$i=1$，$\cdots$，k）以及由参考图像 I_r 过分割生成的超像素集合 R，如何沿场景主方向与非主方向分别确定可靠的平面及相应的超像素？

由于像素级的空间点或匹配扩散通常难以确定弱纹理、倾斜表面等区域对应空间点或匹配，因而难以确定这些区域对应的空间点，进而难以通过 RANSAC 拟合方法确定相应超像素对应的平面。然而，在复杂情况下，如图 4.1 所示，由于空间点或匹配扩散过程生成的空间点中可能包含外点及图像过分割精度较低等问题，由 RANSAC 方法生成的平面集 H_0 中可能包含少量错误的平面；因而，这些错误的平面应当被剔除或校正以增强后续平面推断的可靠性。事实上，在初始平面集 H_0 及相应超像素集 $R_0 \subset R$ 的基础上，利用基于能量优化的主平面检测算法可实现沿场景主方向的平面推断，在此过程中，由于平面的迭代更新，弱纹理区域中越来越多的超像素将分配可靠的平面，而这些可靠的平面对非场景主方向上平面的求取构成的约束也越来越强。最终，沿场景主方向的平面推断过程结束之后，集合 R_1 中大部分超像素可获得相对可靠的平面。进一步而言，以 $R_1^* \subseteq R_1$ 表示已分配可靠平面的超像素，其余超像素表示为 $R_2 \subseteq R_1$，则集合 R_2 中的超像素对应的平面需要进一步进行推断。在

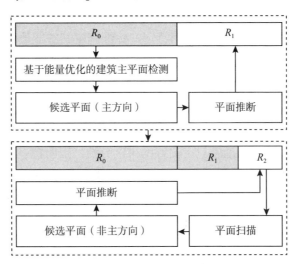

图 4.1 两阶段空间平面推断（$R_1 = R_1^* \cup R_2$，已确定空间平面的超像素集合标记为灰色）

实际中，此部分平面通常沿非场景主方向分布且具有较高的随机性，传统多方向平面扫描算法一般要在较大的深度与法向量范围进行扫描，因而效率与精度均较低。

在本章算法中，由于沿场景主方向确定的平面有效约束了沿非场景主方向平面扫描的范围，从而使多方向平面扫描过程更可靠、快速。具体而言，对于当前超像素 $s \in R_2$ 与候选平面 H，设 $H(s)$ 表示超像素 s 在平面 H 诱导下在相邻图像中的投影区域；显然，如果 $H(s)$ 包含较多的已知可靠深度值，则候选平面 H 更可能为一个不可靠的候选平面。当多幅相邻图像被用于度量候选平面 H 的可靠性时，则此约束将进一步增强，最终将使仅有非常少量的候选平面被用于进一步的验证，进而可有效提高平面扫描过程的效率与可靠性。

三、平面级深度图优化

在实际中，当图像过分割算法精度较低时，由其生成的超像素所对应的空间点可能并不属于一个平面，从而与该超像素对应的空间面片并不能近似为平面。如图 4.2（a）所示，参考图像中的区域 s_0 与 s_1 对应的平面应为 $H_{s0} \subset H_1$ 与 $H_{s1} \subset H_2$，然而，图像过分割算法却错误地将其分割为同一个超像素 s。在空间平面推断过程中，为超像素 s 分配的最优平面 $H_s \subset H_1$ 相对区域 s_1 而言是错误的，因而，需要对区域 s_1 对应的平面进一步进行推断。

具体地，对于超像素 s，若采用特定的标准判定其并非最优，本章算法首先将已获得可靠深度值（在多幅图像中满足深度一致性约束）的像素构成的区域 s_0 从超像素 s 中进行分离，同时将其余像素根据颜色相似性进行聚类并将每个聚类构成的区域标记为子超像素。此外，本章算法将尺寸较小的子超像素与其他超像素进行合并，其主要原因在于：①在对超像素之间进行相似性度量时，尺寸较大的超像素通常具有更好的可区分性，因而在一定程度上可以增强相应度量函数或代价的可靠性；②可极大地减少用于高阶能量优化中的变量数量，因而可以有效地提高平面优化的效率。需要注意的是，由子超像素合并导致的错误通常可以在后续像素级的深度图优化中得以缓解或消除。如图 4.2（b）所示，超像素 s 被分割为 5 个子超像素；显然，在所有子超像素 $\{s_i\}$（$i=1, \cdots, m$）中，只有子超像素 s_0 对应的平面是最优的，该平面即在两阶段平面推断中为超像素 s 分配的平面 H。

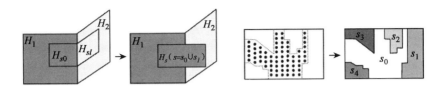

（a）区域s_0与s_1对应　　（b）图像过分割算法将　（c）超像素s中已知　（d）超像素s被分割
　　的真实平面　　　　区域s_0与s_1分割为同一个　可靠深度值的像素　　为5个子超像素
　　　　　　　　　　　　超像素s

图 4.2　超像素的分割

虽然子超像素s_0与子超像素集$\{s_i\}$共同构成超像素s，根据分段平面假设而应为其分配同一平面；然而，在实际上，不但$\{s_i\}$中的每个子超像素对应的平面与平面H之间可能存在差异，而且$\{s_i\}$中每个子超像素对应的平面之间也可能存在较大的差异。因此，对于子超像素$\{s_i\}$对应的平面，本章算法采用鼓励但并不强制为其分配相同平面的方式为其分配最优平面，相应的高阶能量项采用鲁棒的 Pn Potts 模型定义，即：

$$E_{higher}(s) = \begin{cases} \dfrac{\rho}{Q} \cdot G(s) & \text{if}\,\rho \leqslant Q \\[2mm] G(s) & \text{otherwise} \end{cases} \tag{4.10}$$

式中，ρ为超像素s内部已获得可靠深度值的像素数占全部像素数的比例，Q为控制高阶能量项作用力度的截断参数，$G(s)$为用于度量超像素s的分割质量或子超像素s_i特征的一致性，具体定义为：

$$G(s) = \alpha \cdot exp\left(-\frac{\left\|\sum_{s_i \in s}(c(s_i) - \mu)^2\right\|}{\beta \cdot m}\right) \tag{4.11}$$

式中，$c(s_i)$为子超像素s_i的平均颜色，$\mu = \sum_{s_i \in s} c(s_i)/(m+1)$，$\alpha$与$\beta$为调整$G(s)$结构形态的参数。

从理论上而言，如果子超像素$\{s_i\}$之间的颜色差异较小，则超像素s的分割质量相对较高，其更可能对应于同一个平面H，因而应给予较大的惩罚量；否则，图像过分割生成的超像素s的分割质量较低，因而应给予较小的惩罚量以鼓励子超像素$\{s_i\}$获得与平面H不一致的平面。

在实际中，相对于 P^n Potts 模型，鲁棒的 P^n Potts 模型可有效提高为子超像素集$\{s_i\}$中的每个子超像素分配平面的可靠性。事实上，如果ρ值较小，则图像过

分割生成的超像素 s 的质量相对较差，鲁棒的 P^n Potts 模型可以通过给予超像素 s 相对较小的惩罚量而鼓励每个子超像素 s_i 获取不同的平面；相反，当 ρ 值不变时，如果 Q 较大，则趋于鼓励子超像素集 $\{s_i\}$ 获得更多且相互不一致的平面。

最后，以 R_{dmo} 表示所有分割质量较好的超像素以及分割质量较差而被再次分割而生成的子超像素的集合，本章算法采用以下融合高阶能量项的能量函数为集合 R_{dmo} 中的每个超像素或子超像素分配最优平面：

$$E(f) = \sum_{s \in R_{dmo}} E_{data}(s, f_s) + \lambda_{smo} \cdot \sum_{t \in N(s)} E_{smooth}(f_s, f_t) + \lambda_{hig} \cdot \sum_{s \in R_{dmo}} E_{higher}(s) \qquad (4.12)$$

式中，数据项与平滑项的构造与第三章所述算法类似。

在式（4.12）的求解中，可通过增加辅助节点的方式将其转换为低阶能量形式，进而采用 Graph Cuts 方法进行求解。需要注意的是，由于分割质量较好的超像素以及包含可靠深度值的子超像素已获得可靠的平面，因而，在能量函数（4.12）的求解中可将这些超像素或子超像素视为常量处理，进而可极大地提高整体求解的效率。此外，求解过程中所采用的平面标记集为由两阶段平面推断环节获得的可靠平面集，可进一步提高求解可靠性。在实验中发现，式（4.12）能量函数的求解只需 1~3 次迭代即可收敛，整体效率与精度均较高。

四、像素级深度图优化

通过两阶段的平面推断与平面级的深度图优化后，深度图的精度可得到较大提高。然而，从本质上而言，基于分段平面假设的三维重建算法虽然可以获得相对完整的场景结构，但可能会损失一些场景结构的细节（如超像素内部像素对应的深度变化较小时，算法可能将相应的空间点强制地拟合为一个空间平面而无法表现真实的深度变化特征）。此外，在平面级的深度图优化时，尺寸较小的子超像素与其他子超像素的合并可能导致深度图中产生一些外点。更重要的是，对于仅有部分像素分配深度值的超像素，其内部未分配深度值的像素也应该分配可靠的深度值。在此情况下，有必要对平面级深度图优化的结果再次进行像素级的优化以获得更完整、准确的深度图。

在本章算法中，像素级的深度图优化采用二阶 TGV 规范化方法实现。事实上，由于平面级深度图优化结果已非常接近于真实值，因而，以此作为初始值，二阶 TGV 规范化过程通常可以较快地收敛。具体而言，设平面级优化后的深度图为 D，则用于像素级深度图优化的基于二阶 TGV 规范化项的能量函数定义如下：

$$E = E_{data} + E_{TGV} \qquad (4.13)$$

式中，数据项 E_{data} 度量了在优化中当前深度图偏离 D 的程度，即：

$$E_{data} = \int_{\Omega} | u - D |^2 dx \qquad (4.14)$$

式中，Ω 为参考图像中预重建的场景区域。

此外，式（4.13）中的二阶 TGV 规范化项 E_{TGV} 定义为：

$$E_{TGV} = \min_{v} \alpha_0 \int_{\Omega} | G(\nabla u - v) | dx + \alpha_1 \int_{\Omega} | \nabla v | dx \qquad (4.15)$$

式中，各向异性扩散张量 G 根据灰度图像的梯度进行计算[111]。

式中，通过各向异性扩散张量 G 对 TGV 规范化项进行加权，不但可以较好地增强图像边缘区域的不连续性，而且可以增强图像颜色分布一致性区域的平滑力度。然而，由于各向异性扩散张量 G 仅根据图像的灰度信息求取，所以在图像对比度较低的边缘区域，相应的边缘易于被过度平滑而无法保持真实的结构。在本章算法中，边缘过度平滑现象并不突出，其主要原因在于：在平面级深度图优化阶段，分割质量较差的超像素被进一步分割，由此获得的子超像素的边界与场景中的真实边界的一致性得以极大地提高。因而，通过验证相邻超像素（包括所有子超像素与未再分割的超像素）对应平面法向量的差异，场景中包括直线、曲线等结构在内的边界均可以被可靠地确定，而采用这些边界调整各向异性扩散张量 G 中相应位置的权重，可有效降低边界区域的平滑力度，进而可以较好地突出相应的场景结构。

最后，本章利用主对偶优化方法[111]对式（4.13）所示能量函数进行求解；在实验中发现，整体求解效率与质量较高，进而可生成完整性与精度更高的深度图。

第三节　实验评估

为了验证本章算法的可行性与有效性，本章采用不同分辨率的图像数据集（相对于普通分辨率图像，高分辨图像通常包含更丰富的场景信息，许多在普通分辨率图像中不易区分的特征，在高分辨率图像中往往更易于辨识）进行实验：

（1）VGG 数据集：Wadham 图像序列（分辨率为 1024×768）、Valbonne 图像序列（分辨率为 768×512）。

（2）实拍数据集："清华物理楼"（分辨率为 819×546，下文简称 TPB）"生命科学院"（分辨率为 1092×728，下文简称 LSB）图像序列。

一、参数设置

通过机器学习的方法可以获得更好的效果，但在实验中发现，当两者分别在区间 [5，15] 与 [0.5，1] 内取值时，整体结果并没有太大的影响，其原因可能是由于能量函数中的数据项与低阶平滑项具有相对严格的约束所致，本章实验中将两者分别设置为 5 与 0.5；对于截断阈值 Q，根据前文的分析，实验中将其设置为 3ρ。此外，对于 TGV 规范化项中的参数，本章采用了文献 [111] 建议的默认设置。

二、算法比较

为了进一步验证本章算法的有效性，本章将其与文献 [3]（下文简称 PMVS）与文献 [85]（下文简称 PPS）所述算法进行实验对比；其中，PMVS 在稀疏空间点的基础上采用扩散的方式生成稠密空间点，扩散过程中采用了空间点灰度一致性度量与可见性约束。PPS 首先利用空间点与空间线段生成候选平面集，然后在 MRF 架框下采用全局能量优化的方法生成分段平面形式的深度图；相对于其他仅在特定几个场景主方向进行平面扫描或推断的三维重建算法，PPS 与本章算法最为相近。

为了定量地评估几种算法的性能，对于提供真值的数据集，本章采用深度值的相对误差度量每个像素对应深度值可靠性。具体而言，对于参考图像中的任一像素 m，如果求取的深度值 d_m 与真值 d_m^0 之间的偏差小于指定阈值 $\in$，则认为深度值 d_m 是可靠的，相应的精度定义为所有可靠深度值数量的百分比，即：

$$T = \frac{1}{|A|} \sum_{m \in A} \delta \left(\frac{\|d_m - d_m^0\|}{d_m^0} < \in \right) \tag{4.16}$$

式中，A 为参考图像中的建筑区域，$\delta(\cdot)$ 为指示函数（输入条件为真时值为 1，否则值为 0）。

对于其他未提供真值的数据集，本章算法采用第三章式（3.13）所示标准度量每个像素对应深度值的可靠性（其中 N 值在实验中统一设置为 4）。

此外，对于本章算法与 PPS 算法，本章也采用平面数量度量建筑平面重建的可靠性。

三、结果与分析

第一组实验主要利用标准数据集验证本章算法的可行性，同时展示其在场景重建中的完整过程。如图 4.3（a）所示，虽然 Wadham 场景的结构相对简单，但存在许多影响重建完整性的倾斜表面（如屋顶区域）。然而，通过两阶段平面推断与平面级、像素级等不同层级的深度优化，如图 4.3（b）~（h）所示，本章算法仍可以较好重建场景完整的结构，整体上具有较高的精度（如白色矩形区域内的窗户）。同样，对于 Valbonne 场景，传统重建算法通常难以重建的倾斜表面与结构细节（如白色矩形区域内的塔柱）也可被本章算法可靠地重建。表 4.2 所示为本章算法重建过程中的定量结果，表 4.3（"平面"项的分母表示 PPS 生成平面的总数，而分子则为其生成建筑平面的数量）与图 4.4 所示为 PMVS 算法与 PPS 算法的实验结果。

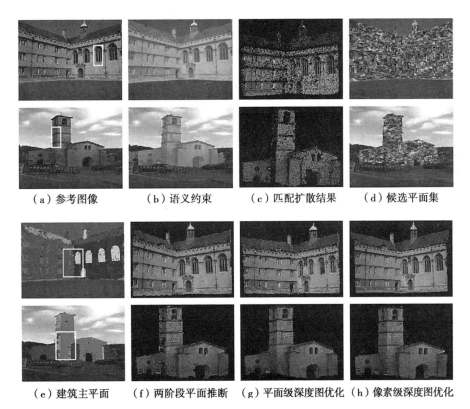

（a）参考图像　　　（b）语义约束　　　（c）匹配扩散结果　　　（d）候选平面集

（e）建筑主平面　　（f）两阶段平面推断　（g）平面级深度图优化（h）像素级深度图优化

图 4.3　本章算法采用 Wadhan 与 Valbonne 数据集的重建过程

实验结果表明，本章算法在重建精度与效率上均优于 PMVS 与 PPS。此外，如图 4.4 所示，由于图像分辨率低、倾斜表面与弱纹理区域等因素的干扰，PMVS 仅重建出非常稀疏的空间点在，而 PPS 则仅重建出由少量平面构成的过于简单的场景结构。事实上，如图 4.3（e）所示，在平面级深度图优化环节之前，本章算法所生成的场景主平面已经比 PPS 生成的最终平面更准确。图 4.5（a）与（b）所示为平面级深度图优化的细节，其中，左边部分为图 4.3（e）白色矩形区域标示区域放大显示，而右边部分则为平面级深度图优化后相应的平面。从中可以发现，经过平面级深度图优化之后，分割质量较差的超像素被再次分割，由此生成的子超像素分配了更精确的平面且其边界与场景结构更为一致。

表 4.2　本章算法采用 Wadhan 与 Valbonne 数据集的实验精度（∈=0.01）与运行时间（分钟）

数据集	平面数	匹配扩散	两阶段平面推断	不同层级平面优化	时间
Wadham	11	0.5292	0.8628	0.8795	3.9
Valbonne	7	0.6281	0.8707	0.8889	1.8

表 4.3　其他算法采用 Wadhan 与 Valbonne 数据集的实验精度（∈=0.01）与运行时间（分钟）

数据集	PMVS		PPS		
	精度	时间	平面	精度	时间
Wadham	0.0552	4.7	7/8	0.6697	10.1
Valbonne	0.0719	2.1	5/9	0.5844	5.8

表 4.4　其他算法采用标准数据集的实验精度（∈=0.01）与运行时间（分钟）

数据集	本章算法			PMVS		PPS		
	平面	精度	时间	精度	时间	平面	精度	时间
TPB	12	0.8895	4.4	0.0552	4.7	7/8	0.6697	10.1
LSB	11	0.8441	6.5	0.0719	2.1	5/9	0.5844	5.8

（a）PMVS生成　　　（b）PMVS生成　　　（c）PPS生成　　　（d）PPS生成
　　的结果　　　　　　的结果　　　　　　的结果　　　　　　的结果

图 4.4　其他算法采用 Wadhan 与 Valbonne 数据集的重建结果

| （a）图4.4（e）中白
色矩形标示区域内平
面级深度图优化前后
的结果比较 | （b）图4.4（e）中白
色矩形标示区域内平
面级深度图优化前后
的结果比较 | （c）最终重建结果
的顶端视图 | （d）最终重建结果
的顶端视图 |

图 4.5 本章算法平面级深度图优化与最终重建结果

图 4.5（c）与（d）所示为本章算法重建结果的顶端视图，其中，许多深度变化较小的结构细节（如 Wadham 场景中窗户与墙壁之间）也可以被准确地重建，充分表明不同层级深度图优化过程的有效性。

第二组实验主要利用实拍数据集验证本章算法有适应性。如图 4.6 所示，"清华物理楼""生命科学院"两组实拍数据集中的图像具有较宽的基线、较大的光照变化及复杂的结构，通常不易采用传统的算法获得可靠的结果。然而，通过两阶段的平面推断与不同层级的平面优化，如表 4.4 所示，本章算法仍然可有效地重建出包括弱纹理区域、倾斜表面在内的完整的场景结构。此外，从图 4.7 与图 4.8 的定性实验结果可以发现，本章算法对复杂场景具有较好的适应性，可以重建较多的结构细节。相对而言，PMVS 针对纹理丰富区域较为有效，可以生成稠密的空间点，然而在弱纹理区域却仅生成较稀疏的空间点；PPS 趋于遗漏过多的真实平面或趋向于将接近共面的两个或多个平面合并为一个平面，进而仅生成较少的场景平面。

| （a）TPB数据集 | （b）TPB数据集 | （c）LSB数据集 | （d）LSB数据集 |

图 4.6 TPB 与 LSB 数据集例图

整体而言，相对传统像素级重建算法及分段平面重建算法，本章算法可以更有效地重建包括弱纹理、倾斜表面等区域在内的完整、精确的场景结构，而且对较宽的基线、较大的光照变化及复杂的场景结构具有较好的适应性。

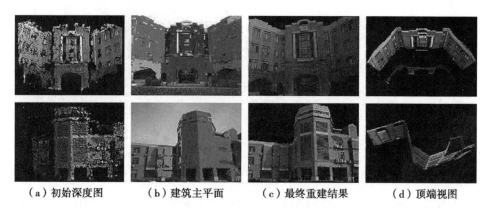

（a）初始深度图　　　　（b）建筑主平面　　　　（c）最终重建结果　　　　（d）顶端视图

图4.7　本章算法采用 TPB 与 LSB 数据集的重建结果

（a）PMVS生成的结果　（b）PMVS生成的结果　（c）PPS生成的结果　（d）PPS生成的结果

图4.8　其他算法采用 TPB 与 LSB 的重建结果

第四节　本章小结

　　本章在多级能量优化框架下对像素级重建算法与分段平面重建算法进行融合，从而可以通过空间点扩散、两阶段平面推断、平面级与像素级深度图优化等过程获得完整的场景结构，可有效解决传统像素级重建算法难以处理的弱纹理、倾斜表面等区域的重建问题，同时克服了传统分段平面重建算法精度低、适应性差等缺点。

　　本章算法的主要特点包括：①在多级能量优化框架下将像素级重建算法与分段平面重建算法进行融合，同时通过融入各种场景结构先验及几何约束，有效提高了整体重建过程的可靠性与效率。②利用基于高阶能量优化及 TGV 规则化等多级深度图优化方法，有效解决了传统分段平面重建算法的精度低、过于依赖图像过分割质量等缺点，可以获得像素级精度的深度图。

第五章 面向海量带噪空间点的建筑平面检测

对于大规模城市场景的三维重建，从初始空间点中提取可靠的场景主平面对推断完整的场景结构具有重要的作用。然而，传统的局部或全局式平面拟合算法不但易遗漏许多真实的平面，而且在空间点数量较多时易出现效率低、可靠性差等问题。为解决此问题，本章提出了一种高效的面向海量带噪空间点的建筑平面检测算法。在场景结构先验（如平面之间的夹角）的基础上，本章算法首先采用局部与全局两种方式检测初始空间点在地面的投影图中可能存在的线段以及不同线段之间的关系，然后依此快速生成相应的平面，从而避免了直接在空间点中进行耗时的平面拟合。实验结果表明，本章算法可有效地从海量带噪的空间点（利用 2000K 空间点检测平面仅用时 8 秒左右）中产生足够多且可靠的平面，整体上具有较高的性能。

第一节 问题分析

在基于图像的大规模城市场景三维重建中，由于光照变化、透视畸变等因素的影响，如图 5.1 所示，传统算法通常难以生成可靠的结果（如生成的点云中包含大量的外点）。为解决此问题，场景分段平面假设[85, 107, 116]广泛应用于提高城市场景三维重建的完整性与可靠性。在此情况下，通常需要从初始空间点中检测足够多且可靠的主平面用于在全局平面优化框架推断出每个场景面片对应的最优平面。从根本上而言，此问题可采用多模型（如平面）拟合算法或场景分段平面推断算法进行解决。然而，当初始空间点较为稀疏或数量较大且包含较多噪声时，这些算法往往存在效率低、可靠性差等问题。

一、传统多平面拟合算法存在的问题

在初始空间点较多且噪声较高的情况下，传统基于 RANSAC 的多平面拟合方法[117]（包括局部拟合和全局拟合）不但易消耗较多的存储资源与时间，

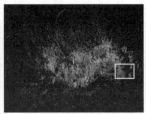

（a）两张样本图像　　（b）PMVS法产生的三维点　（c）矩形标示区相应的空间点

图 5.1　大规模城市场景建模问题

而且其随机抽取空间点生成平面的方式易遗漏较多的真实平面。此外，许多算法由于没有充分考虑平面间的关系或采用不合理的平面间约束（如局部算法忽略平面之间的关系、全局算法趋于强制地为两个相邻的空间点分配相同的平面），往往导致较大的误差。为了解决上述问题，Chin 采用随机聚类的方式提高候选平面采样的质量[118, 119]，然而，在空间点数量较多时，其过程不但效率低，而且易遗漏真实的平面。此外，检测候选模型的最优子集能够解释所有数据点是多模型拟合的关键步骤。然而，传统局部式算法[120, 121]往往忽略数据点对应模型之间的相关性，因而难以生成全局一致性或可靠的结果。为了解决此问题，Isack 将多模型拟合问题转换为 MRF 能量优化框架下最优模型标记问题进行求解，相应的能量函数可较好地均衡模型标记错误与空间平滑性约束的作用而产生较好的结果[113, 114]；Yu 采用空间结构平滑性约束并采用二次规划方法为属于相同结构的数据点分配相同的平面[122]；Pham 在模拟退火框架下采用候选模型生成与模型优化两过程相互增强的方式生成全局一致性结果[123]。

二、传统场景分段平面推断算法存在的问题

传统场景分段平面重建算法通常趋于仅从当前图像相应的初始空间点中检测场景主平面。然而，在实际中，由于其检测的平面通常不够完备或遗漏较多的真实平面而不足以描述场景的初始结构（如由于初始检测的平面中不包含真实的平面而易将错误的平面分配至无纹理区域），最终往往易导致不可靠的结果。例如，Mičušik 首先将图像过分割生成的超像素，然后在三个正交场景主方向上推断每个超像素对应的平面[85]；然而，当超像素对应真实平面的法向量与所采用的场景主方向不一致时，该算法则会产生错误的结果。Kim 在每个超像素中选择三个角点并在相应的反射线上采用随机采样方式生成候选平面[107]，然而，在超像素分割精度较低时，其可靠性往往较低。Bodis-Szomoru

首先通过每个超像素对应的初始稀疏空间点生成相应的候选平面，然后在全局能量优化框架下对超像素对应的平面进行优化[116]；然而，当初始空间点过于稀疏时，可能存在较多的超像素并不包含相应的空间点，因而无法生成相应的候选平面；而超像素尺寸较大时，虽可包含较多的空间点以生成候选平面，但所包含的空间点可能位于多个平面，因而利用这些空间点生成单个平面时将导致较大的错误。Furukawa 利用 Manhattan–world 模型对场景中无纹理区域进行重建[84]；然而，由于该模型仅包含三个场景主方向，因而相关算法并不适于具有复杂结构的场景。为解决此问题，Sinha 利用稀疏空间点与线段生成候选平面并在 MRF 框架下重建场景分段平面结构[106]，然而，在初始空间点与线段较为稀疏时，该算法通常会遗漏真实的平面。Chauve 首先利用区域增长的方法从初始空间点中检测可能存在的平面，然后将场景分段平面重建问题转化为将三维空间结构两标记（空与非空）优化问题进行求解[108]。Verleysen 首先通过两幅宽基线图像的匹配生成稠密的空间点以从中检测可能存在的平面[43]，然而，在 MRF 框架下进行场景分段平面结构重建。另外，虽然稠密空间点蕴含丰富的场景结构信息而易生成完备的候选平面，但由于图像匹配较为耗时，因而该算法易导致较高的计算复杂度。

第二节　算法原理

对于大规模城市场景三维重建，为了有效地从海量带噪空间点中检测足够多且可靠的平面，本章在场景结构先验的基础上将多平面检测问题转化为二维线段检测问题进行求解。具体而言，根据城市场景的结构先验（多平面结构、空间点主要分布于建筑立面与平面夹角是固定值），首先将海量带噪空间点投影于地平面以生成投影图，进而将三维空间的多平面拟合问题简化为投影图中的二维线段检测问题。为了在投影图中检测足够多且可靠的线段，本章算法通过逐步求精（首先对主线段进行检测，然后对潜在线段进行推断）的方式，在不同连通区域内对可能存在的线段进行探测，并在 MRF 能量优化框架下对可能分布于不同连通区域的直线进行推断，进而利用在投影图中检测的线段及线段之间的关系快速生成三维空间中的平面。整体上，本章算法可有效克服传统局部或全局式平面拟合算法在海量空间点进行拟合时存在的效率低、可靠性差的缺点。本章算法基本流程如图 5.2 所示。

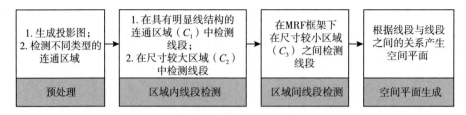

图 5.2　面向大规模城市场景三维重建的快速多平面检测

本章算法的主要特色与创新之处如下：

（1）通过将三维空间的多平面拟合问题简化为二维空间的线段检测问题进行求解，并通过逐步求精的方式在不同连通区域内利用平面夹角先验进行潜在线段的检测，极大地提高了二维线段检测的效率与可靠性。

（2）提出一种针对海量带噪空间点进行多平面拟合的有效方法，其中融合了基于平面夹角先验的局部线段检测与全局线段推断等方法，并通过已检测线段与线段之间的夹角关系快速生成空间平面，进而可以有效地从海量带噪空间点中抽取充分、可靠的空间平面。

一、预处理

本章算法的预处理步骤包括投影图生成与不同类型连通区域的检测两部分。

（一）投影图生成

首先根据场景的垂直方向与任何一个空间点确定水平面，其次将初始空间点沿场景垂直方向投影至该水平面上并确定相应投影点的最大包围矩形区域，最后将矩形区域分割为多个网格并统计投影至每个网格的空间点数量，进而将每个网格及相应的空间点数量分别视为像素及像素灰度值以生成投影图。在实际中，由于建筑立面垂直于水平面，因而位于其上的空间点通常更可能投影至投影图中沿直线分布的网格内，因而投影图中将呈现多个结构为线段的连通区域。

（二）不同类型连通区域的检测

在由空间点投影生成的投影图中，本章算法首先求取所有网格对应灰度值（空间点的数量）的平均，然后利用三级阈值（p_1，p_2，p_3）检测三种不同类型的连通区域：

（1）具有明显单个直线结构的连通区域（C_1）：每个网格对应的空间点数

量大于或等于 $p_1 \cdot T$。

（2）具有多个线段组合结构的连通区域（C_2）：每个网格对应的空间点数量小于 $p_1 \cdot T$ 但大于 $p_2 \cdot T$。

（3）不包含明显线段结构且尺寸较小的连通区域（C_3）：每个网格对应的空间点数量小于 $p_2 \cdot T$ 但大于 $p_3 \cdot T$。

（4）噪声点或不必重建区域（天空、地面等）：每个网格对应的空间点数量小于 $p_3 \cdot T$（此类连通区域被删除）。

二、连通区域内线段检测

为了在连通区域 C_1 与 C_2 中检测线段（通常包含多条线段），本章算法定义以下线段可靠性度量 $l^*(L_s, P)$ 以从线段集 L_s 中选择最优线段 l^*：

$$l^*(L_s, P) = \operatorname*{argmax}_{l \in L_s} \left(\sum_{m \in P} \delta(d(m, l) < \in)/|P| \right) \tag{5.1}$$

式中，P 表示当前连通区域中的网格集合，$d(m, l)$ 表示网格点 $m \in P$ 到线段 $l \in L_s$ 的距离，$\in$ 为距离阈值，$\delta(x)$ 为指示函数（输入条件为真时值为1，否则为0），L_s 表示在网格点 $m \in P$ 处根据结构先验 M（所有与平面相应的线段集）与 A（所有可能的线段或平面之间的夹角）。

在式（5.1）所示最优线段选择标准的基础上，本章算法采用迭代的方式在当前区域中检测所有可能的线段，相应的迭代终止条件为：

$$T_{prior} = (v_i < \varepsilon_1) \wedge \left(\sum_{i=1}^{k} v_i > \varepsilon_2 \right) \tag{5.2}$$

式中，ε_1 与 ε_2 为相应的阈值，v_i 表示第 i 次迭代时 $l_i^*(L_s, P)$ 的最大值（l_i^* 表示相应的最优线段），即：

$$v_i = \operatorname*{argmax}_{s \in P} l_i^*(L_s, P) \tag{5.3}$$

在检测线段的迭代过程中，条件（5.3）得以满足的关键之处在于：

（1）每次迭代后，相关线段的内点从当前区域中删除。

（2）结构先验 M 与 A 在每次迭代后进行更新。

（3）由于区域 C_1 具有明显的线结构，其中的线段采用 RANSAC 算法检测，其结果作为区域 C_2 中线段检测的初值。

表 5.1 所示为线段检测的迭代过程中 v_i 值的变化示例，从中可以发现，在每个迭代后，当前连通区域内均有不同数量的网格点作为线段而被提取；此

外，随着迭代的持续，被检测线段对应的 v_i 值不断降低，表明主线段首先被检测，而具有不同可靠性的潜在线段被依次检测。

表 5.1　v_i 变化（直线方程：$ax+by+c=0$）

a	b	c	v_i
1.63607553	−1	52.08556612	0.56061224
−0.99088754	−1	814.43028794	0.20408163
1.13892072	−1	202.99083138	0.14285714
0.23496298	−1	465.15584414	0.04081632

在以上标准与条件的基础上，本章算法采用渐近方式从不同类型的连通区域内检测线段或直线，其过程如算法 1 所示（见表 5.2）。

表 5.2　算法：基于场景结构先验的多线段检测

输入：连通区域集 C_1 与 C_2、平面夹角先验 A 及临时集合 L 与 C_0。

输出：结构先验集合 M。

初始化：$M=\varnothing$，$C_0=\varnothing$。

1：对于每个连通区域 $c \in C_1$。

2：初始化 M_0 并设置 $L=\varnothing$。

3：根据 A 与 M_0 与网格点 $s \in P$ 产生线段 L_s。

4：计算 v_i 并保存 l_i^* 至 L。

5：从网格点集合 P 中移除 l_i^* 的内点。

6：如果 $v_i \geqslant \varepsilon_1$，跳转到步骤 3。

7：否则，如果 T_{prior} 条件满足，保存 L 至 M_0；如果 T_{prior} 条件不满足，保存 c 至 C_0 并转至步骤 1。

8：保存 M_0 至 M。

9：结束循环。

10：对于每个区域 $c \in C_2$。

11：初始化 M_0 并设置 $L=\varnothing$。

12：步骤 3-9。

13：结束循环。

14：设置 $C_2=C_0$、$C_0=\varnothing$ 并转至 11 直到 $C_0=\varnothing$。

15：输出 M。

图 5.3 所示为连通区域内线段检测结果示例；从中可以发现，相对传统 RANSAC 与 PEaRL 算法[113]，通过融合场景结构先验，本章算法可有效地从连通区域 C_1 与 C_2 中检测到多条线段，整体上具有更高的精度与可靠性。

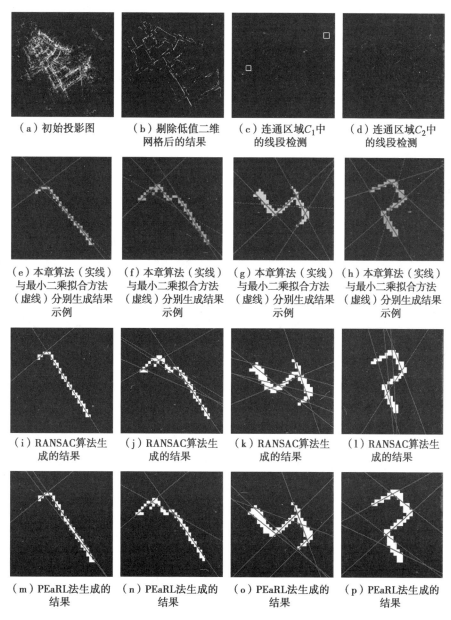

（a）初始投影图　　（b）剔除低值二维　　（c）连通区域C_1中　　（d）连通区域C_2中
　　　　　　　　　　网格后的结果　　　　 的线段检测　　　　　 的线段检测

（e）本章算法（实线）　（f）本章算法（实线）　（g）本章算法（实线）　（h）本章算法（实线）
与最小二乘拟合方法　 与最小二乘拟合方法　 与最小二乘拟合方法　 与最小二乘拟合方法
（虚线）分别生成结果　（虚线）分别生成结果　（虚线）分别生成结果　（虚线）分别生成结果
示例　　　　　　　　 示例　　　　　　　　 示例　　　　　　　　 示例

（i）RANSAC算法生　（j）RANSAC算法生　（k）RANSAC算法生　（l）RANSAC算法生
成的结果　　　　　　 成的结果　　　　　　 成的结果　　　　　　 成的结果

（m）PEaRL法生成的　（n）PEaRL法生成的　（o）PEaRL法生成的　（p）PEaRL法生成的
结果　　　　　　　　 结果　　　　　　　　 结果　　　　　　　　 结果

图 5.3　连通区域内线段检测

三、连通区域间线段检测

通常情况下，连通区域 C_3 虽不具备明显的线段结构（包含线段但由于尺寸较小而不易被检测），但其相应的网格往往位于建筑平面在投影图中对应的直线上。因而，为了采用全局的方式从连通区域 C_3 中检测更多潜在的线段，在已知连通区域 C_1 与 C_2 内所检测线段集 L 基础上，本章算法在 MRF 框架下对连通区域 C_3 相关的直线进行检测，相应的能量函数定义如下：

$$E(L) = \sum_R \| R - L_R \| + \alpha \cdot \sum_{Q \in N(R)} \omega_{RQ} + \beta \cdot |\mathcal{L}_L| \qquad (5.4)$$

式中，$\| R - L_R \|$ 表示连通区域 $R \in C_3$ 到直线 $L_R \in L$ 的平均距离，$N(R)$ 为连通区域 R 的相邻连通区域，ω_{RQ} 为规范化项，$|\mathcal{L}_L|$ 为当前线段数量（旨在以较少的直线拟合较多区域），α 与 β 为相应的权重。

（a）PEaRL算法所生成
直线的放大显示

（b）本章算法所生成
直线的放大显示

（c）直线真值（通过对连通区
域C_1与C_2中检测到的线段进行
分类而产生）

图 5.4　连通区域间直线检测

在式（5.4）中，规范化项 ω_{RQ} 定义为：

$$\omega_{RQ} = \begin{cases} D_{RQ} & L_R = L_Q \\ \lambda \cdot D_{RQ} & A(L_R, L_Q) \in A \\ D_{max} & \text{otherwise} \end{cases} \qquad (5.5)$$

式中，$A(L_R, L_Q)$ 为直线 L_R 与 L_Q 之间的夹角，λ 为场景结构先验松弛化参数，D_{max} 为直线标记不连续惩罚项，D_{RQ} 定义为：

$$D_{RQ} = \frac{1}{1 + e^{-\| R - Q \|}} \qquad (5.6)$$

式中，$\|R-Q\|$ 表示连通区域 R 与 Q 质心之间的距离。

在本章算法中，式（5.4）所示能量函数采用 Graph Cuts 方法进行求解；在实验中发现，在迭代 5 次左右即可获取全局次优解。

事实上，式（5.4）所示能量函数的构造与求解过程虽与 PEaRL 算法存在类似之处，但也存在本质上的差异：

（1）在 PEaRL 算法中，通过随机采样二维网格生成线段的过程往往涉及较高的计算复杂度，同时可能遗漏一些真实的线段（当存在大量二维网格时，此问题将更加严重）。式（5.4）中，利用算法 1 生成的线段构造直线标记集合，而由于该直线标记集合几乎包含投影图中所有可靠的直线，因而可有效提高式（5.4）求解的效率与可靠性。

（2）根据城市建筑结构的特点，场景结构先验 M 与 A 在不同建筑之间仍然有效，因而可通过扩展集合 M 中直线（如根据指定夹角旋转当前直线以生成新的直线）检测更多潜在的直线。

（3）PEaRL 算法采用 Delaunay 三角化算法构造二维网格之间的相邻关系。实际上，Delaunay 三角化中两个相邻的二维网格并不一定在同一直线上，因而可能降低正则化项的可靠性。在式（5.4）中，对于当前连通区域 C_3，本章算法利用连通区域 C_1 与 C_2 内所检测线段的约束选择两个与其邻近的连通区域构造相应的相邻系统，可有效提高正则化项的可靠性。

四、建筑平面生成

由于投影图中每个网格与建筑平面上的多个空间点相对应，多个网格构成的区域对应的线段（直线）则与建筑平面相对应。因而，对于在连通区域 C_1、C_2 与 C_3 内检测的线段（直线），由于其垂直方向与相应建筑平面的法向量相对应，因而可根据其垂直方向及其所在区域内任一网格对应的空间点确定相应的平面。在实验中发现，若确定一条线段对应的建筑平面，其他线段对应的建筑平面也可根据线段之间的夹角确定。整体而言，如图 5.5 所示，最终生成的建筑平面与初始空间点较为契合，整体上具有较高的可靠性。此外，此过程由于避免了传统耗时的平面拟合，整体效率较高。

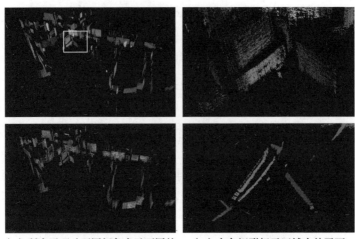

（a）所有平面（不同颜色表示不同的　　（b）白色矩形标示区域内的平面
　　平面）及其对应的纹理化的结果　　　　　　放大显示及顶视图

图 5.5　平面生成

第三节　实验评估

本章利用中科院数据集[124]及实拍数据集对所提算法的性能进行测试，如图 5.6（a）～（b）所示，具体场景与相应图像的分辨率如下：

（1）中科院数据集：生命科学院（下文简称 LSB，图像分辨率为 4368×2912）、清华学堂（下文简称 TS，图像分辨率为 2184×1456）。

（2）实拍数据集：城市（下文简称 CITY，图像分辨率为 1884×1224）。

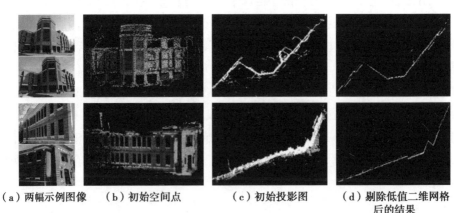

（a）两幅示例图像　　（b）初始空间点　　（c）初始投影图　　（d）剔除低值二维网格
　　　　　　　　　　　　　　　　　　　　　　　　　　　　　　　　　后的结果

图 5.6　初始空间点与投影图

为了定量地评价本章算法的精度与可靠性，对于每个场景，本章随机选取 50 幅图像并手工将每幅图像的建筑区域划分为几个与真实平面对应的子区域，然后将投影到指定子区域的空间点进行拟合以生成真实平面。在此基础上，本章定义以下标准度量平面检测的精度：

$$\rho = \frac{1}{N \cdot m} \sum_{k=1}^{N} \sum_{i=1}^{m} \delta(f_i = f_i^*) \tag{5.7}$$

式中，f_i^* 是真值平面标记，f_i 为使用本章方法生成的平面标记，$\delta(\cdot)$ 为指示函数（输入条件为真时值为 1，否则值为 0），N 与 m 分别表示选取图像的数量及当前图像所有平面标记的数量。

所有实验均在基本配置为 Intel Core 4.0 GHz 四核处理器与 32G 内存的台式机上进行，相关算法采用 C++ 语言实现。

一、采用标准数据集的实验结果

采用标准数据集的实验目的在于验证本章算法的可行性。如图 5.6（c）~（d）所示，在利用初始空间点生成的投影图中，当过滤掉与较少空间点相应的二维网格时，其中的线型结构更加明显。因此，如图 5.7（a）所示，利用算法 1 可以有效地在具有明显线型结构的连通区域内检测可靠的线段。在此过程中，由于场景结构先验的引导，迭代过程通常重复 5 次即停止。此外，基于 MRF 框架的全局方法可以根据算法 1 产生的场景结构先验从尺寸较小的连通区域中检测更多的直线。最终，根据在连通区域内检测到的线段与直线，可以有效地生成可靠的平面并从初始空间点中提取出相应的内点；如图 5.7（b）~（c）所示，所生成的平面及相应的内点可较好地表达建筑的初始结构（为了较好地展现不同阶段的生成结果，根据不同线段生成的平面相应的空间点标示为不同的颜色）。

表 5.2 是每个场景的初始化信息与定量实验结果（包括初始空间点数量、连通区域的数量、所检测平面的数量、不同阶段生成的内点比例等）以及预处理（S0）、连通区域内线段检测（S1）、连通区域间直线检测（S2）、平面生成（S3）等步骤的运行时间。从中可以发现，由于连通区域 C_1 线型结构特征较为明显，因而在其中可检测到较可靠的线段；以此为基础构造约束条件，进一步可利用算法 1 与基于 MRF 框架的全局直线检测方法在连通区域 C_2 与 C_3 内检测更多的线段或直线。从每个阶段生成的平面相应内点比例变化情况可知，本章算法几乎可检测出全部平面；此外，由于场景结构先验的引导，其整体效率也较高。

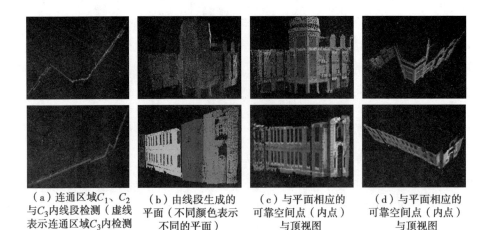

（a）连通区域C_1、C_2　　（b）由线段生成的　　（c）与平面相应的　　（d）与平面相应的
与C_3内线段检测（虚线　　平面（不同颜色表示　　可靠空间点（内点）　　可靠空间点（内点）
表示连通区域C_3内检测　　不同的平面）　　　　与顶视图　　　　　　与顶视图
到直线）

图 5.7　平面检测

表 5.3　标准数据集的定量实验结果

场景	空间点	区域	平面	内点			精度	时间（秒）				
				M0	M1	M2		S0	S1	S2	S3	Total
LSB	400316	251	37	0.45	0.71	0.88	0.90	0.5	1.1	0.6	0.4	2.6
TS	629425	406	51	0.26	0.59	0.86	0.89	0.7	1.5	0.4	0.5	3.1

注：M_0、M_1 与 M_2 分别表示根据连通区域 C_1、C_2 与 C_3 内检测的线段生成平面对应内点的比例，S_0、S_1、S_2 与 S_3 分别表示在连通区域 C_1、C_2 与 C_3 内检测线段所消耗的时间与生成平面所消耗的时间。

二、利用实拍数据集的实验结果

利用标准数据集的实验目的在于验证本章算法的适应性。此数据集包含图像数量分别为 3270 幅与 4976 幅的两个场景。如图 5.8 所示，两个场景初始空间点包含的噪声较大，传统多模型拟合或分段平面重建算法通常难以检测可靠的平面。

事实上，如图 5.9（a）所示，由于城市建筑结构具有较强的规律性，在空间点投影图中剔除与较少空间点相应的二维网格后，建筑平面相应的连通区域仍然呈现出明显线型结构；因而，如图 5.9（b）~（d）所示，算法 1 与基于 MRF 框架的全局直线检测方法在连通区域 C_1、C_2 与 C_3 内可有效地检测出相应的线段或直线；图 5.10 与图 5.11 是根据图 5.9（b）~（d）所示线段与直线生成的平面及相关细节，整体结果较为可靠。

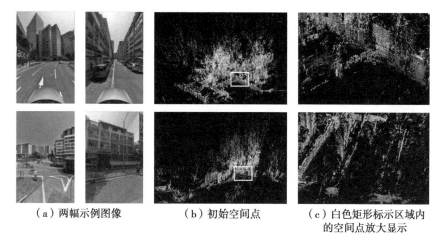

（a）两幅示例图像　　　　（b）初始空间点　　　　（c）白色矩形标示区域内
　　　　　　　　　　　　　　　　　　　　　　　　的空间点放大显示

图 5.8　实拍数据集（行 1 与行 2 分别为场景 1 与场景 2）

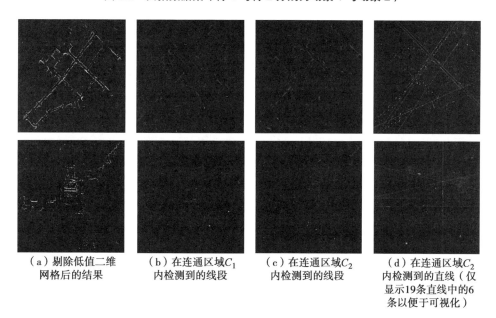

（a）剔除低值二维　（b）在连通区域C_1　（c）在连通区域C_2　（d）在连通区域C_2
网格后的结果　　　内检测到的线段　　　内检测到的线段　　　内检测到的直线（仅
　　　　　　　　　　　　　　　　　　　　　　　　　　　　　　显示19条直线中的6
　　　　　　　　　　　　　　　　　　　　　　　　　　　　　　条以便于可视化）

图 5.9　线段检测（行 1 与行 2 分别为场景 1 与场景 2）

　　表 5.4 是实拍数据集相应的定量实验结果，从中可以发现，本章算法不但具有较高的精度，而且具有较高的效率，其主要原因在于：①将平面检测问题简化为线段与直线检测问题进行求解，利用线段与直线的检测并确定平面之间的可靠关系；②利用场景结构先验提高线段与直线检测的可靠性与效率（如在指定方向探测潜在的线段与直线），有效避免了传统局部或全局式平面检测算

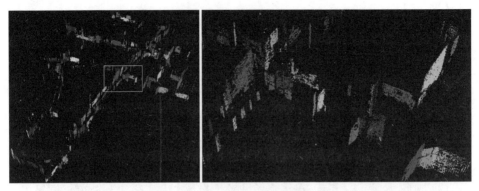

图 5.10　在场景 1 中检测到平面（左）与白色矩形标示区域内的平面放大显示（右）
（不同颜色表示不同的平面）

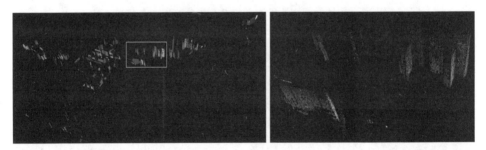

图 5.11　在场景 2 中检测到平面（左）与白色矩形标示区域内的平面放大显示（右）
（不同颜色表示不同的平面）

法较为耗时的平面采样与优化过程；③在 MRF 框架下通过构造可靠的邻域系统并融合场景结构先验的方式方法提高直线检测的整体可靠性与效率。

表 5.4　实拍数据集的定量实验结果

场景	图像	空间点	区域	平面	内点比	精度	时间（秒）				
							S0	S1	S2	S3	合计
#1	3270	2727503	602	72	0.8452	0.91	0.9	4.5	1.4	1.8	8.6
#2	4396	1431703	809	83	0.8305	0.87	1.1	2.4	1.1	1.3	5.9

综上所述，在场景结构先验的引导下，本章算法通过将平面检测问题转化为线段与直线检测问题进行求解，可有效地从海量、高噪声空间点中检测可靠的平面，整体上具有较高的性能。

第四节 本章小节

针对海量空间点的平面检测，根据城市建筑结构先验，本章算法首先通过将空间点投影至水平面的方式构造投影图，进而将平面检测问题转化为投影图中线段与直线检测问题进行求解，不但降低了问题复杂度，而且提高了平面检测的效率，另外，由于渐近式（连通区域内线段检测与连通区域间线段检测）地对潜在平面进行探测，还提高了平面检测的可靠性。实验结果表明，本章算法可有效克服传统多模型拟合及场景分段平面重建等算法存在的问题（如效率较低、易遗漏平面等），可快速从海量带噪空间点中检测尽可能多的可靠平面，整体上具有较高的精度与鲁棒性。

第六章 面向海量 SAR 空间点的建筑平面检测

为有效地从海量、带噪阵列 InSAR 空间点中检测建筑立面，本章提出一种基于结构先验的渐近式建筑立面检测算法。本章算法首先将初始阵列 InSAR 空间点投影至地面以生成与建筑立面相应的连通区域，然后通过结构先验的引导逐步在每个连通区域内检测潜在的线段，进而根据线段及其对应的空间点生成相应的建筑立面；在此过程中，当前连通区域对应线段的检测空间根据其相邻连通区域内已检测线段构造，有效保证了整体效率与可靠性。实验结果表明，本章算法可快速从海量、带噪阵列 InSAR 空间点中检测出较多的可靠建筑立面，较好地克服了传统多模型拟合算法效率低与可靠性差的缺点。

第一节 问题分析

干涉合成孔径雷达（Interferometric Synthetic Aperture Radar，InSAR）技术由于具有全天时全天候高分辨率成像的优势，在地形测绘、数字化城市建模中具有重要的应用价值。层析 SAR 或阵列 InSAR 三维成像技术[125, 126, 127]可通过在高程向获取的三维几何与散射信息实现目标三维结构的重建，进而有效克服传统 InSAR 技术中的叠掩、透视缩短等问题，近年来倍受研究者的关注。在实际中，对于具有多平面结构特征的城市建筑，由于孔径或天线装置设计、信息获取与相关计算误差等因素的影响，层析 SAR 或阵列 InSAR 三维成像技术获取的初始空间点通常存在以下问题：①较为稀疏或部分结构对应的空间点缺失而不足以表达其完整的结构；②与真实结构存在偏差或噪声点较多而需要进行规则化处理。

一般而言，空间点稀疏问题可通过对其进行上采样的方式进行解决，然而，当前相关算法[128]往往存在难以对缺失空间点进行补全、噪声点易被同时采样、空间点数量较大而较为耗时等问题导致不易获得较好的结果。此外，对于以空间点融合或结构检测与推断为目的的算法[129, 130]，由于其对初始空间点的精度要求较高，因而在初始空间点包含较大噪声时难以保证较好的性能。在此情况下，利用多模型拟合算法（通过分析局部空间点的分布形态确定其是否位于同一平面）从初始空间点中检测出尽可能多的可靠建筑平面，将对建筑初始空间点的规则化以及建筑完整结构的推断具有重要作用（如利用建筑立面补全位于其上的缺失空间点、以建筑立面为基础推断建筑长方体结构等）。然而，当初始空间点数量较多且所包含噪声较大时，当前多模型（如平面）拟合算法[131, 132]不但效率较低，而且可靠性较差（如利用随机抽样方式生成候选平面时较为耗时且易丢失真实平面、全局式平面优化时由于参数与邻域关系不易控制而导致较大的错误等）。

　　建筑点云中的立面检测是数字化城市建模、增强现实等应用的基础性工作，在建筑点云包含未知数量的立面时，适于单平面检测的 RANSAC 算法往往难以产生较好结果；在此情况下，多模型拟合算法通常可采用候选平面生成（如随机采样空间点拟合平面）、平面优化（如冗余平面剔除）等步骤而检测出较多的平面；例如，聚类方式的多平面检测算法[133, 134]通过不断探测具有最大内点（满足指定空间点与平面之间距离度量的空间点）的平面并移除相关内点、利用相邻平面的相关性剔除冗余平面等过程实现多平面的检测。此类算法虽然可获得相对较好的效果，但由于未充分考虑不同平面间的关联、候选平面生成可靠性与效率较低等问题，在许多场合（如空间点包含较大噪声时）下不易获得全局部最优解。

　　相对而言，通过融合相邻平面一致性、模型复杂度等约束或规则化项的全局式平面检测算法可有效提高平面检测的整体一致性；例如，Isack 提出了一种基于能量最小化的多模型拟合方法，其通过在能量函数中融合数据点间的平滑性约束及整体模型复杂度惩罚而提高平面检测的可靠性[113]；Pham 将基于"随机聚类模型"[118]的候选模型生成与基于模拟退火的模型优化进行融合并以相互增强的方式交替地完成两个过程，有效提高了多模型拟合的精度[123]；Barath 则通过在模型参数空间更新模型类别集或通过迭代模型生成、冗余模型滤除、模型优化等步骤提高整体模型拟合的性能[135, 136]。最近，研究者利用可提取不同层次特征的深度神经网络对平面拟合问题进行求解并获得了较好的结果，例如：Brachmann 通过训练深度神经网络为数据点分配相应的采样权重以抑制外点，进而有效提高了基于 RANSAC 算法的候选平面生成效率[137]；Kluger 则利用深度神经网络持续更新候选平面生成时的采样概率以生成可靠的候选平面，进而有效提高了整体平面检测的可靠性[132]。事实上，此类算法虽在空间点较为稀疏的情况下可获得较好的效果，但在空间点较多且包含较大噪声时，其候选平面生成与平面优化的效率及可靠性均难以得到保证。

针对大规模空间点中的平面检测问题，分阶段或渐近式的算法通常更有利于提高整体效率与可靠性；例如，Shahzad 在前期工作[138]的基础上，通过空间点密度估计、建筑立面法向量估计、建筑立面分割等步骤从 TomoSAR 点云中检测较大区域建筑立面[139]的检测。然而，由于相关步骤（如基于密度的聚类）较为耗时，算法的整体效率并不高；此外，由于算法缺乏对潜在建筑立面的探测，因而最终获取的可靠建筑立面数量也较少。

第二节　算法原理

为了解决以上问题，本章通过冗余线段与直线剔除、线段可靠性度量与检测过程优化等方式对第六所提算法进行了改进，提出一种面向阵列 InSAR 点云规则化的渐近式建筑立面检测算法（Progressive Building Facade Detection, PBFD）；本章算法通过将平面拟合问题转化为空间点在地面投影图中的多阶段线段检测问题进行求解，并利用在当前阶段检测的线段与结构先验构造后续线段检测空间，可有效克服阵列 InSAR 点云规模及噪声的影响，快速从中检测出较多的可靠平面。PBFD 算法的基本流程如图 6.1 所示。

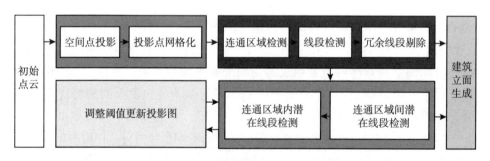

图 6.1　PBFD 算法流程（黄：投影图生成，蓝：主线段检测，绿：潜在线段检测）

PBFD 算法的主要步骤描述如下：

步骤 1：投影图生成（将初始空间点投影至地面并设定阈值生成投影图以从中检测连通区域）。

步骤 2：主线段检测（利用线段检测、合并与分组等方式在连通区域内检测线段）。

步骤 3：潜在线段检测（根据已检测线段与结构先验的约束在未遍历的连通区域内检测线段，若无法检测出新线段，则转至步骤 5）。

步骤 4：投影图更新（降低阈值以更新投影图，若生成较大尺寸的连通区域则转至步骤 3，否则转至步骤 5）。

步骤 5：建筑立面生成（根据检测到的线段及其对应的空间点生成建筑立面）。

PBFD 算法的主要创新之处如下：

（1）将大规模建筑立面检测问题转化为规模可控的线段检测问题，提高了问题求解的灵活性。

（2）利用融合结构先验的渐近式多线段检测方法提高了线段检测的精度与效率。

（3）利用融合几何信息、结构先验与结构复杂度的直线可靠性度量提高了直线检测的可靠性。

下文将对以上步骤中的关键环节进行描述。

一、投影图生成

在理想情况下，对于位于同一建筑立面上的空间点，不但其中的多个空间点投影至地面同一位置（同一位置较小邻域内）的概率较高，而且所有空间点在地面上的投影（下文简称地面点）也较为集中并沿直线分布；相对而言，位于非建筑立面上的空间点对应的地面点则较为分散。在实际中，由于噪声点的存在及计算偏差的影响，将初始空间点投影至地面后，根据地面点横纵坐标的范围可构建由地面点构成的初始投影图；如图 6.2（c）所示，在初始投影图中，与建筑立面对应的大多数地面点（约 94%）与数量较多的空间点相对应（多个空间点投影至同一地面点）且聚集成矩形状甚至点状（通常由稀疏空间点投影所致）的连通区域，而与非建筑立面对应的地面点则与数量较少的空间点（如空间点与地面点一一对应）相对应且分散于建筑立面对应地面点的附近。

根据以上分析，如图 6.2（d）所示，通过在聚集的地面点中检测线段，可确定与建筑立面相对应的直线，进而可根据直线的垂线与投影至线段上的空间点确定相应的建筑立面。考虑到后续环节整体线段检测的效率，本章对每个地

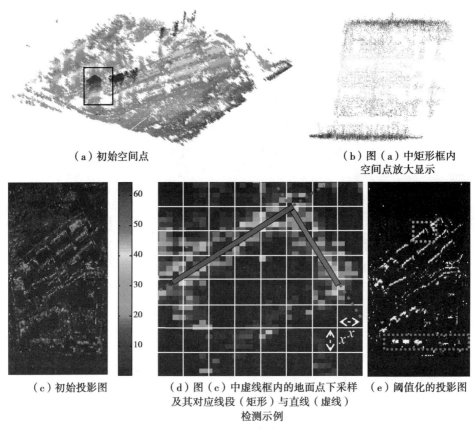

（a）初始空间点　　　　　　　　　　　　　　　　（b）图（a）中矩形框内
　　　　　　　　　　　　　　　　　　　　　　　　空间点放大显示

（c）初始投影图　　　（d）图（c）中虚线框内的地面点下采样　（e）阈值化的投影图
　　　　　　　　　　　及其对应线段（矩形）与直线（虚线）
　　　　　　　　　　　　　　　　检测示例

图 6.2　投影图生成

面点对应空间点的数量进行了统计，并利用尺寸为 $x \times x$ 的单元格对地面点进行分组（下采样），进而通过将每个单元格内地面点对应空间点数的最大值作为该单元格的"像素值"而生成一幅由单元格为基本构成单元（下文简称像素）的投影图。在实验中发现，尺寸较大的单元格有助于连接相近的地面点（抵制噪声点对应的地面点）并提高线段检测的效率，但却不利于突出线段的结构以提高线段检测的精度（如采用尺寸为 2×2 单元格的效率比尺寸为 1×1 的单元格的效率要高 4 倍左右，但所检测线段的精度要低 3%）。此外，为进一步降低噪声点或非建筑立面对应地面点对后续环节线段检测的影响，本章通过调整可变阈值（下文简称投影阈值）的方式（每次降低为当前值的一半）更新投影图中像素的数量；如图 6.2（e）所示，将投影阈值的初值设置为所有像素对应"像素值"平均值的两倍后，"像素值"较小的像素被滤除，而"像素值"较大的像素则聚集而成相互独立且具有明显线段结构特征的连通区域。事实上，此类连通区域包含的线段通常与主要建筑立面相对应且易于被检测，以此可构造特定的约束条件以实现潜在建筑立面对应线段的检测。另外，"像素值"较小的像素虽暂时被滤除，但当投影阈值降低而将其呈现后，由此生成的连通区域仍可能包含潜在的线段，因而需要在已检测线段的基础上对此类线段进行检测。

二、主线段检测

在图 6.2（e）所示阈值化的投影图中，连通区域通常具有以下特征：①单个连通区域包含 1~2 个线段且多个线段之间具有特定的夹角（如黄色虚线框内区域）；②相邻连通区域以较大概率位于同一直线上或具有特定夹角的多个直线上（如绿色虚线框内区域）。因此，本章首先在每个连通区域内检测具有明显线段结构特征的主线段，然后以此为基础进一步检测潜在的线段。

由于主线段结构特征较为明显，如图 6.3（a）所示，采用常规的线段检测算法（如 LSD 算法[140]）即可获得较好的效果。然而，如图 6.3（b）所示，由于噪声点的影响，连通区域内的像素往往并不完全位于同一直线，进而易导致在同一连通区域内检测到多个相近线段的冗余问题。此外，不同连通区域内检测到的线段也存在其所在直线（如斜率与截距相近）冗余问题。

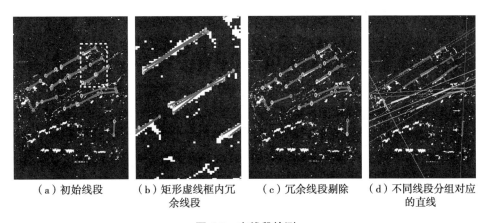

（a）初始线段　（b）矩形虚线框内冗余线段　（c）冗余线段剔除　（d）不同线段分组对应的直线

图 6.3　主线段检测

为解决此问题，本章首先定义以下标准度量线段相对连通区域的可靠性：

$$R(l, P_c^l) = \frac{1}{|P_c|} \sum_{i \in P_c} \delta(d(i, l) < \theta) \tag{6.1}$$

式中，l 与 c 分别表示当前线段（直线）与连通区域，P_c 与 $|P_c|$ 分别表示连通区域 c 内像素集与像素总数，$d(i, l)$ 表示像素 i 到线段 l 所在直线的距离，θ 为距离阈值（设置为 1），P_c^l 表示满足 $d(i, l) < \theta$ 条件的像素集合，δ（·）函数当条件为真时取值为 1，否则取值为 0。

在式（6.1）的基础上，本章采用以下步骤对冗余线段或直线进行剔除：

（1）连通区域内冗余线段的剔除：对于在同一连通区域检测到的多条线段，首先在每个线段上通过均匀采样的方式生成点集，然后利用 Hausdorff 距离[141]度量两两线段对应点集之间的距离；若该距离小于指定阈值（设置为 5），如图 6.3（c）所示，则将当前两线段视为相近线段并从中选择 $R(l, P_c^l)$ 最小者作为冗余线段剔除。

（2）连通区域间冗余直线剔除：对于每个连通区域内剔除冗余线段后保留的线段，首先将所在直线具有相近斜率的线段划分为同一组（不同组对应倾角之间的最小差异设置为 10^0）并求取该组内所有线段所在直线斜率的平均值，然后根据该斜率平均值与该组内所有线段的质心确定相应的平行直线；而对于多条通过多个相同连通区域 $\{c_i\}_{i=1}^n$ 的平行直线，本章通过以下标准从中选择最优直线而将其他直线作为冗余直线剔除：

$$\ell^* = \max_{l \in \mathcal{L}} R(\ell, P_\phi^l) \tag{6.2}$$

式中，ϕ 为连通区域集中元素的并集（$\phi = \mathrm{U}_{i=1}^n c_i$），$\mathcal{L}$ 与 l^* 分别为平面直线集与最优直线。

图 6.3（d）所示为最终确定的最优直线，从中不难发现，其在空间结构上基本与主要建筑立面相对应，因而有利于约束或引导后续环节的潜在线段检测过程以产生可靠的结果。为此，如图 6.4（a）所示，本章进一步将其在连通区域内的部分作为该连通区域内检测到的线段，并替换质心在其上的原线段，进而实现整体主线段的规则化。

三、潜在线段检测

在图 6.4（a）所示规则化线段的基础上，本章进一步在连通区域内与连通区域之间检测潜在的线段。

（一）连通区域内潜在线段检测

根据建筑立面之间具有特定夹角的结构先验，本章将连通区域内潜在线段检测限定于与主线段具有特定夹角的方向上进行，进而提高整体线段检测

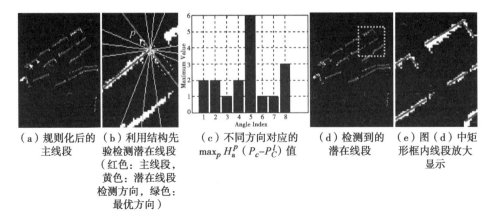

（a）规则化后的 主线段

（b）利用结构先 验检测潜在线段 （红色：主线段， 黄色：潜在线段 检测方向，绿色： 最优方向）

（c）不同方向对应的 $\max_p H_a^p\left(P_c-P_C^l\right)$ 值

（d）检测到的 潜在线段

（e）图（d）中矩 形框内线段放大 显示

图 6.4 连通区域内潜在线段检测

的效率与可靠性。为此，如图 6.4（b）所示，本章通过建筑立面间常见夹角 （$A=\left[\,0°,\ 30°,\ 45°,\ 60°,\ 90°,\ 120°,\ 145°,\ 150°\,\right]$）设定潜在线段检测方 向并利用以下标准从中确定最优潜在线段：

$$\ell(a^*)=\max_{a\in A}\max_p H_a^p(P_c-P_C^l) \tag{6.3}$$

式中，$H_a^p\left(P_c-P_C^l\right)$ 表示像素集 $P_c-P_C^l$ 在由角度 a 确定的潜在线段检测方向 上投影至点 p 的像素数量［见图 6.4（b）中矩形虚线框中的多个像素沿箭头方向 在点 p 的投影］，$\ell(a^*)$ 为最终确定的与主线段 l 具有最优夹角 a^* 的最优直线。

图 6.4（c）是集合 $P_c-P_C^l$ 中的像素在不同潜在线段检测方向上不同投影点 对应像素数量的最大值对比情况；从中可以发现，与主线段夹角 90° 的潜在线 段检测方向上，集合 $P_c-P_C^l$ 中的像素较为聚集，因而可确定在该方向上存在潜 在线段。由于结构先验的约束，如图 6.4（d）~（e）所示，最终在所有连通区 域内检测的潜在线段（相应直线在连通区域内的部分）较为可靠。

（二）连通区域间潜在线段检测

在已检测线段（包括主线段与潜在线段）及相应连通区域（设为 M）的 基础上，本章进一步在未检测线段的连通区域（设为 $\overline{M}$）内检测潜在的线段。 由于集合 $\overline{M}$ 中的连通区域不具有明显的线段结构特征，因而需要根据已检测 线段所在直线为其分配最优直线，进而确定其相应的线段。为此，本章利用连 通区域间冗余线段剔除方法对集合 M 内连通区域对应的已检测线段进行分组 以生成直线集 L，进而定义以下标准为集合 $\overline{M}$ 中的连通区域分配最优直线：

$$E(c,\ell_c)=E_{data}(c,\ell_c)+\alpha\cdot\min_{m\in N(c)}E_{regularization}(\ell_c,\ell_m)+\beta\cdot E_{complexity}(\ell_c) \tag{6.4}$$

式中，l_c 表示当前为连通区域 $c \in \overline{M}$ 分配的直线，$N(c)$ 表示与连通区域 c 相邻的集合 M 中的连通区域，$E_{data}(\cdot)$、$E_{regularization}(\cdot)$ 与 $E_{complexity}(\cdot)$ 分别表示数据项、规则化项与复杂度项，α 与 β 分别为相应的权重（分别设置为 0.7 与 0.3）。

（1）数据项。数据项用于度量为连通区域 c 分配直线 ℓ_c 的代价，其定义为

$$E_{data}(c, \ell_c) = 1 - R(\ell_c, P_c^{\ell_c}) \tag{6.5}$$

式中，$R(\ell_c, P_c^{\ell_c})$ 为式（7.1）定义的线段可靠性度量。

（2）规则化项。规则化项用于增强相邻连通区域内的线段所在直线之间具有特定夹角的特征，其定义为

$$E_{regularization}(\ell_c, \ell_m) = \begin{cases} \exp\left(-\dfrac{D(c, m)}{\sigma}\right) & \langle \ell_c, \ell_m \rangle \notin A \\ 0 & \text{otherwise} \end{cases} \tag{6.6}$$

式中，$D(c, m)$ 表示相邻连通区域 c 与 m 内像素之间的最小距离，$\langle \ell_c, \ell_m \rangle$ 为线段 l_c 与 l_m 之间的夹角，参数 σ 用于控制直线 ℓ_c 不满足规则化条件的惩罚强度（设置为 10）。

（3）复杂度项。复杂度项用于生成以最少直线拟合全部连通区域的精简结构，其定义为

$$E_{complexity}(\ell_c) = 1 - \frac{1}{|K|} \sum_{r \in K} \delta\left(R\left(\ell_c, P_r^{\ell_c}\right) > \vartheta\right) \tag{6.7}$$

式中，K 与 $|K|$ 分别为所有连通区域集合与相应的总数，阈值 ϑ 控制复杂度惩罚强度（设置为 0.9）。

在式（6.4）的基础上，如图 6.5（a）所示，对于当前连通区域 $c \in \overline{M}$，本章根据连通区域的质心并利用 Delaunay 三角化方法确定与其相邻的连通区域，进而为其分配最小 $E(c, \ell_c)$ 值对应的最优直线（最优直线在连通区域内部的线段）。在此过程中，对于计算 $E(c, \ell_c)$ 值时的候选直线集，本章根据集合 $N(c)$ 内连通区域相应线段所在直线与结构先验生成，进而缩小最优直线的搜索空间而提高整体效率与可靠性。

此外，为提高连通区域相应直线推断的整体可靠性，本章定义以下连通区域对应直线推断优先级：

$$P(c) = |N(c)| \cdot R(c) \tag{6.8}$$

式中，$|N(c)|$ 表示与连通区域 c 相邻的集合 M 内连通区域的数量，$R(c)$

表示包含连通区域 c 的最小矩形的最长边与最短边之比。

式（6.8）表示，若连通区域 $c \in \overline{M}$ 具有明显的线段结构，且可通过较多已检测线段构建其潜在线段检测空间，则应优先为其推断相应的直线，进而可提高集合 $\overline{M}$ 中其他连通区域对应潜在线段检测的可靠性。

总体上，连通区域间潜在线段检测过程如算法 1 所示（见表 6.1）。

表 6.1　算法 1：连通区域间潜在线段检测

1：从集合 $\overline{M}$ 中选择具有最高优先级的连通区域 c。
2：根据集合 $N(c)$ 内连通区域相应线段与结构先验生成候选直线。
3：根据式（4）为连通区域 c 分配最优直线。
4：将连通区域 c 移入集合 M 并转到至步骤 1。
5：若集合 $\overline{M}$ 为空则输出集合 M 中更新的连通区域及相应的线段。

根据算法 1，如图 6.5（b）所示，集合 $\overline{M}$ 中的每个连通区域均可被分配一个可靠的直线。图 6.5（c）所示为在当前阈值化投影图中检测的潜在线段映射至原投影图中的结果，从中可以看出，连通区域内与连通区域间检测的线段较为一致，整体可靠性较高。需要注意的是，集合 $\overline{M}$ 中的连通区域通常由位于建筑立面上的稀疏且不均匀的团形结构空间点投影生成，通过与其相邻的集合 M 内连通区域相应线段的约束推断其对应的潜在线段，则可为相应团形结构空间点分配可靠的平面，这对后期构建完整的建筑模型具有重要的作用。

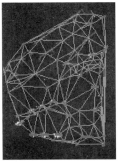

（a）根据当前连通区域（黄色方形）的相邻连通区域（红色圆形）对应的线段为其分配最优线段（红色）示例

（b）算法1检测到的潜在线段（红色）及图（a）对应的示例（黄色虚线框）

（c）将当前投影图中检测的潜在线段映射至初始投影图

（d）最终的检测的潜在线段（绿色：投影图更新后在新生成连通区域内检测的线段）

图 6.5　连通区域间潜在线段检测（灰色：已检测线段的连通区域）

根据 PBFD 算法步骤，当降低投影阈值而更新投影图后，如图 6.4（d）所示，采用算法 1 仍可从新产生的连通区域中检测出一定数量的潜在线段。需要注意的是，在不同阈值化投影图及同一阈值化投影图的不同阶段中所检测的潜在线段间可能存在冗余，因而需要进一步采用连通区域间冗余线段剔除方法对最终检测的潜在线段进行规则化处理；如图 6.6（a）所示，此过程生成的直线较可靠地确定了建筑立面所在位置。在此实验中，本章也尝试采用文献［132］提出的 CONSAC 多模型（直线）拟合算法对阈值化投影图中的直线进行了检测，如图 6.6（b）所示，由于较多像素未沿直线分布及噪声的影响，其结果并不理想（如所检测直线与真实直线存在偏差、检测直线较少等）。

（a）PBFD算法冗余线段剔除步骤生成的直线（不同斜率的直线用不同颜色表示，与直线相同颜色的圆形表示直线上线段质心）　（b）CONSAC算法检测的直线（与直线具有相同颜色的圆点表示相应直线的内点）

图 6.6　不同算法检测的直线

四、建筑立面生成

由于在投影图中检测的线段与建筑立面相对应，因而建筑立面可通过对应线段的垂线（建筑立面法向量）及任意一个投影至该线段上的空间点确定。如图 6.7（a）~（b）所示，在投影图中检测到的线段 l_1 与 l_2 所在直线分别为 ℓ_1 与 ℓ_2，而直线 ℓ_1 与 ℓ_2 的垂线则确定了其对应建筑立面 H_1 与 H_2 的法向量 n_1 与 n_2；因而，建筑立面 H_1 与 H_2 可分别根据其法向量 n_1 与 n_2 以及投影

至线段 l_1 与 l_2 上的空间点 p_1 与 p_2 直接确定，从而避免了传统耗时的平面拟合过程。需要注意的是，图 6.7（b）中的红色与绿色矩形分别为投影至线段 l_1 与 l_2 上的空间点在建筑立面 H_1 与 H_2 上最大矩形包围区域。

 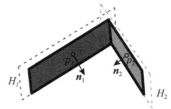

（a）根据图7.2（d）中的直线　　　　（b）根据建筑立面法向量 $\boldsymbol{n}_1$ 与 $\boldsymbol{n}_2$
ℓ_1 与 ℓ_2 确定建筑立面法向量 $\boldsymbol{n}_1$ 与 $\boldsymbol{n}_2$　　以及投影至线段 l_1 与 l_2 上的空间点
　　　　　　　　　　　　　　　　p_1 与 p_2 生成建筑立面 H_1 与 H_2

图 6.7　平面生成示例

为增强最终生成的建筑立面的可视化效果，本章将投影至线段上的空间点及其在对应建筑立面上区域进行了叠加显示。如图 6.8（a）所示，两者在空间结构上较为一致，表明最终生成的建筑立面具有较高的可靠性。此外，由于此过程避免了较为耗时的平面拟合，因而也具有较高的效率。图 6.8（c）~（d）所示为最终生成的建筑立面在两个不同视点下的效果，可以看出，其在整体上表达了建筑立面基本结构与相互之间的关系，对后期初始空间点的规则化处理或建筑建模具有较好的辅助作用。

（a）投影至不同线段上的空间点及其在对应建筑立面上的区域　　　　（b）图（a）中
矩形框内平面
与空间点的顶视图

图 6.8　最终生成的建筑立面

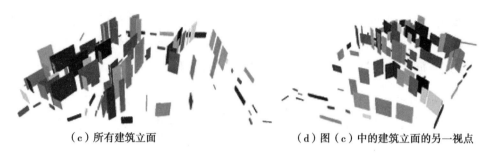

（c）所有建筑立面 　　　　　　　　（d）图（c）中的建筑立面的另一视点

图 6.8　最终生成的建筑立面（续图）

第三节　实验评估

为验证 PBFD 算法的可行性与有效性，除前文描述的"峨嵋"数据之外，本章进一步采用"运城"数据[142]进行实验与分析。两个数据相应的点云由中科院空天院研制的阵列 InSAR 三维成像系统采集（"峨嵋"与"运城"数据对应的通道数分别为 12 与 8、带宽分别为 810 MHz 与 500 MHz）的 SAR 数据通过幅相误差补偿、基于邻域约束的稀疏重建等步骤生成；整体上，点云规模较大且存在部分建筑结构对应空间点缺失、噪声等问题；在建筑基本结构上，如图 6.9 所示，两数据相应建筑的相邻立面多以特定角度（如 90°）相交，具有一定的规则性。

峨嵋 　　　　　　　　　　　　　　　　运城

图 6.9　光学图像示例

本章实验环境为 64 位 Windows 7 操作系统（Intel 4.0 GHz 四核处理器与 32G 内存），算法采用 Matlab 语言实现。

一、参数设置

在"峨嵋"与"运城"数据的实验中，PBFD 算法采用相同的参数设置，具体设置方式如下：

在投影图生成中，在初始投影图的基础上，通过降低投影阈值可生成不同的投影图以探测其中的潜在线段，本章将投影阈值逐次降低为当前值的 0.4~0.7 倍数时，所生成的投影图偏差不大，因而将其设置为 0.5；此外，不同单元格的尺寸对应的线段检测效率与精度不同（单元格尺寸越大，线段检测效率越高而精度却相对越低），在本章实验中，统一采用 2×2 尺寸的单元格。

在主线段检测中，距离阈值 θ 设置较小易产生较少的主线段，而设置过大可能产生较多的不可靠主线段；与此类似，两线段对应点集之间的距离阈值与不同线段组之间的倾角阈值设置过小或过大均可能导致部分冗余线段剔除失败、合并较多相近线段而不易检测潜在线段等问题。为此，本章综合考虑了主线段的可靠性、点云噪声水平与单元格尺寸等多个因素的影响，将其分别设置为 1、5 与 10（如在主线段较可靠而噪声水平较高且单元格尺寸较大时可采用偏大的阈值，否则采用偏小的阈值）时本章算法在两个数据集的实验中均获得了较好的效果。

在潜在线段检测中，本章算法通过融合结构先验与整体线段复杂度的方式推断小尺寸连通区域对应的直线。为确定相应的权重 α 与 β，本章根据相邻连通区域之间的距离、连通区域与其可能所在直线之间的距离等值确定参数 σ 与阈值 ϑ。具体而言，参数 σ 以所有相邻连通区域最小距离的最大值作为参考值而设置以控制直线不满足规则化条件的惩罚强度。此外，阈值 ϑ 越大，表示连通区域位于当前直线上的像素越多，若此类连通区域较大，表明当前直线较可靠，因而应给予较小的惩罚量。综合考虑，本章将参数 σ 与阈值 ϑ 分别设置为 10 与 0.9；在此基础上，本章以 0.1 的步长遍历区间 $[0, 1]$ 内每个值并赋予权重 α，然后在权重 α 的每个取值时采用同样的遍历方式调整权重 β 并输出最高的精确度，具体结果如图 6.10 所示。

从图 6.10 中可以发现，权重 α 与 β 在分别取 $[0.6, 0.7]$ 与 $[0.3, 0.4]$ 时精确度基本偏差不大。事实上，较大的权重趋向于强制为相邻的连通区域分配相同的直线，而较小的权重易导致不可靠的直线，本章最终将其分别设置为 0.7 与 0.3。

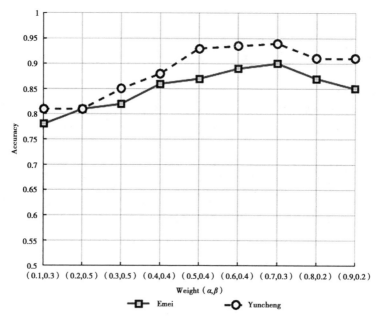

图 6.10　不同权重对应的精度

二、评估标准

为定量评价 PBFD 算法的性能，本章将初始空间点全部投影至地面后手工标注建筑立面对应的直线（设为 $\mathcal{L}$）并以此作为真值；对于在投影图中检测到的线段 l，则利用以下标准度量其可靠性：

$$M(l) = \min_{l \in \mathcal{L}} \overline{D}(l, l) < \in \qquad (6.9)$$

式中，$\overline{D}(l, \ell)$ 表示线段 l 的两个端点与直线 ℓ 之间距离的平均值，$\in$ 为距离阈值（设置为 1）。

相应地，对于在投影图中检测到的直线，本章将其在投影图中的部分视为线段后利用式（6.9）度量其可靠性；在此基础上，利用"线段数—分组数—直线数"（N–G–L：检测出的线段总数—不同直线上的线段分组总数—检测出的直线总数）、精确度（P：推断的直线中正确直线所占比例）、召回率（R：推断正确的直线与所有真实直线的比例）与 F1 值（精确度与召回率的调和平均值）评价在投影图中检测到直线集的可靠性。

最终的实验数据基本信息如表 6.2 所示。

表 6.2　数据基本信息

数据集	空间点	初始地面点	真实直线数
峨嵋	1338K	2955	55
运城	1693K	3193	40

三、结果分析

PBFD 算法将三维空间的平面拟合问题转化为二维空间的线段检测问题进行求解，在由初始空间点生成的投影图中，通过结构先验的引导并采用渐近式的线段检测方式有利于提高整体效率与可靠性。对于如图 6.11（a）所示的初始空间点，由于其相应地面点构成的连通区域具有明显的线段结构特征。如图 6.11（b）~（c）所示，PBFD 算法可有效检测其中的主线段。在此基础上，如图 6.11（d）~（e）所示，利用已检测线段与结构先验构造当前线段的检测空间，则可在连通区域内与连通区域间检测出更多可靠的潜在线段［如图 6.8（d）中矩形框内的短线段及图 6.11（e）所示的绿色线段］。

类似于"峨嵋"数据，在此实验中，本章也采用 CONSAC 多模型拟合算法对阈值化投影图中的像素进行拟合以生成相应的直线，如图 6.12 所示，该算法检测出的直线不但与真实直线存在偏差，而且数量较少；相对而言，PBFD 算法通过已检测直线与结构先验的约束，则获得了较多的可靠直线。

（a）初始空间点

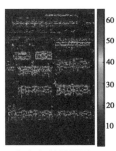

（b）初始投影图

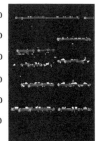

（c）主线段检测

图 6.11　平面检测

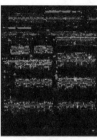

（d）连通区域内　　（e）连通区域间　　（f）由线段生成的平面及相应的空间点　　（g）图（f）
　检测到的线段　　　检测到的线段　　　　　　　　　　　　　　　　　　　　中矩形框内
　（黄色）　　　　　（绿色）　　　　　　　　　　　　　　　　　　　　　平面与空间
　　　　　　　　　　　　　　　　　　　　　　　　　　　　　　　　　　点顶视图

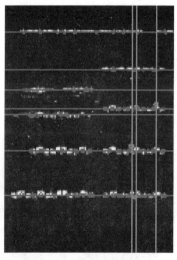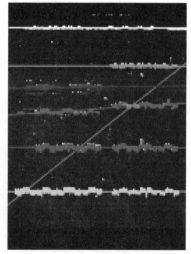

（h）所有平面的两个视点　　　　　　　　（i）所有平面的两个视点

图 6.11　平面检测（续图）

（a）PBFD算法冗余线段　　　　　　（b）CONSAC算法检测的直线
　剽除环节生成的直线

图 6.12　不同算法检测的直线

表 6.3 是 PBFD 算法的定量结果（Stage–Ⅰ、Stage–Ⅱ与 Stage–Ⅲ分别表示主线段检测、连通区域内与连通区域间线段检测、投影图更新后的线段检测）。从中可以看出，在 Stage–Ⅰ中，由于连通区域具有明显的线段结构特征，因而线段检测准确率较高；在 Stage–Ⅱ与 Stage–Ⅲ阶段，由于噪声点的影响，其线段检测准确率略有下降，但相应的召回率与 F1 值逐步增大，表明 PBFD 算法仍可检测出较多的可靠线段。相对而言，CONSAC 算法虽可从投影图中检测出主要直线，但其在探测潜在线段时的性能较弱，因而相应的召回率与 F1 值较低。

表 6.3　不同算法的精度

数据集	PBFD												CONSAC		
	Stage–Ⅰ				Stage–Ⅱ				Stage–Ⅲ						
	N–G–L	P	R	F1	N–G–L	P	R	F1	N–G–L	P	R	F1	P	R	F1
峨嵋	33–5–12	1	0.22	0.36	83–7–43	0.94	0.73	0.82	109–7–57	0.90	0.93	0.91	0.79	0.24	0.37
运城	27–1–7	1	0.18	0.31	71–2–25	0.97	0.60	0.74	86–2–34	0.94	0.8	0.86	0.86	0.15	0.26

此外，如表 6.4 所示（INI 表示空间点投影与地面点下采样等预处理，LP 表示由线段生成平面，灰色表示不同算法针对相同像素进行线段检测的时间），相对于直接对空间点进行平面拟合，PBFD 算法采用了计算复杂度更低的线段检测（待确定的线段参数少且投影图中的像素也较少）方式实现平面的检测，同时利用已检测线段与结构先验对线段检测过程进行约束或引导，因而其整体效率也较高。

表 6.4　不同算法运行时间

单位：秒

数据集	PBFD						CONSAC
	INI	Stage–Ⅰ	Stage–Ⅱ	Stage–Ⅲ	LP	Total	
峨嵋	2.1	2.4	3.1	2.5	1.7	11.8	7.3
运城	1.8	3.1	4.3	2.0	1.5	12.7	9.5

需要注意的是，针对 INI 阶段生成像素的直线检测，如表 6.3 与表 6.4 所示，PBFD 算法在 Stage–Ⅰ与 Stage–Ⅱ两阶段的总耗时低于 CONSAC 算法的

耗时,而其精度却明显高于 CONSAC 算法的精度。此外,通过更新投影图,PBFD 算法在 Stage-Ⅲ 阶段可检测出更多直线且精度仍高于 CONSAC 算法。整体上,PBFD 算法在三个阶段总耗时与 CONSAC 算法基本相当,但却可检测出更多的可靠直线。

根据以上实验分析,PBFD 算法通过采用基于结构先验的线段渐近式检测方式实现平面的检测,可有效克服初始空间点数量及噪声的影响,整体上具有较高的性能。

第四节　本章小结

针对从海量、带噪阵列 InSAR 空间点中检测建筑立面问题,本章将其转化为由空间点生成的投影图中的线段检测问题进行求解。其中,连通区域内与连通区域间的渐近式线段检测过程以及根据结构先验构造的线段检测约束空间有效保障了其整性效率与可靠性。实验表明,本章算法不但对空间点数量与噪声水平具有较好的适应性,而且所检测平面数量较多且可靠性较高。

本章算法的不足亟待改进之处在于:①仅对建筑立面进行检测而未考虑建筑顶平面;②未对缺失空间点的建筑区域对应平面进行推断;③过于稀疏的点云(初始投影图中具有明显线段结构特征的连通区域较少)可能导致所检测到的主线段较少而影响整体建筑立面检测的可靠性。针对此问题,可考虑采用将初始空间点投影至已检测建筑立面、全局平面优化、基于学习的点云稠密化等方法进行解决;在此基础上,通过融合更有效的结构先验(如长方体模型)、InSAR 图像信息与基于学习的空间点特征将有望获得更好的效果。

第七章　基于稀疏空间点与协同优化的多视图三维建筑重建

在基于图像的城市场景三维重建中，场景分段平面重建算法可以克服场景中的弱纹理、光照变化等因素的影响而快速重建场景完整的近似结构。然而，在初始空间点较为稀疏、候选平面集不完备、图像过分割质量较低等问题存在时，其可靠性往往较低。为了解决此问题，本章根据城市场景的结构特征构造一种新颖的融合场景结构先验、空间点可见性与颜色相似性的平面可靠性度量，然后采用图像区域与相应平面协同优化的方式对场景结构进行推断。实验结果表明，本章算法利用稀疏空间点即可有效重建出场景完整且可靠的结构，整体上具有较高的精度与效率。

第一节　问题分析

在利用多幅图像重建三维场景结构中，场景分段平面重建算法通常可有效解决像素级重建算法存在的匹配多义性（如在弱纹理区域）问题而快速生成场景完整的近似结构，在城市规划、虚拟旅游、驾驶导航等领域有广泛的应用。在实际中，由于场景结构的复杂性以及诸多干扰因素（如光照变化、透视畸变等）的影响，场景分段平面重建算法的可靠性与效率往往较低。

在相关工作中，平面扫描算法[98]通常在利用图像底层特征构造的平面可靠性度量基础上采用究举方式确定每个超像素对应的平面。然而，由于扫描空间不易确定，其计算效率与可靠性均难以得到保证。为了克服此问题，Furukawa 等假定场景中的空间点或空间平面总是沿三个正交的场景主方向分布（Manhattan-world 场景模型），进而在由 PMVS 算法[3]获取的具有方向的初始空间点的基础上，在 MRF 框架下推断完整的场景结构[84]。然而，由于算法所依赖的场景模型过于简单，在复杂场景的重建中往往会产生较大的错误（例如，当场景中的空间面片对应的真实平面的法向量与所有场景主方向均不一致时，该空间面片会被分配一个错误的平面）。同样，Gallup 等采用的沿多个场景主方向进行平面扫描方法[94]以及 Mičušík 等在由消影点检测方式获得的三个场景主方向上进行场景结构推断的方法[85]也面临着类似的问题。事实上，简单地对场景的结构（如主方向数量）进行限制或约束很难适于具有复杂结构的场景重建。类似地，Sinha 首先采用传统的 SfM（Structure from Motion）方法及直线重建方法获取初始空间点及线段，然后以此构造场景结构推断时采用的候选平面集[106]。然而，在具有复杂结构的场景重建中，由于初始空间点与直线比较稀疏，该算法通常会遗漏较多的场景结构细节而重建出过于简单的场景结构；此外，该算法中的图像校正与穷举式的平面拟合等过程也会使得其适应性与效率较低。Chauve 通过在初始空间点云的基础上利用区域增长的方式获取候选平面，然后根据场景中每个空间面片相对于平面的位置而采用类似体素重建的方式对其状态进行标注以获取完整的场景结果[108]。在实际中，当初始空间点云较为稀疏且噪声较大时，区域增长方法的可靠性往往不易得到保证，算法的整体性能可能受到较大的影响。Bodis-Szomoru 等在初始稀疏空间点与图像过分割获得的超像素的基础上在 MRF 框架下推断场景的完整结构[116]。该算法虽然速度较快，但其为了通过空间点拟合的方式获取每个超像素对应的初始平面而采用了较大尺寸的超像素，这在实际中往往会导致算法的可靠性较差。事实上，尺寸较大的超像素对应的空间点深度变化通常较大，相应的空间面片并不能简单地近似为平面。此外，如果场景中存在较多难以获得空间点的区域（如弱纹理区域），即使采用尺寸较大的超像素，可能也难以满足算法所依赖的假设，进而难以获得较好结果。Verleysen 首先利用 DAISY 特征[72]描述子进行图像匹配以生成稠密的空间点，然后在此基础上抽取候选平面集以完成 MRF 框架下的场景结构的推断[43]。相对而言，由于稠密空间点通常蕴含场景更丰富的结构信息，由其生成的候选平面集往往具有较高的完备性，因而可有效保证后续环节场景结构推断的可靠性。然而，由于图像稠密匹配非常耗时，因而该算法整体效率较低。Antunes 首先采用基本对称性度量的方法估计虚拟分割平面上空间点的可靠性，并通过检测线段的方式产生候选平面集，然后在 MRF 框架下推断了每个像素对应的最优平面[143]；Raposo 在此基础上交替采用 MRF 能量优化与集束优化方法对其结果与相机参数进行了优化[144]。此类方法虽然在一定程度上可克服弱纹理区域、光照变化等因素对场景重建过程的影响，但仍会由于候选平面完备性、正则化可靠性等问题导致较大的错误。

从原理上而言，场景分段平面重建算法通常假设图像中属性（如颜色）相近像素构成的区域所对应的空间面片由平面近似，进而将图像分割为若干互不重叠的区域（超像素），然后采用全局优化方法推断每个超像素对应的最优平面，其过程通常包括三个步骤：①将图像分割为多个互不交叠的区域（超像素）；②利用初始空间点、线段等信息获取超像素对应的候选平面集；③利用全局优化方法推断超像素对应的最优平面，进而获得场景完整的分段平面结构。在实际中，此类算法虽然可获得场景完整的近似结构，但也存在以下问题导致其可靠性与精度较低。

一、不精确的图像分割

从根本上而言，在场景重建中采用场景分段平面假设的目的在于利用更丰富的场景结构先验（如平面结构）克服像素级场景重建中的匹配多义性问题以获取更完整的场景结构。然而，如图 7.1 所示，当前的图像过分割算法（如 Mean-shift、SLIC[145]）通常仅利用图像底层特征对其进行分割，所获得的超像素往往并不与场景结构相契合，因而会影响场景重建的可靠性。这主要表现在：①超像素尺寸较小时，匹配多义性问题依然较为严重，因而不利于场景结构的推断；②超像素尺寸较大时，虽然有利于融入更多的场景结构先验以克服匹配多义性问题，但超像素对应的空间面片也可能由于深度变化较大而不能采用单个平面进行近似。此问题在属性相近（如颜色）的场景平面交叉的边缘处较为常见。如图 7.1 所示，Mean-shift 算法获得的超像素在尺寸上与场景结构较为相应，但存在部分超像素对应的场景面片跨越多个平面的情况；相对而言，SLIC 算法获得的超像素在尺寸上较为均衡，但也可能因此导致区域的匹配多义性问题（如颜色单一的天空区域被分割为多个超像素），而且也存在与 Mean-shift 算法类似的问题。

事实上，超像素的尺寸只有最大限度地与对应的场景面片的结构保持一致性时（单一平面上的场景面片对应超像素的尺寸应尽可能最大），后续环节的场景平面推断的可靠性才可能得到有效的保证。

二、不完备的候选平面集

候选平面集的可靠性是后续环节场景完整结构推断的基础，不完备的候选平面集（候选平面集未包含场景所有可能的平面）或候选平面集中包含较

（a）Mean-shift的结果　　　　（b）SLIC的结果　　　　（c）超像素示例（实线与虚线
矩形框超像素分别对应
Mean-shift与SLIC的结果）

图 7.1　图像过分割质量问题

多的外点，均会对场景结构推断的可靠性造成较大的影响（如超像素对应的真实平面不包含于候选平面集时却被分配了候选平面中被认为"最优"的错误平面）。

在实际中，由于场景结构的复杂性，利用初始稀疏甚至稠密空间点往往不易获得完备的候选平面集（如拟合超像素对应的初始空间点），这将对后续环节场景结构的推断可靠性造成较大的影响（如当前超像素对应的真实平面并不包含于候选平面集中而被分配了错误的平面）。例如，虽然可以拟合纹理丰富区域的超像素对应的空间点以构造候选平面集，但尚未重建空间点的弱纹理区域的超像素却很难确定相应的平面，因而很难保证候选平面集的完备性。

三、不可靠的场景结构优化函数

在全局优化框架下推断场景结构的过程中，相关优化函数的构造对结果具有重要的影响。然而，在实际中，优化函数的构造通常存在以下问题：

（1）平面可靠性的度量：在为超像素分配平面时，利用图像底层特征度量当前平面的可靠性是传统算法普遍采用的方式。然而，由于图像底层特征易受光照变化、噪声等因素的影响，此类平面可靠性度量往往很难保证场景结构推断的稳定性。

（2）规则化的可靠性：在场景结构推断过程中，虽然利用"具有相近特征的相邻超像素分配相同平面"的假设进行规范化有利于获得全局最优或近似最优的结果，但由于实际具有相似特征的相邻超像素并不一定具有相同的平面，此类硬性约束往往也导致算法在复杂情况下的适应性较差。

四、不必要的非建筑区域重建

在场景结构推断过程中，对于天空、地面等非建筑区域，相应超像素应当采用可靠的方式进行检测以避免不必要的结构推断影响场景重建的可靠性与效率，否则，整体算法的性能将受到较大的影响。

第二节　算法原理

为了解决以上问题，本章提出一种基于场景结构先验与协同优化的场景分段平面重建算法。本章算法在场景结构先验、空间点可见性与颜色相似性的基础上构造平面可靠性度量，采用图像区域与对应平面协同优化的方式对场景结构进行推断。实验结果表明，本章算法仅利用稀疏空间点即可有效重建场景完整的结构，整体上具有较高的性能。本章算法的基本流程如图 7.2 所示。

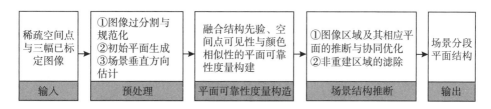

图 7.2　本章算法基本流程

本章算法的主要创新之处如下：

（1）利用场景结构先验与图像高层特征克服了候选平面集的完备性、图像过分割质量、规则化项等问题对场景重建过程的影响，提高了图像区域对应平面度量以及整体重建过程的可靠性。

（2）提出了一种融合空间点可见性、场景结构先验、图像底层与高层特征等信息的图像区域与对应平面协同优化的场景分段平面重建算法，利用稀疏空间点即可有效重建场景完整、准确的结构。

（3）针对场景重建中非重建区域（如天空、地面等），提出了相关可行的检测与滤除方法。

一、预处理

本章算法的预处理主要包括图像初始过分割、多平面拟合、场景垂直方向估计三部分。

（一）初始超像素生成

根据场景分段平面结构先验（具有相近特征的相邻像素属于相同的平面），本章采用 Mean-shift 图像过分割算法（其他图像过分割算法）将当前图像分割为若干互不重叠的区域（超像素）。为了克服低精度的超像素对场景重建过程的影响，本章把从图像中检测到的线段对部分超像素进行了规范化。如图 7.3（a）所示，在图像中检测出的线段所在的直线（下文简称直线）与场景结构具有较好的对应关系，而且具有较高的可靠性。因而，在场景重建前利用这些直线对超像素进行再分割有利于提高部分超像素分割精度。如图 7.3（b）所示，由于分别位于不同平面上的两个场景面片的特征（如颜色）较为相似，导致图像过分割时仅产生一个超像素（绿色）与其相对应；而通过图 7.3（a）所示直线规范化后，该超像素被划分为 3 个与场景结构更为契合的子超像素。

（a）线段（红色）检测　（b）超像素规范化　（c）超像素再分割　（d）相机（红点）、场景垂直方向（白色箭头）及地平面（规则网格）

图 7.3　超像素优化或再分割

在以上过程中，需要注意以下两点：①在线段检测时，许多重复线段（即在同一直线上）需要合并以减小计算复杂度。此外，为了进一步提高超像素的可靠性，需要利用不同斜率的线段（如垂直线段、水平线段等）对其进行规范化。②为了提高后续环节平面推断的可靠性与效率，对于超像素规范化与再分割产生的尺寸过小的子超像素（如内部像素数小于 10），应根据颜色相似度将其合并至其他超像素或子超像素。

（二）多平面拟合

为了后续环节采用图像区域与相应平面协同优化的方式推断场景的结构，本章首先利用多模型拟合算法[123]从初始稀疏空间点中抽取平面构建场景结构推断时的初始平面集。一般而言，由于初始空间点较为稀疏而且可能存在外点与噪声，初始平面集通常并不完备而且包含较多的外点。然而，其中的可靠平面却为场景中其他平面（如弱纹理区域对应的平面）的推断提供较好的参考或约束条件，因而是场景完整结构推断的基础。

（三）场景垂直方向估计

为了在场景重建过程中有效地融合场景结构先验，本章在线段检测的基础上，采用消影点检测方法[92]获取了场景的垂直方向。此外，由于场景中当前视点相机的位置已知，本章通过相机距离地平面的高度（如摄像车高度）与场景垂直方向确定了地平面。如图 7.3（d）所示，场景垂直方向（白色箭头）及地平面（规则网格）可为后续环节场景结构的推断提供较好的参考条件。

二、初始平面推断

为了克服超像素分割精度、候选平面集的完备性等因素对场景重建的影响，本章采用图像区域与相应平面协同优化的方式对场景结构进行推断。

平面可靠性度量。

已知当前图像 I_r 及其左、右相邻图像 $\{N_i\}$（$i=1$，2），对于超像素 $s \in I_r$，本章定义以下平面可靠性度量评价当前为其分配平面的可靠性：

$$E(s,H_s) = E_{data}(s,H_s) + \gamma \cdot \sum_{t \in \mathbb{N}(s)} E_{regular}(H_s,H_t) \tag{7.1}$$

式中，E_{data}（s，H_s）与 $E_{regular}$（H_s，H_t）分别表示数据项与正则项；H_s 表示当前为超像素 s 分配的平面（4维向量），$\mathbb{N}(s)$ 表示与超像素 s 相邻的可靠超像素（已获得可靠平面的超像素）集合，γ 为正则项权重。实验中发现，γ 设置过大将导致相邻超像素趋于获取相同的平面而不利于重建场景的结构细节，设置过小则不利于突出正则项的作用而导致较多的外点，而在区间 [0.4，0.75] 取值时，算法性能基本不变，本章因而将其设置为 0.6。

（1）数据项。数据项 E_{data}（s，H_s）度量了为超像素 $s \in I_r$ 分配平面 H_s 时的代价，主要根据图像颜色特征、空间点可见性等信息构造，具体定义为：

$$E_{data}(s,H_s) = \frac{1}{k \cdot |s|} \sum_{i=1}^{k} \sum_{p \in s} C_s(p,H_s,N_i) \tag{7.2}$$

在式（7.2）中，|s| 为超像素 s 内部所有像素的总数，而 C_s（p，H_s，H_i）定义为：

$$C_s(p,H_s,N_i) = \begin{cases} \min(\|I_r(p) - N_i(H_s(p))\|, \delta) & H_s(p) \in M \\ \lambda_{occ} & d(H_s(p)) > D(H_s(p)) \quad (7.3) \\ \lambda_{err} & d(H_s(p)) \leqslant D(H_s(p)) \end{cases}$$

式中，$H_s(p)$ 表示像素 $p \in s$ 反投影于平面 H_s 上的空间点在相邻图像 N_i 中的投影，$\|I_r(p) - N_i(H_s(p))\|$ 表示图像 I_r 中的像素 p 与相邻图像 N_i 中的像素 $H_s(p)$ 之间的规范化颜色（颜色值范围为 0~1）差异，δ 为截断阈值以增强颜色度量的可靠性（实验设置为 0.5）；k 为相邻图像数；M 为相邻图像 N_i 中待推断平面的区域，通常不包含任何空间点；$d(x)$ 与 $D(x)$ 分别为点 $x \not\in M$ 的当前深度值与可靠深度值。此外，由于 $H_s(p)$ 可能非整数位置，本章相应地采用了双线性插值运算。

式（7.3）表明，如果 $H_s(p) \in M$，则平面 H_s 更可能为超像素 s 对应的可靠平面，其可靠性通过颜色特征差异进行度量；如果 $H_s(p) \not\in M$，则当 $d(H_s(p)) > D(H_s(p))$ 或 $d(H_s(p)) \leqslant D(H_s(p))$ 时，与像素 p 对应的平面 H_s 上的空间点将被遮挡或导致可见性冲突，因而应给予不同的惩罚量。在本章实验中，相对于颜色特征差异，λ_{occ} 与 λ_{err} 分别设置为 2 与 4 时可获得较好的结果。

（2）正则化项。在实际中，对于城市场景，其结构除以平面为主外，平面之间的夹角通常是特定的及多样的（如 45°、90° 等），此结构先验往往有利于引导场景重建过程以获得更可靠的结果。为此，本章对传统算法所依赖的"具有相近特征的相邻超像素分配相同平面"的硬性假设进行了松弛化，进而将式（7.1）中的正则项定义为：

$$E_{regular}(H_s,H_t) = \begin{cases} C_{sim} & H_s = H_t \\ \mu \cdot C_{sim} & A(H_s,H_t) \in A_{prior} \quad (7.4) \\ \lambda_{dis} & \text{otherwise} \end{cases}$$

式中，$A(H_s,H_t)$ 表示为相邻超像素 s 与 t 分配的平面 H_s 与 H_t 之间的夹角，A_{prior} 为平面夹角先验，实验设置为 [30°，45°，60°，90°，−60°，−45°，−30°]（角度间隔越小越有利于重建场景结构细节，但也可能导致较高的计算复杂度）；λ_{dis} 与 μ 分别为相邻平面间断惩罚量（实验设置为 2）与平面夹角先验松弛参数。

在式（7.4）中，C_{sim} 表示颜色特征差异，定义为：

$$C_{sim} = \frac{1}{1 + e^{-\|c(s) - c(t)\|}} \quad (7.5)$$

式中，$\|c(s) - c(t)\|$ 表示相邻超像素 s 与 t 之间规范化的平均颜色（超像素内部所有像素颜色均值的范围为 0~1）差异。

式（7.5）表明，相邻超像素 s 与 t 对应的平均颜色越相近，两者被分配相同平面或具有特定夹角的平面的可能性越高；在此情况下，较大的 μ 值将强制为其分配相同的平面，而较小的 μ 值则趋于为其分配具有特定夹角的平面。在本章的所有实验中，将 μ 设置为 0.6 时可获得相对较好的结果。

三、平面与图像区域协同优化

根据平面可靠性度量，在初始稀疏空间点的基础上，本章采用协同优化[146]的方式求取最优的图像区域（超像素）与相应平面，其根本思想在于：将涉及多变量复杂问题的求解分解为诸多包含不同变量子集的子问题进行求解，各个子问题相应的变量之间则相互通信、协同优化，最终使得指定目标函数值（如能量值）最小化以获取全局近似最优解。具体过程如算法 1 所示（见表 7.1）。

表 7.1 算法 1：平面与图像区域的协同优化

输入：稀疏空间点。

输出：场景分段平面结构。

初始化：初始平面集 H_0 与初始超像素集 R_0；平面集 $\mathcal{H} = \varnothing$ 与超像素集 $\mathcal{R} = \varnothing$；能量最小化过程变量 $E_0 = 10^5$ 与 $E = 0$。

1. 根据初始平面集 H_0 与超像素集 R_0 确定初始可靠平面及相应的超像素（设其他超像素构成的集合为 $\overline{\mathcal{R}}$）并分别保存至集合 $\mathcal{H}$ 与 $\mathcal{R}$，同时累加相应的 $E(s, H_s)$ 至 E。

2. 计算集合 $\overline{\mathcal{R}}$ 中超像素或子超像素的平面推断优先级。

3. 从集合 $\overline{\mathcal{R}}$ 中选择平面推断优先级最高的超像素 s 并将其从 $\overline{\mathcal{R}}$ 中清除。

   3.1 若超像素 s 为天空或地面，则放弃其平面推断；

   3.2 否则，生成候选平面集并计算最小 $E(s, H_s)$ 值；

   3.3 若 $E(s, H_s) < \overline{E}$：累加 $E(s, H_s)$ 至 E，并将平面 H_s 与超像素 s 分别保存至 $\mathcal{H}$ 与 $\mathcal{R}$；

   3.4 否则，再分割超像素 s 并将结果保存至 $\overline{\mathcal{R}}$；

   3.5 转至步骤 3 直到 $\overline{\mathcal{R}} = \varnothing$。

4. 若 $E < E_0$：$\overline{\mathcal{R}} = \mathcal{R}$，$\mathcal{R} = \varnothing$；$E_0 = E$，$E = 0$；转至步骤 2。

5. 否则，根据集合 $\mathcal{H}$ 与 $\mathcal{R}$ 生成场景分段平面结构并输出。

下文对其中的关键步骤与实现细节进行描述。

（一）初始可靠平面的生成

如图 7.4（a）所示，初始可靠平面可为其他平面的推断提供较好的约束或参考条件，是算法 1 可靠运行的基础。对于包含空间点的超像素 s（空间点可投影至该超像素内部），本章根据以下条件从初始平面集中选取相应的平面作为可靠平面。

$$T_{seed}(s) = (E_{data}(s, H_s) < \overline{E}) \wedge (N(P_s, H_s) < \overline{N}) \tag{7.6}$$

式中，P_s 为超像素包含的所有空间点的集合，$N(P_s, H_s)$ 为 P_s 中的所有空间点到平面 H_s 的平均距离，$\overline{N}$ 为所有包含空间点的超像素对应最小 $N(P_s, H_s)$ 值的平均值；$\overline{E}$ 为所有包含空间点的超像素对应最小 $E_{data}(s, H_s)$ 值的平均值，其在算法 1 执行过程中将根据当前已重建平面及相应超像素对应的 $E_{data}(s, H_s)$ 值进行更新。

（二）超像素的再分割

在推断超像素对应的平面时，有效确定其特征与平面之间的相关性是关键环节。在此过程中，低精度的超像素往往由于其特征的不可靠性而难以获得准确的平面，为此，有必要根据平面的可靠性采用调整图像过分割参数的方式对其进行更细致的分割。如图 7.3（c）所示，图 7.3（b）中的超像素（左）被再分割后，相应的子超像素（右）与场景结构更为一致（如边界），这将有利于避免实际不在同一平面上的场景面片却被分配相同的平面，进而可提高场景重建的可靠性。

（三）超像素对应候选平面的生成

根据城市场景的结构特征，当前超像素 s 对应的平面通常与场景中其他平面（尤其与其相邻超像素对应的平面）之间具有特定的夹角。因此，如图 7.4（b）与图 7.4（c）所示，在产生超像素 s 对应的候选平面时，本章首先检测了与其相邻且已获得可靠平面的超像素集 Π，然后根据平面夹角先验 A_{prior}，以场景垂直方向以及 s 与 $t \in \Pi$ 边界上任意一点确定的轴线为中心旋转超像素 t 对应的平面 H_t，进而将每个平面夹角对应的旋转平面作为超像素 s 的候选平面，如图 7.4（d）所示。

在实际中，如果集合 Π 中的超像素较多，以上方法获得的候选平面集可能包含较多的冗余平面（如两平行平面相距较近），因而需要进行冗余平面滤除处理（只保留多个相似平面中的一个）以提高场景结构推断的效率。此外，

（a）初始可靠平面	（b）当前超像素（红色）及其相邻已获得可靠平面的超像素（绿色）	（c）矩形区域内超像素放大显示	（d）根据平面夹角先验确定的候选平面集（白色）的顶部视图

图 7.4　初始可靠平面与候选平面

为了提高场景结构推断的精度，需要根据不同方向（如垂直、水平方向）的旋转轴确定超像素 s 的候选平面集。

（四）平面推断优先级

对于当前超像素 s，与其相邻且已分配可靠平面的超像素对其相应平面的推断具有重要影响，为度量此影响力以保证平面推断的可靠性，本章定义以下平面推断优先级：

$$\rho_s = N(s) \cdot B(s) \tag{7.7}$$

式中，$N(s)$ 为与超像素 s 相邻且已分配可靠平面的超像素总数，$B(s)$ 为这些超像素与超像素 s 连接边界的总长度。

由式（7.7）可知，如果超像素 s 相邻的已分配可靠平面的超像素越多，相应的连接边界越长，则超像素 s 对应平面推断时的约束条件越可靠，因而其对应平面应优先进行推断。

需要注意的是，在首轮迭代的开始阶段，仅有与已分配初始可靠平面的超像素相邻的超像素具有较高的平面推断优先级，因而其相应平面将优先被推断，此后将有更多超像素获得较高的平面推断优先级。此外，如果超像素 s 被再次分割，在步骤 2 中仅计算其子超像素对应的平面推断优先级，将有利于提高算法 1 的整体效率。

（五）非重建区域检测

对于地面、天空等非重建区域，本章采用以下方法检测并滤除相应的超像素，以提高场景结构推断的效率与可靠性。

1. 地面区域超像素

在已知地平面的情况下，由于相机位于地平面的上方，如果为图像中地平面区域的超像素 s 分配建筑区域的平面，则其内部像素在相应平面上的反投影空间点应位于地平面的下方。为此，对于当前超像素，本章统计了其内部像素在所有已重建平面的反投影空间点位于地平面下方比例的平均值 $T_{ground}(s)$；如果 $T_{ground}(s) > 90\%$，则将其直接视为地平面区域。

2. 天空区域超像素

对于天空区域的超像素，本章采用以下条件进行检测：

$$T_{sky}(s) = (P_{sky}(s) > \epsilon) \wedge \left(\frac{1}{|\mathcal{H}|} \sum_{H_s \in H} E_{data}(s, H_s) > \overline{E} \right) \qquad (7.8)$$

式中，$P_{sky}(s)$ 为图像语义标注算法[147]获取的超像素属于天空区域的概率，ϵ 为相应的阈值（实验设置为0.9），$\overline{E}$ 的定义与式（7.6）相同，$\mathcal{H}$ 为当前已重建的平面集。

在初始阶段，由于已重建平面较少，为了提高地面与天空等区域超像素检测的可靠性，本章在算法1执行过程中暂时中止了 $T_{ground}(s)$ 与 $P_{sky}(s)$ 值较高的超像素 s 相应平面的推断；而待其他超像素相应平面推断结束后，再采用更多的已重建平面验证超像素 s 是否属于地面与天空区域。

（六）平面度量的可靠性

对于式（7.1）所示的平面可靠性度量，不但融合了结构先验、空间点可见性约束及颜色相似性特征，而且克服了传统算法过于依赖"具有相近特征的相邻超像素分配相同的平面"假设的缺点，因而在推断超像素对应平面的过程中往往可获得较为可靠的结果。以图7.4所示超像素（红色）相应平面的推断为例，如图7.5所示，由于两相邻超像素具有相近的特征，传统算法往往错误地为其分配相同的平面；而在算法1中，此问题可得到有效的解决，其原因在于：①平面夹角先验不但缩小了候选平面的范围，而且增强了候选平面的可靠性；②式（7.1）所示的平面可靠性度量具有较高的可靠性，可有效地从候选平面中确定超像素对应的可靠平面。

在算法1执行过程中，如图7.6（a）所示，由于式（7.1）所示的平面可靠性度量的有效性，首轮迭代获得的初始场景结构基本是可靠性，其中虽然包含少许的外点或冗余，但由于较接近于真值，通常在5次左右的迭代后可获得更准确的场景结构［如图7.6（b）与图7.6（c）所示］。图7.6（d）所示为最终重建的场景平面在图像中的对应区域，从中可以发现，本章算法获取的场景结构具有较高的可靠性，尤其对于场景中两平面相交的边缘区域［如图7.6（d）中矩形区域内的边界］，其重建效果依然很好。

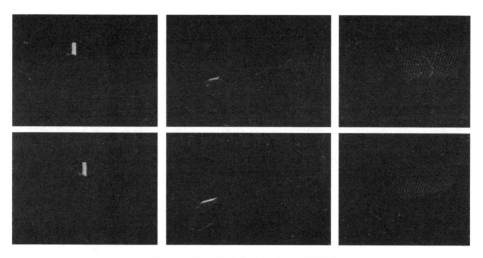

图 7.5　融合平面夹角先验的平面推断

（从左至右：正视图、顶视图与局部放大图；上：传统算法的推断结果；下：融合平面夹角先验的推断结果）

（a）首轮迭代后的结果（b）迭代结束后的结果　　　（c）顶端视图　　　（d）与场景平面相应的图像区域

图 7.6　图像区域与相应平面的协同优化（不同颜色表示不同的可靠平面）

第三节　实验评估

为了验证本章算法的性能，本章采用场景结构以平面为主的标准数据集与实拍城市场景数据集对其进行了测试，具体场景与相应的图像分辨率如下：

（1）牛津大学数据集[105]：Valbonne（共 15 幅，图像分辨率为 512×768）、Wadham（共 5 幅，分辨率为 1024×768）。

（2）实拍城市场景数据集：City#（共 826 幅，图像分辨率为 1884×1224）、City#2（共 1103 幅，分辨率为 1884×1224）。

图 7.7 所示为标准数据集与实拍城市场景数据集示例图像与初始空间点在当前图像中的投影。其中，标准数据集对应的场景结构虽然简单，但有效重建其中的结构细节（如 Wadham 场景中的窗户）仍具有较大的挑战性；实拍城市场景的结构相对复杂，同时存在光照变化、重复纹理、建筑区距离相机较远等较多干扰因素的影响。此外，相关图像不但包含多栋不同类型的建筑区域，而且建筑区域所占比例相对较小（约 1/2），因而其重建可靠性也更易受到其他非重建区域（如天空、地面）的干扰。事实上，当建筑区域距离相机较远时，初始空间点以及场景重建中所产生的空间点及平面的可靠性往往也较差，这对算法的整体性能将产生较大的影响。

（a）Valbonne　　　　（b）Wadham　　　　（c）City#1　　　（d）City#2

图 7.7　示例图像及初始空间点的投影

针对当前图像，本章算法采用其左右相邻图像对相应的场景结构进行重建。

本章实验环境为 64 位 Windows 7 系统，所有算法均采用 C++ 实现。基础硬件配置为 Intel 4.0 GHz 四核处理器与 16G 内存。

一、参数设置

本章算法七个参数的具体设置在前文已进行了讨论，其默认取值与功能特征如表 7.2 所示。本章算法对参数的设置并不敏感，在对所有数据集的实验中均采用了相同的参数设置，整体上具有较好适应性。

表 7.2　参数设置

序号	名称	默认值	功能描述
1	γ	0.6	平面可靠性度量权重

续表

序号	名称	默认值	功能描述
2	λ_{occ}	2	遮挡惩罚量
3	λ_{err}	4	空间可见性冲突惩罚量
4	λ_{dis}	2	空间平面间断惩罚量
5	μ	0.6	场景结构先验松弛量
6	δ	0.5	颜色特征差异截断阈值
7	$\in$	0.9	天空区域语义阈值

二、评价指标

本章定义以下度量标准评估空间点与平面的可靠性：

（1）可靠空间点：对于像素 $m \in I_r$ 对应的空间点 P_m 与像素 $n \in N_i$（$i=1$，2）对应的空间点 P_n，如果 P_m 与 P_n 相对于图像 I_r 的深度 $d(P_m)$ 与 $d(P_n)$ 之间的相对偏差 $[(d(P_m) - d(P_n))/d(P_m)]$ 小于指定阈值（实验设置为 0.2），则认为 P_m 与 P_n 为同一空间点 P，而 P 则为像素 $m \in I_r$ 对应的可靠空间点。

（2）可靠平面：对于超像素 $s \in I_r$ 内部所有像素，如果已重建可靠空间点的像素所占比例大于指定阈值（实验设置为 0.6），则认为超像素 s 对应的平面 H_s 为可靠平面。

在以上定义的基础上，本章采用空间点重建准确率 M_1 与空间平面重建准确率 M_2 度量场景重建的精度，其中，M_1 为已重建可靠空间点总数与已重建空间点总数之比，M_2 为可靠空间平面总数。此外，为了更好地展示本章算法的特征，采用 M_1（Fir）与 M_1（Fin）分别表示其首轮迭代后与迭代结束后的场景结构准确率。

三、算法比较

为了进一步验证本章算法的性能，本章将其与文献［116］与文献［43］所述算法进行了实验对比。这两种算法均在图像过分割的基础上通过候选平面产生、场景结构推断两个过程对场景进行分段平面重建，而主要差别在于利用稀疏或稠密空间点、多幅图像或两幅宽基线图像等信息构造候选平面集与能量函数的方式。具体算法请参见相关文献。

为了方便实验对比，本章在实现两种算法时做了以下调整：①图像均采用 Mean-shift 图像过分割算法，并通过设置不同的过分割参数进行过分割以获得 5 组超像素集，然后分别进行场景重建并从结果中选取最优者与其他算法进行实验对比；②仅在本章算法获取的建筑区域内完成重建并从场景重建结果中剔除不可靠的平面以方便算法的定量与定性对比。

四、结果分析

本章算法关键之处在于利用初始稀疏空间点与场景结构先验对图像区域与相应平面进行协同优化。对于当前图像，本章首先通过其与左右相邻图像进行 SIFT 特征匹配（其他特征匹配）的方式获取相应的匹配，然后采用三角化方法求取初始稀疏空间点。图像初始过分割、线段检测、多平面拟合等预处理结果如表 7.3 所示。

表 7.3　初始化

数据集	空间点	超像素	线段	平面
Valbonne	561	360	362	17
Wadham	2120	1243	838	38
City#1	2234	2793	1588	11
City#2	1503	2643	1297	7

在仅知稀疏空间点的情况下，与场景结构相一致的图像区域通常难以直接通过图像过分割的方式确定，如图 7.8（a）所示，本章因此在初始阶段对图像进行了较大尺度的过分割。在所获得的超像素中，如图 7.8（b）所示，由于大部分超像素对应的场景面片实际上由两个或更多平面构成，最终仅有较少的超像素可确定可靠的平面。

在初始可靠平面的基础上，通过场景结构先验对场景重建过程的引导，如图 7.8（c）所示，本章算法不但可有效地克服图像过分割质量对场景重建过程的影响，而且可对场景中潜在的平面进行可靠的探测与推断。在此过程中，初始低精度超像素根据平面可靠性度量而被再次分割，相应的平面则根据场景结构先验而不断被优化，两者既相互制约又相互促进。同时，天空、地面等非重建区域被有效地剔除，因而极大地提高了整体算法的效率与可视化效果。从表 7.4 所示定量结果中不难发现，首轮迭代后场景结构中尽管包含一定的外点或冗余，但由于较接近于真值，算法迭代结束后往往可获得更好的结果［如图 7.8（d）与图 7.9（a）所示］。

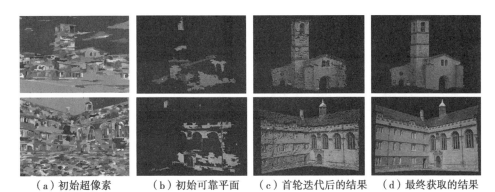

（a）初始超像素　　　（b）初始可靠平面　　（c）首轮迭代后的结果　　（d）最终获取的结果

图 7.8　标准数据集重建结果

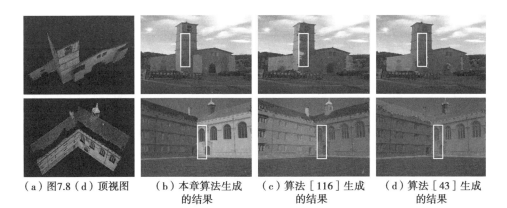

（a）图7.8（d）顶视图　　（b）本章算法生成　　（c）算法［116］生成　　（d）算法［43］生成
　　　　　　　　　　　　　　　　的结果　　　　　　　　的结果　　　　　　　　的结果

图 7.9　标准数据集算法对比（不同颜色表示不同平面）

表 7.4　不同算法获取的结果（PSP 表示已分配初始可靠平面的超像素数量，SP 与 CP 分别表示协同优化后超像素与相应平面的数量）

数据集	本章算法						算法［116］		算法［43］	
	PSP	SP	CP	M_1（Fir）	M_1（Fin）	M_2	M_1	M_2	M_1	M_2
Valbonne	21	1478	147	0.5259	0.7748	9	0.5145	7	0.6631	7
Wadham	53	5889	421	0.6643	0.8046	11	0.3879	7	0.6492	11
City#1	23	7110	3109	0.4608	0.6927	7	0.3390	7	0.4465	6
City#2	28	6831	2612	0.5355	0.7081	6	0.3217	5	0.5977	6

图 7.9（b）是本章算法最终获得的场景平面对应的图像区域。可以看出，其不但可有效重建场景的主体平面结构，而且在场景结构细节（如 Wadham 场景中的窗户）以及不同平面之间的边界（如矩形区域中的边界）重建中也表现出了较好的效果。

在两种传统算法中，算法［116］假设初始超像素应包含足够多的空间点以通过拟合的方式获取相应的候选平面，然而，在初始空间点较为稀疏且分布不均匀（如弱纹理区域）时往往会导致较大的错误［见图 8.9（c）中部分超像素未获得可靠的平面］。在本章实验中，当采用较大的超像素以包含足够多的空间点时，一些超像素对应的场景面片由于跨越多个平面或其中的空间点深度变化较大也难以获得可靠的平面。此外，由于超像素分割精度的问题，该算法所获得的平面间边界也存在较大偏差［见图 8.9（c）中的矩形区域内的边界］。相对而言，算法［43］首先通过匹配图像 DAISY 特征的方式获取了尽可能多的初始空间点，这不但有利于产生相对完备的候选平面集，而且有利于构造更强的约束条件以提高场景结构优化的可靠性，因而可获得更好的结果。然而，如图 8.9（d）所示，该算法仍然存在平面之间边界重建不可靠的问题（矩形标示区域内的边界）。

在运算速度上，如表 7.4 所示，本章算法在多平面拟合与线段检测等阶段耗时较少；在图像区域与相应平面的协同优化中，尽管超像素的再分割相对较为耗时，但由于场景结构先验的引导使得超像素对应的候选平面较少且较为可靠，因而有效保证了整体运算速度。算法［116］尽管在能量函数中未考虑图像间颜色或灰度度量，但在候选平面产生阶段占用了较多时间，使得其运算速度与本章算法基本相当。算法［43］由于在图像稠密匹配耗时严重，因而效率最低。

实拍城市场景数据主要用于验证本章算法的适应性。本章实验发现，在更多干扰的影响（光照变化较大、建筑区域距离相机较远、图像中的建筑区域所占比例较小等）下，特别是在未检测与剔除地面与天空等非重建区域时，算法［116］未能重建出可靠平面，而算法［43］也仅重建出较少的可靠平面。

相对而言，尽管本章算法在初始阶段仅获得较少初始可靠平面［如图 7.10（b）所示］，但由于城市建筑间也存在特定的结构先验（如位于相同的两栋建筑通常包含较多的相同平面），因而其运行依然较为可靠［如图 7.10（c）、图 7.10（d）与图 7.11（a）所示］。特别地，如图 7.11（b）中矩形区域内的平

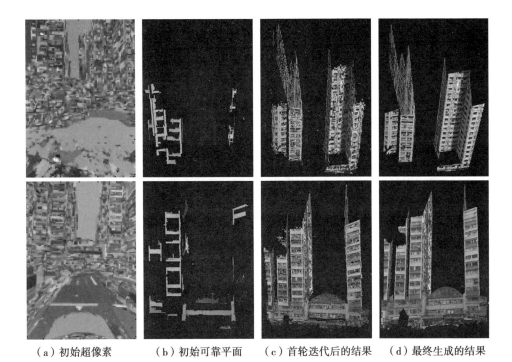

（a）初始超像素　　　（b）初始可靠平面　　（c）首轮迭代后的结果　　（d）最终生成的结果

图 7.10　实拍数据集重建结果

面及其在图 8.11（e）中的放大显示，由于场景结构先验的融入，场景中的倾斜平面与边界得以有效地重建。对于算法［116］与算法［43］，在图像剔除天空、地面等非重建区域后，两者的重建效果皆得到较大的改进，但仍存在许多区域未得以可靠重建的情况，而且存在重建边界不准确的问题［见图 7.11（c）与图 7.11（d）中矩形区域内的边界及其在图 7.11（e）与图 7.11（f）中的放大显示］。

　　需要注意的是，如表 7.4 与表 7.5 所示，与标准数据集相比，三种算法在实拍数据集上的重建精度与效率普通较低，其主要原因在于：①初始空间点质量、光照变化、建筑区域距离相机较远等因素导致空间点与平面度量的可靠性降低；②建筑结构与纹理的频繁变化导致超像素再分割时产生较多小尺寸超像素，而小尺寸超像素仍存在的匹配多义性问题也可能影响平面度量以及整体场景重建的可靠性与效率。相对地，由于式（7.1）所示平面可靠性度量的有效性以及场景结构先验指导下的候选平面产生的可靠性，本章算法对初始空间点的质量、场景结构的复杂等因素表现出更好的鲁棒性。

（a）图8.10（d）结果　　（b）本章算法生成的　　（c）算法［116］的　　（d）算法［43］的
　　的顶视图　　　　　　　结果　　　　　　　　结果　　　　　　　　结果

（e）分别为场景City#1与City#2重建结果的局部放　　（f）分别为场景City#1与City#2重建结果的局部放
大显示［即图7.11（b）、7.11（c）与7.11（d）　　大显示［即图7.11（b）、7.11（c）与7.11（d）
中的矩形标示区域内的平面结构］　　　　　　　中的矩形标示区域内的平面结构］

图 7.11　实拍数据集算法对比（不同颜色表示不同平面）

表 7.5　不同算法的运行时间

单位：秒

数据集	本章算法					算法［116］	算法［43］
	超像素	初始平面	线段检测	结构推断	合计		
Valbonne	1.1	4.9	2.5	21.0	29.5	38.1	221.9
Wadham	2.4	7.6	4.1	34.8	48.9	73.7	360.3
City#1	3.7	8.7	10.7	58.5	81.6	92.5	554.9
City#2	4.2	5.5	9.7	66.4	85.8	97.8	469.4

根据以上实验结果可知，在已知场景初始稀疏空间点的情况下，通过在场景重建过程中融合结构先验，可以较好地克服图像过分割质量、候选平面集完备性等因素对场景重建过程的影响，进而可快速、可靠地重建出场景完整的分段平面结构。

第四节　算法改进

近年来，随着深度学习理论与方法的不断完善，基于图像高层特征的图像匹配逐渐成为计算机视觉领域的研究热点。在相关工作中，Fischer 通过实验对比发现，相对传统的特征描述子（如 SIFT），利用卷积神经网络（如 ImageNet 模型）提取的图像特征尤其是采用无监督学习方式提取的图像特征在图像匹配中具有更高的性能[148]。Zbontar 利用卷积神经网络度量了两幅图像之间的区域匹配可靠性，进而采用全局优化方法获取了较为准确的视差/深度图[149]。然而，由于图像卷积过程需要消耗大量的时间，最终致使整体算法的效率较低。为了解决此问题，Chen 首先采用卷积神经网络对不同尺度的图像区域分别进行了特征提取，然后采用内积运算的方式计算了相应的匹配度并采用投票的方式确定最终的匹配结果；为了提高匹配效率，该算法采用滑动窗口的方式进行特征匹配并通过构建特征匹配矩阵的方式实现批量的内积运算[150]。Luo 在 Siamese 神经网络的基础上通过构造内积层的方式计算网络不同输出结果的内积，极大地提高了图像立体匹配的整体效率[151]。Zagoruyko 提出通过深度学习直接从图像中获取图像区域匹配相似性度量的基本方法，并探讨了不同卷积神经网络（如 Siamese 神经网络）在图像区域匹配时的性能[152]。其中的两通道神经网络与本章工作最为相关，但前者主要用于像素级的深度图估计，而本章工作则偏重于场景平面的可靠性度量。

整体而言，深层卷积神经网络具有提取不同层级（如全局或局部、底层或高层）图像特征或上下文信息的优势，在基于图像的三维场景重建中可用于探测图像中蕴含的场景结构先验以提高三维场景重建的精度与可靠性。为此，本节着重利用深层卷积神经网络对平面可靠性度量标准及用于平面全局优化的能量函数进行改进，进而提高三维场景重建的整体性能。

一、融合高层特征的平面可靠性度量

已知当前图像 I_r 及其左、右相邻图像 $\{N_i\}$（$i=1$，2），对于超像素 $s\in I_r$，本章定义以下平面可靠性度量评价当前为其分配平面的可靠性：

$$E(s,H_s) = E_{data}(s,H_s) + \gamma \cdot \sum_{t\in\mathbb{N}(s)} E_{smooth}(H_s,H_t) \qquad (7.9)$$

式中，$E_{data}(s,H_s)$ 与 $E_{smooth}(H_s,H_t)$ 分别表示数据项与平滑项，H_s 表示当前为超像素 s 分配的平面，$\mathbb{N}(s)$ 表示超像素 s 的相邻可靠超像素（已获得可靠平面的超像素）集合，γ 为平滑项权重。

（一）数据项

数据项 $E_{data}(s,H_s)$ 度量了为超像素 $s\in I_r$ 分配平面 H_s 时的代价，主要由图像特征与几何约束等信息构造。一般情况下，当平面 H_s 的可靠性较高时，平面 H_s 上与超像素 s 对应的场景面片在图像 $\{N_i\}$（$i=1$，2）中的投影区域 $\{s_i\}$（$i=1$，2）与超像素 s 之间通常具有较高相似性或匹配度。因而，有效地对平面 H_s 上的场景面片在图像 $\{N_i\}$（$i=1$，2）中的投影区域进行匹配是度量平面 H_s 可靠性的关键。

在匹配超像素 s 与图像区域 $\{s_i\}$（$i=1$，2）时，图像底层特征（如颜色、灰度等）虽有利于像素级的特征差异定量运算，但由于其易受光照变化、噪声等因素的影响，在实际中并不易获得较好的结果。另外，利用卷积神经网络获取的图像高层特征虽可在全局上对图像区域间的相似度进行定性度量，进而可在一定程度上弥补图像底层特征的不足，但由于其精度低的缺点而不利于度量平面的可靠性。为了解决此问题，本章通过融合图像底层特征与高层特征的方式构造相关度量以更有效地评估平面 H_s 的可靠性。

具体而言，本章首先定义基于图像底层特征的平面可靠性度量如下：

$$E_{pho}(s,H_s) = \frac{1}{k\cdot|s|}\sum_{i=1}^{k}\sum_{p\in s}\min(\|I_r(p)-N_i(H_s(p))\|,\delta) \qquad (7.10)$$

式中，$H_s(p)$ 为像素 $p\in s$ 对应于平面 H_s 上的空间点在相邻图像 N_i 中的投影点，$\|I_r(p)-N_i(H_s(p))\|$ 表示图像 I_r 中的像素 p 与相邻图像 N_i 中的像素 $H_s(p)$ 之间的规范化颜色（颜色值范围为 0~1）差异，δ 为截断阈值以增强颜色度量的可靠性，k 为相邻图像数。

在利用图像高层特征度量平面可靠性时，本章首先分别在图像 I_r 与 $\{N_i\}$

（$i=1$，2）中截取包含超像素 s 与图像区域 $\{s_i\}$ 的最小区域，然后将其尺寸归一化（224×224）后融合为三通道图像并采用 VGG–M 卷积神经网络框架[153]提取该图像的特征，最后利用一个全连接层进行特征的线性回归，并将结果作为超像素 s 与图像区域 $\{s_i\}$ 的匹配度量及平面 H_s 的可靠性度量，即 $E_{cnn}(s, H_s)$。需要注意的是，在图像基线较宽时，沿极线方向截取相应的图像区域可以提高度量的可靠性，但容易导致较高的计算复杂度。

为了评估图像底层特征与高层特征对平面可靠性度量的差异，本章也做了相应的对比实验。具体而言，对于包含空间点的超像素（空间点在图像中的投影位于超像素内部），本章首先在初始平面集的基础上采用距离（空间点到平面的距离）度量方式为其确定可靠的平面。以此为真值，然后分别采用 $E_{pho}(s, H_s)$ 与 $E_{cnn}(s, H_s)$ 从初始平面集中选取平面以度量两种特征的性能（其中的评估指标定义为正确选取平面的超像素数与总超像素数的比值）。表 7.6 所示为采用不同数据集的实验结果。相对而言，由于 $E_{pho}(s, H_s)$ 可定量计算的特点，在度量平面可靠性时比 $E_{cnn}(s, H_s)$ 更为有效。为了进一步探索两种度量之间的内在关系，本章将 $E_{cnn}(s, H_s)$ 通过权重 ρ 叠加于 $E_{pho}(s, H_s)$［下文简称 $E_{pc}(s, H_s)$］以综合度量平面的可靠性。如图 7.12（a）所示，当权重 ρ 从 0.1 至 1 变化时，相应的评估指标值呈先增加后减少的趋势变化并在 $\rho=0.2$ 时最大，而且要高于 $E_{pho}(s, H_s)$ 的评估指标值。

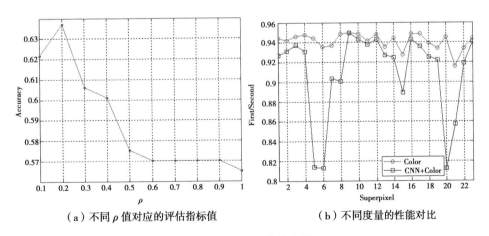

（a）不同 ρ 值对应的评估指标值　　　（b）不同度量的性能对比

图 7.12　平面可靠性度量

表 7.6 　不同度量对应的评估指标值

数据集	平面可靠性度量		
	$E_{pho}\,(\,s,\ H_s\,)$	$E_{cnn}\,(\,s,\ H_s\,)$	$E_{pc}\,(\,s,\ H_s\,)$
Valbonne	0.6415	0.4821	0.7366
Wadham	0.6106	0.5357	0.6949
LSB	0.5110	0.4158	0.7075
TS	0.7017	0.5756	0.7890

为了进一步分析其中的原因，针对采用 $E_{pc}\,(\,s,\ H_s\,)$ 可获得可靠平面而采用 $E_{pho}\,(\,s,\ H_s\,)$ 未获得可靠平面的超像素，本章计算了其对应不同平面时的最小与次小 $E_{pho}\,(\,s,\ H_s\,)$ 值的比值，结果发现该值普遍较高，相应的超像素多为匹配易出现多义性的区域（如弱纹理区域）；相对而言，如图 7.12（b）所示，在 $\rho=0.2$ 时，$E_{pc}\,(\,s,\ H_s\,)$ 对应最小与次小值的比值普遍较低，因而更有利于度量平面的可靠性。

实验表明，在图像底层特征的基础上融合图像高层特征，不但在一定程度上可以克服图像底层特征的匹配多义性与噪声敏感性的缺点，而且有利于融合图像高层特征蕴含的结构先验，进而可提高区域匹配或平面度量的可靠性。因而，考虑到图像底层特征与高层特征的各自特点以及空间点可见性、遮挡等因素的影响，本章将数据项定义如下：

$$E_{data}(\,s,H_s\,)=E'_{pho}(\,s,H_s\,)+\rho\cdot E_{cnn}(\,s,H_s\,) \tag{7.11}$$

式中，常数 ρ 为 $E_{cnn}\,(\,s,\ f_s\,)$ 的权重，$E'_{pho}\,(\,s,\ H_s\,)$ 为式（8.3）定义的融合空间点可见性与图像底层特征的平面可靠性度量。

（二）正则化项

在实际中，对于城市场景，其结构除以平面为主外，平面间的夹角通常也是特定的及多样的（如 45°、90° 等），此结构先验往往有利于引导场景重建过程以获得更可靠的结果。为此，本节对传统算法所依赖的"具有相近特征的相邻超像素分配相同平面"的硬性假设进行松弛化处理，采用式（7.4）定义的正则化项。

在式（7.9）所示平面可靠性度量的基础上，本节采用第七章第二节中的算法 1 对场景的初始平面结构进行了推断。实验中发现，相对于第七章第二节未融合高层图像特征时相应结果，此过程生成的结果更加可靠。因而，场景分段平面三维重建算法中的两个关键问题可得到更好的解决，即：①初始低精度的超像素根据平面可靠性度量而被再次分割，所生成的子超像素对应场景面片的结构与平面模型更为契合；②场景结构先验的引导作用使超像素相应平面推断的可靠性与效率得到极大的提高，所获得的场景平面集更加完备、可靠。

二、基于 MRF 框架的全局平面优化

在算法 1 生成的场景平面结构的基础上，为了进一步获得全局一致性的可靠结果（如实际属于同一平面的两个场景面片被算法 1 分配了两个存在深度或法向量偏差的两个平面），本章进一步在 MRF 框架下对其进行全局优化，相应的能量函数定义为：

$$E(\mathcal{H}) = \sum_{s \in \mathcal{R}} \left(E'_{pho}(s, H_s) + \omega \cdot \sum_{t \in \mathcal{N}(s)} E_{smooth}(H_s, H_t) \right) \tag{7.12}$$

式中，$\mathcal{R}$ 与 $\mathcal{H}$ 分别为算法 1 生成的超像素集合及其相应的平面集合，$\mathcal{N}(s)$ 为超像素 s 的相邻超像素集合，权重 ω 用于均衡数据项与平滑项的作用力度。

最终，式（7.12）采用 Graph Cuts 方法进行求取则可获得近似最优解；在实验中发现，此过程迭代 5 次左右即可收敛，整体上具有较高的效率；如图 7.13（b）~（c）所示，相应的结果更加精确、可靠性（如矩形标示区域与两平面相交结构相一致）。

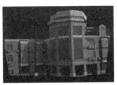

（a）利用算法1生成　　（b）利用MRF框架　　（c）顶端视图　　（d）与可靠平面相应
　　的初始平面　　　　　　优化后的平面　　　　　　　　　　　的图像区域（不同颜色
　　　　　　　　　　　　　　　　　　　　　　　　　　　　　　表示不同的可靠平面）

图 7.13　基于高层图像特征的平面推断与优化

三、实验评估

本节改进算法旨在通过融合高层图像特征与场景结构先验的方式联合优化超像素及其相关联的平面，每个数据集初始化信息如表 7.7 所示。一般情况

下，直接将图像分割为与建筑平面完全契合的精确区域具有较大的难度；如图 7.14（a）～（b）所示，在采用较大的尺度对图像进行过分割时，仅有少数超像素相应的建筑平面可被可靠地确定，而大多数超像素由于与多个建筑平面相对应而无法确定相应的平面。

表 7.7　数据集初始化

数据集	空间点	超像素	线段	平面
Valbonne	561	360	362	17
Wadham	2120	1243	838	38
City#1	2234	2793	1588	11
City#2	1503	2643	1297	7

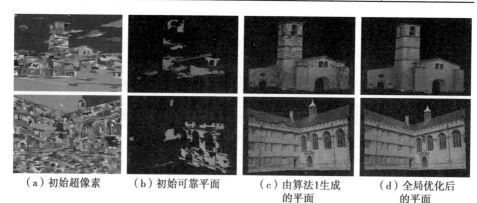

（a）初始超像素　　（b）初始可靠平面　　（c）由算法1生成　　（d）全局优化后
　　　　　　　　　　　　　　　　　　　　　　的平面　　　　　　的平面

图 7.14　标准数据集相应的结果

在初始可靠平面的基础上，如图 7.14（c）所示，算法 1 重新对不精确的超像素进行了再分割并对其相关联的平面进行了优化。表 7.8 所示为不同算法相应的精度，其中，SRP 表示已确定可靠平面的超像素数量，SP 与 PL 分别表示算法 1 生成的超像素与平面数量。此外，为了验证式（7.4）所示松弛型规则化项的有效性，本章对传统硬性规则化项［仅采用式（7.4）中的第 1 与 3 项］相应的结果进行了统计，并以 $M_1(\mathrm{H_{ini}})/M_1(\mathrm{S_{ini}})$、$M_1(\mathrm{H_{opt}})/M_1(\mathrm{S_{opt}})$ 与 $M_2(\mathrm{H})/M_2(\mathrm{S})$ 分别表示算法 1 在传统硬性规则化项／松弛型规则化项两种情况下生成的平面精度、利用 MRF 框架全局优化后的平面精度与相应的平面数量。

表 7.8　不同算法的精度

数据集	改进算法								
	SRP	SP	PL	M_1（H_{ini}）	M_1（H_{opt}）	M_2（H）	M_1（S_{ini}）	M_1（S_{opt}）	M_2（S）
Valbonne	30	1940	156	0.40	0.57	5	0.58	0.83	9
Wadham	85	7113	409	0.67	0.79	11	0.76	0.88	12
City#1	27	8608	3761	0.37	0.73	5	0.52	0.78	7
City#2	41	7473	2537	085	0.68	6	0.61	0.76	6

从表 7.8 中不难发现，在初始平面的基础上，平面优化可生成更可靠的结果；其中，相对于传统硬性规则化项，松弛型规则化项相应的精度更高。图 7.14（d）与图 7.15（a）~（b）所示为定性实验结果，整体而言，本节改进算法能够有效生成精确的建筑平面及相应的图像区域（如平面对应图像区域的边界）。

（a）Valbonne场景　　　　　　　　　　　（b）Wadham场景

图 7.15　平面顶视图及相应的图像区域（不同颜色表示不同的可靠平面）

表 7.9 是不同算法的运行速度。整体上，本节改进算法在平面拟合与线段检测阶段消耗时间较少，而在高层图像特征提取与超像素再分割阶段消耗时间较多。此外，由于可靠平面约束与平面夹角先验的引导，平面推断与优化速度较快。

对于实拍数据集，如图 7.16 所示，相应图像包含的不同类型的建筑区域与非建筑区域（如天空与地面）对平面推断与优化均会产生较大的干扰。然而，通过融合高层图像特征与场景结构先验，本节改进算法仍可以生成较可靠的结果。

需要注意的是，如表 7.8 与表 7.9 所示，相对于标准数集，实拍数据集相应的精度与效率有所降低，其原因在于：①较多的干扰因素（如光照变化与建筑距离相机较远）对空间点与平面重建的可靠性产生较大的影响；②重复性纹

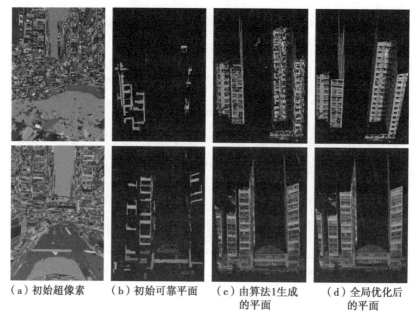

（a）初始超像素　　（b）初始可靠平面　　（c）由算法1生成　　（d）全局优化后
　　　　　　　　　　　　　　　　　　　　　　　的平面　　　　　的平面

图 7.16　实拍数据集相应的结果

（a）City#1　　　　　　　　　　　　　（b）City#2

图 7.17　实拍数据集相应的结果（不同颜色表示不同的可靠平面）

理或结构导致建筑区域过分割环节生成较多小尺寸超像素，进而导致平面可靠
性度量多义性问题的存在以及后续平面推断效率与可靠性的降低（如极端情况
下超像素仅包含一个像素）。

　　根据以上实验可知，已知初始稀疏空间点，通过融合结构先验与高层图
像特征，本节改进算法可有效克服不精确图像过分割、不完备候选平面集与不
可靠平面规则化等问题的影响，可以快速重建建筑精确的多平面结构。

表 7.9　本章算法的运行时间

单位：秒

数据集	改进算法					
	初始超像素	初始平面	线段检测	初始结构	全局优化	合计
Valbonne	1.1	4.9	2.5	17.8	0.8	27.1
Wadham	2.4	7.6	4.1	34.2	1.1	49.4
City#1	3.7	8.7	10.7	61.8	2.4	87.3
City#2	4.2	5.5	9.7	74.4	3.1	96.9

第五节　本章小结

为了增强传统场景分段平面重建算法在初始空间点较为稀疏、图像过分割质量较低以及候选平面集不完备时的可靠性，同时克服其在场景结构优化时过于依赖"具有相近特征的相邻超像素分配相同平面"假设的缺点，本章在场景结构先验的基础上构建了有效的场景平面可靠性度量，并通过图像区域与相应平面协同优化的方式对场景结构进行了推断。实验结果表明，相对于传统算法，本章算法具有较高的可靠性与精度。

当前，本章算法的主要缺点在于：①过于稀疏（如仅几个）的初始空间点可能导致初始可靠平面较少且平面度量的可靠性较低，进而可能导致迭代过程提前结束；②场景中的弱纹理曲面结构不属于本章定义的场景结构先验范畴，因而会导致场景平面度量可靠性及场景重建可靠性降低。针对以上问题，采用空间点稠密扩散方法提高空间点的数量或融合空间直线信息以提高初始可靠平面的数量及可靠性将有望增强本章算法的可靠性。此外，利用深度学习获取场景更丰富的结构先验（包括特定物体或几何形体）以更有效地指导场景重建过程或采用 MRF 高阶能量优化的方式对场景结构进行更有效的优化将进一步提高本章算法的精度。

第八章 基于"线–面"基元的两视图三维建筑结构重建

本章提出一种有效的基于线段匹配与建筑结构先验的城市建筑立面三维"线–面"结构快速重建算法。本章算法首先利用在当前图像中检测的初始线段将图像分割为互不重叠的区域，然后在点–线约束空间内对每个区域的垂直边进行匹配并通过全局多平面拟合的方式获取建筑初始主平面；在此基础上，利用建筑结构先验（如共线、共面与特定平面夹角等）对图像中潜在线段匹配（空间线段）进行推断与优化，进而获取每个区域对应的空间平面。实验结果表明，本章算法仅利用两幅图像即可重建以"线–面"形式表达的城市建筑立面完整的结构，整体上具有较高的效率与精度。

第一节 问题分析

近年来，基于图像的城市建筑三维重建技术由于代价低廉、操作灵活等优点而备受关注；然而，在光照变化、透视畸变等干扰因素的影响下，相关算法的精度与效率通常较低。事实上，在城市建筑立面三维重建中，采用不同的重建基元或融入不同层次的结构先验，往往对重建精度与效率产生不同程度的影响。具体而言，点基元虽有利于表现建筑结构细节，但却不易用于重建弱纹理区域的结构；线基元虽有利于表现建筑结构的边界，但由于在图像中检测线段的稀疏性以及图像间线段匹配可靠性较低等问题而不易重建完整的结构；面基元虽可解决弱纹理区域的重建问题而获取完整的结构，但却不易重建精确的结构边界（如图像区域分割精度引起的直线结构重建偏差）或仅获得过于简单的结构模型（如 Manhattan–world 模型）。在此情况下，有效地融合不同类型的基元及更丰富的结构先验，将有利于提高建筑立面重建的精度与效率。然而，在传统相关算法中，以下问题仍未得到有效的解决：①不同类型的基元仅被单独应用或仅相互作为初值进行考虑而未得到充分的融合，不易获得较高的重建精度或完整的结构。②更丰富的先验知识（如直线之间以及平面之间特定的夹角）未能被充分利用，难以保证较高的重建效率。

在相关工作，Fan 通过与线段相邻特征点的匹配估计了两线段之间仿射变换并依此度量两线段之间的匹配相似度，进而利用特征点之间的旋转量滤除不可靠线段匹配以提高整体线段匹配的性能[154]。Kim 根据 Manhattan-world 模型假设与平行共面直线不变性，利用 Mean-Shift 算法对在图像中检测到的线段进行了分组并确定了每个分组对应的平面，有效提高了室内场景弱纹理区域的重建可靠性[155]。为了提高宽基线图像线段匹配的可靠性，Al-Shahri 利用极线几何约束与局部结构共面特征对线段匹配进行约束与验证[156]，Verhagen 则提出一种尺度不变的宽基线图像线段描述子[157]，Jia 首先检测点－线不变性共面区域并确定相应的单应矩阵，然后在单应矩阵的约束下对线段进行匹配[158]。类似地，基于相邻空间线段共面的假设，Li 首先对图像中的尺度与仿射不变性 V 型结构区域进行检测并确定相应的单应矩阵，然后根据单应矩阵求取了线段匹配对应的空间线段并在 MRF 框架下对空间线段进行了优化[159]。

在实际中，尽管以上算法可在特定条件下提高线段匹配的可靠性，但对于场景三维重建问题，由于线段数量较少，特别是在诸多干扰因素（如存在较多重复纹理与较大透视畸变）的影响下，所获取的线段匹配（空间线段）通常较为稀疏而不足以表达场景的完整的结构。

在此情况下，场景分段平面重建算法可在一定程度上解决以上问题。此类算法通常假设场景由多个不同的平面面片构成，然后通过平面面片与相应图像特征（如像素颜色与位置关系）之间的关系确定平面面片参数，进而获取完整的场景结构。在相关工作中，Bodis-Szomoru 等在初始稀疏空间点与图像过分割获得的超像素的基础上在 MRF 框架下推断场景的完整结构[116]；该算法虽然速度较快，但其为了通过空间点拟合的方式获取每个超像素对应的初始平面而采用了较大尺寸的超像素，这在实际中往往会导致算法的可靠性较差（尺寸较大的超像素对应的空间点深度变化通常较大，相应的空间面片并不能简单地近似为平面）。Verleysen 利用 DAISY 特征描述子进行图像匹配以生成稠密的空间点，在此基础上抽取候选平面集以完成 MRF 框架下的场景结构推断[43]。相对而言，由于稠密空间点通常蕴含场景更丰富的结构信息，由其生成的候选平面集往往具有较高的完备性，因而可有效保证后续环节场景结构推断的可靠性。然而，由于图像稠密匹配较为耗时，因而该算法整体效率较低。在已知初始稠密空间点的情况下，Nguatem 首先采用分治算法对初始稠密点云进行分割并对分割后的不同点云区域进行特定结构的识别（如地面、建筑立面、屋顶及其他等），进而采用不同的方法（如多边形扫描）对不同结构的点云进行拟合以生成城市场景精确、完整的结构表达形式[160]；然而，由于该算法对初始点云稠密度及场景结构存在较大的依赖与假设，因而在初始点云较为稀疏或场景结构较为复杂时不易获得较好的结果。此外，利用单幅图像推断[161]场景分段平面结构的工作越来越受到研究者的关注。此类算法通常在特定场景结构先验的基础上利用深度学习方法对单幅图像对应的场景结构进行推断，往往可快速获取相对可靠的结果。然而，由于单幅图像所包含场景结构信息较少，其精度仍有待于进一步提高。

第二节　算法原理

传统以点、线、面等基元进行场景重建的算法通常存在以下问题：①点基元在弱纹理区域重建性能较差，在稠密匹配时效率较低；②线基元由于数量较少或匹配可靠性较差（如在匹配图像中无法检测到与参考图像中的线段相匹配的线段、在许多区域无法检测到线段等）而仅获取较为稀疏空间线段但却难以表达场景完整的结果［如图 8.1（b）~（c）所示］；③面基元不易重建精确的结构边界或仅获取过于简单的模型［如图 8.1（d）矩形标示区所示不精确的图像过分割往往导致场景分段平面重建算法产生较大的错误］。

（a）参考图像　　（b）初始线段检测　　（c）不完整的线结构　　（d）不精确的图像过分割可能导致不精确的边界重建

（e）垂直直线　　（f）非垂直线段　　（g）区域分割　　（h）区域边界

图 8.1　传统算法存在的问题与解决思路

事实上，对于以平面结构为主的城市建筑立面，其中不但包含丰富的直线与平面信息，而且直线之间、平面之间以及直线与平面之间均存在较大的相关性或先验知识，即①在图像中检测到的直线与建筑结构边界相一致，直线的主方向数量有限（如近似垂直或水平方向等）且垂直或近似垂直直线（以下简称垂直直线）决定着城市建筑垂直于地面的主要特征；②直线与平面之间存在紧密的联系与对应关系（如两平面相交为直线、两相邻平行直线共面等）；③相邻直线或平面之间存在特定的约束关系（如相邻两平面之间的夹角为特定值、直线间的夹角在相邻图像之间变化不大等）。

根据以上分析，解决传统算法所存在问题的最简单、直接的方法在于：在图像中检测线段，并通过垂直线段聚类的方式获得垂直直线，然后利用非垂直线段将相邻垂直直线之间的建筑区域分割为多个两边为垂直线段的区域，进而在以上建筑结构先验的引导下采用线段匹配的方式快速求取每个区域［如图 8.1（g）～（h）所示］对应的空间平面，最终获取建筑立面完整的"线－面"结构。

如图 8.1（b）是采用文献[162]算法检测的初始线段，通过垂直线段的聚类可获得如图 8.1（e）所示建筑主垂直直线；对于两相邻垂直直线，选择所有与其距离较近的非垂直线段［见图 8.1（f）］并求取相应的交点，然后根据交点按从上自下的顺序将两者位于建筑区域中的部分分割为多个如图 8.1（g）所示的区域与如图 8.1（h）所示的相应线段。实验中发现，以上方法不但可在一定程度上解决长线段断裂、部分线段检测失败等问题而获得更多的线段以用于表达建筑的主体结构，而且相应的区域对应的空间面片更可能为空间平面，因而更有利于通过匹配其两垂直边的方式而重建建筑完整的多平面结构。需要注意的是，在此过程中，本章算法通过语义标注算法[147]将以上过程约束在建筑区域内完成以提高整体重建过程的可靠性与效率。此外，虽然以上方法也存在直线将单个空间平面对应区域分割为两部分、天空与建筑相接边界以及地面与建筑的相接边界为非直线情况，此问题并不影响线段的匹配与相应平面的推断。

根据以上分析，本章采用逐步求精的方式确定图 8.1（g）～（h）所示区域对应的"线－面"结构，其基本流程如图 8.2 所示。

在本章算法中，线段匹配包括成对图像线段（在两幅图像中均可检测到实际可被匹配的两线段）的匹配及单个图像线段（仅在参考图像中检测到的线段）对应空间线段的推断。为方便算法描述，下文将图像线段简称为线段以区别于空间线段。

图 8.2　本章算法的基本流程

本章工作主要创新之处如下：

（1）根据城市建筑立面结构特征，利用点、线基元相互约束的方式提高线段匹配的可靠性与效率。

（2）针对仅在参考图像中检测到的线段，利用建筑结构先验对相应的空间线段进行有效的推断。

（3）在点、线、面等基元统一的框架下对建筑立面"线－面"结构进行局部与全局优化以提高其整体重建精度。

一、初始"点－线"约束匹配

本章算法以图 8.3（a）所示区域两垂直边［如图 8.3（b）所示］为对象进行线段匹配，进而确定其相应的"线－面"结构；为此，设参考图像 I 与匹配图像 I' 中的垂直直线集分别为 $\mathcal{L}$：$\{L_i\}$（$i=1$，$\cdots$，M）与 $\mathcal{L}'$：$\{L'_i\}$（$i=1$，$\cdots$，N），图像 I 中垂直线段集为 L：$\{l_i\}$（$i=1$，$\cdots$，k）。

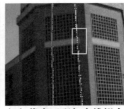

（a）当前区域　　（b）左右两垂直线段　（c）像素匹配与直线拟合　（d）矩形标示区内放大显示

图 8.3　"点－线"约束匹配示例

对于线段 $l_i \in L$，本章算法根据 DAISY 特征确定其在图像 I' 中的匹配直线（相应的匹配线段可根据线段 l_i 中像素的极线与该直线的交点确定）。设线段 l_i 上像素集为 P：$\{p_i\}$（$i=1$，$\cdots$，n），对于像素 $p_i \in P$，由于其在图像 I' 中的匹配点更可能位于垂直直线上或垂直直线附近；因而，本章算法首先在图像 I' 中求取像素 p_i 的相应极线与集合 $\mathcal{L}'$ 中所有垂直直线的交点，然后分别在其极线上每个交点两侧选择 10 个像素（过多像素可提高可靠性但也增加计算复杂度）的 DAISY 特征与像素 p_i 的 DAISY 特征进行匹配并从中确定最优匹配点 p_i'，进而确定集合 P 中所有像素对应匹配点的集合 P'：$\{p_i'\}$（$i=1$，$\cdots$，n）。需要注意的是，为了提高整体效率，此过程均在建筑区域（通过图像语义标注算法检测）内完成。

其实，通过垂直直线对候选匹配点进行约束，以上过程整体效率通常较高，而对于集合 P' 的可靠性，本章通过以下条件进行度量：

$$T(l_i, L_m') = \frac{1}{n} \sum_{k=1}^{n} \delta(d(p_k', L_m') < \epsilon) \tag{8.1}$$

式中，$L_m' \in \mathcal{L}'$ 为图像 I' 中当前垂直直线，$d(p_i', L_m')$ 表示像素 p_i 的匹配点 p_i' 到直线 L_m' 的距离，指示函数 $\delta(\cdot)$ 当输入条件为真时取值为 1，否则取值为 0；ϵ 为距离阈值，设置过大易引入较多的匹配外点，而较小则可能导致最终获取的可靠匹配数较少。

事实上，$T(l_i, L_m')$ 值较高时，如图 8.3（c）所示，集合 P' 中像素大部分位于直线 L_m' 附近，因而线段 l_i 对应的匹配直线应为 L_m'，对应的匹配线段 l_i' 可通过求取集合 P 中像素的极线与直线 L_m' 交点的方式确定；否则，线段 l_i 对应的匹配线段则可能未被检测到或被遮挡，此时本章采用建筑结构先验推断其对应的空间线段。

在实验中发现，由于噪声、透视畸变等因素的影响，集合 P' 中不但可能存在少量外点，而且当前直线 L_m' 与真实直线之间可能也存在偏差。为此，如图 8.3（d）所示，本章采用 RANSAC 方法对集合 P' 中的匹配点进行了拟合并利用所获取的直线更新了直线 L_m'，此直线规范化过程有利于增强后续环节对空间平面推断的可靠性。

在实际中，相对于短线段（如包含少于 10 个像素），长线段的匹配往往具有更高的可靠性，因而，在"点－线"约束匹配中，本章算法首先匹配长线段，然后在已匹配结果的约束下对短线段进行匹配；其中，对于图像 I' 中直线 L_m'，参考图像 I 中的短线段 $l_i \in L$ 匹配可靠性度量定义为：

$$M(l_i, L_m') = \max_{l_m'} \left(T(l_i, L_m') + \mu \cdot \sum_{l_j \in N(l_i)} e^{-|S(l_i, l_j) - S(l_m', l_j')|} \right) \tag{8.2}$$

式中，l_m' 为直线 L_m' 上与线段 l_i 相应的候选匹配线段（根据线段 l_i 中像素的极线与直线 L_m' 的交点确定），$N(l_i)$ 表示与线段 l_i 位于同一直线且已匹配的线段集合，线段 l_j' 为线段 l_j 的匹配线段，$S(x, y)$ 为线段 x 与 y 的特征相似度，采用线段 x 与 y 中点处的 DAISY 特征度量；μ 为约束项权重，设置较大时趋于为短线段分配与其相邻线段相同的匹配直线，因而有利于获取整体一致的结果。

在以上线段匹配过程完成后，本章算法采用交叉验证方法剔除外点以获取可靠的匹配结果，即对于线段 l_i 在图像 I' 中的匹配线段 l_i'，如果其通过以上方法在图像 I 中确定的匹配线段 l_i^* 与线段 l_i 之间的平均距离小于指定阈值（实验设置为 2），则认为线段 l_i 与 l_i' 为可靠匹配。在此实验中，如图 8.4（a）所示，近 70% 的线段可获得可靠的匹配，未匹配线段主要分为三类：①由于垂直直线的约束而匹配错误的线段（约 5%）；②被遮挡线段（在图像 I' 相应视点被遮挡）；③未在图像 I' 中检测到可被匹配线段的线段。为此，本章算法采用建筑结构先验对这些线段对应的空间线段进行推断。

（a）可靠线段匹配　　（b）不同主平面线段（不同颜色　（c）图（a）中线段对应空间线
　　　　　　　　　　　　　表示不同平面）　　　　　段顶视图

图 8.4　建筑主平面抽取

二、建筑主平面拟合

在通过以上方法获取可靠线段匹配集 M：$\{l_i, l_i'\}$（$i=1, \cdots, k_1$）后，本章算法通过三角化方法生成相应的空间线段集 $\mathcal{F}$：$\{\ell_i\}$（$i=1, \cdots, k_1$）并采用全局式多模型拟合方法[114]从中检测建筑主平面 $\mathcal{H}$：$\{h_i\}$（$i=1, \cdots, k_2$）以对未匹配线段对应的空间线段进行推断，相应的能量函数定义如下：

$$E(H) = \sum_{\ell_i \in \mathcal{F}} S(h_{\ell_i}) + \lambda \cdot \sum_{\ell_k \in N(\ell_i)} S(h_{\ell_i}, h_{\ell_k}) \tag{8.3}$$

式中，h_{ℓ_i} 表示当前为空间线段 ℓ 分配的空间平面，$N(\ell_i)$ 为空间线段 ℓ 的相邻空间线段集（通过图像 I 中对应线段的左右与上下相邻线段确定），λ 为平滑项权重，设置较大时趋于以较少的空间平面拟合当前空间线段，$S(h_{\ell_i})$ 表示空间线段 ℓ_i 对应两匹配线段端点的 DAISY 特征相似性度量的均值，$S(h_{\ell_i}, h_{\ell_k})$

表示两相邻空间线段 ℓ_i 与 ℓ_k 的平滑性约束，即：

$$S(h_{\ell_i},h_{\ell_k}) = \begin{cases} e^{\frac{d(\ell_i,\ell_k)}{\sigma_1}} \cdot e^{-\frac{S(\ell_i,\ell_k)}{\sigma_2}} & h_{\ell_i} \neq h_{\ell_k} \\ 0 & h_{\ell_i} = h_{\ell_k} \end{cases} \qquad (8.4)$$

式中，$d(\ell_I,\ell_k)$ 为相邻空间线段 ℓ_i 与 ℓ_k 中点之间的距离，$S(\ell_i,\ell_k)$ 为空间线段 ℓ_i 与 ℓ_k 在图像 I 中对应线段中点 DAISY 特征相似度；参数 σ_1 与 σ_2 分别控制距离与特征度量的平滑约束力度。

在式（8.4）中，综合采用空间线段距离与图像线段特征旨在增强空间平面标记间的平滑性约束；相对于在图像中通过三角网格度量空间点距离的方法（实际相距较远的两个空间点或线段在图像中的投影点或线段可能相距较近，采用三角网格构造平滑性约束可能会导致较大错误），往往可获得更好的效果。此外，主平面拟合过程中所用候选平面通过相邻空间线段上的空间点拟合生成，可在一定程度上避免随机采样空间点生成候选平面的复杂性。

如图 8.4（b）~（c）所示，通过以上方法获取的建筑主平面整体上表达了建筑的主体结构，有利于后续环节对建筑细节结构进行推断。

三、基于结构先验的空间线段推断

对于以平面结构为主的城市建筑，各组成平面之间的夹角通常是特定值（如 45°），因而，在已知建筑主平面的情况下，可依此结构先验对"点‐线"约束匹配阶段未匹配线段对应的空间线段进行推断，如图 8.5 所示。

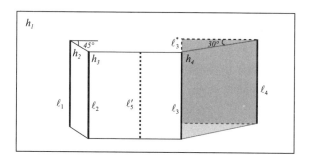

图 8.5　空间线段推断与平面优化

具体而言，若线段 l_2 对应的匹配线段未能在图像 I' 中被检测，因而无法采用匹配的方式确定其对应的空间线段 ℓ_2；然而，如图 8.5 所示，当建筑主平

面 h_1 与空间线段 ℓ_1 已知时，则可根据相邻直线共面的假设以空间线段 ℓ_1 所在直线为轴将平面 h_1 的法向量旋转 45° 确定平面 h_2，进而通过求取线段 l_2 反投影线与平面 h_2 交线的方式确定空间线段 ℓ_2。在此过程中，虽然平面 h_2 与 h_1 之间的夹角 45° 事先未知，但往往却在指定范围内（平面夹角先验，如［30°，45°，90°］）；因而，为了从根据平面夹角先验生成的空间平面中确定最优者，本章定义如下度量：

$$T(l_i, H_A) = \min_{H_A} \frac{1}{n} \sum_{i=1}^{n} S(p_i, H_A(p_i)) \tag{8.5}$$

式中，H_A 为集合 $\mathcal{H}$ 中的空间平面根据夹角先验 A_{prior}（实验设置为［-60°，-45°，-30°，0°，30°，45°，60°，90°］）生成的空间平面，$H_A(p_i)$ 为像素 p_i 的反投影线与空间平面 H_A 的交点在图像 I' 中的投影点，$S(p_i, H_A(p_i))$ 为像素 p_i 与投影点 $H_A(p_i)$ 之间的 DAISY 特征相似度。

事实上，当线段 l_i 在图像 I' 视点被遮挡时，$T(l_i, H)$ 值通常较大；在本章算法中，当 $T(l_i, H_A) > 2 \cdot \bar{S}$（$\bar{S}$ 表示集合 M 中所有匹配线段对应 DAISY 特征相似度的均值）时，则不再对线段 l_i 对应的空间线段进行推断；而当区域的两垂直边均被遮挡时，则不再对该区域对应的空间平面进行推断。

四、"线 - 面"结构优化

在"点 - 线"约束线段匹配及空间线段推断之后，图 8.1（g）所示区域对应的空间平面可随之确定（如拟合区域两垂直边上空间点）。然而，由于图像中相邻线段间的区域并不一定与真实空间平面相对应或两相邻线段之间实际可能包含多个平面，因而最终获取的建筑多平面结构中往往包含一定的错误。如图 8.5 所示，空间线段 ℓ_3 与 ℓ_4 之间的平面 h_4 并非真实空间平面，因而需要进行检测与优化。

为了度量空间平面的可靠性，本章算法对分别利用图像 I 与图像 I' 获取的空间平面的一致性进行了交叉验证。即对于区域 $S \in I$ 与 $V \in I'$ 对应的空间平面 h_s 与 h_v，当以下条件 $T(h_s, h_v)$ 满足时，则认为两者是可靠的且为同一空间平面：

$$T(h_s, h_v) = \frac{\min(R(S, h_v), R(V, h_s))}{\max(|S|, |V|)} > \varepsilon \tag{8.6}$$

式中，$|S|$ 为区域 S 内所有像素数，阈值 ε 用于判断空间平面可靠性，设置过大时会导致较多的空间平面被判定为不可靠，从而增加"线 - 面"结构优化

的计算复杂度；$R(S, h_v)$ 为区域 S 中已获取可靠空间点的像素数，其中的可靠空间点定义为：对于像素 $p \in S$ 及其在空间平面 h_s 诱导下在图像 I' 中投影点 $h_s(p)$，如果投影点 $h_s(p)$ 在空间平面 h_v 诱导下在图像 I 中的投影点 $h_{sv}(p)$ 与像素 p 之间距离小于指定阈值，则认为像素 p 已获取可靠空间点（其反投影线与空间平面 h_s 的交点）。

对于不满足式（8.6）所示条件的不可靠空间平面，需要进一步进行推断与优化。

（一）局部优化

对于图像 I 中两垂直边分别为 l_i 与 l_k 的区域 Q_{ik}，若其对应的空间平面不可靠，本章采用两种方式对其进行局部优化。

（1）空间平面调整：分别以空间线段 ℓ_i 与 ℓ_k 所在垂直直线为轴，利用基于结构先验的空间线段推断方法推断线段 l_k 与 l_i 在其他空间平面对应的空间线段 ℓ_k^* 与 ℓ_i^*，进而根据空间线段 ℓ_k^* 与 ℓ_i 以及 ℓ_i^* 与 ℓ_k 构建满足式（10.6）所示条件的最优空间平面作为区域 Q_{ik} 对应的可靠空间平面。如图 8.5 所示，空间平面 h_4 不可靠，以空间线段 ℓ_4 所在垂直直线为轴确定了位于空间平面 h_1 中被空间线段 ℓ_3 遮挡的空间线段 ℓ_3^*，因而，本章在保留空间线段 ℓ_3 并删除空间平面 h_4 的同时，增加了线段 l_3^* 与相应的空间线段 ℓ_3^* 以使线段 l_3^* 与 l_4 构成的区域与空间平面 h_1 相关联。

（2）图像区域分裂：对于图像 I' 中的线段 l'_m，若其在图像 I 中未能检测到与之匹配的线段但对其对应的空间线段 ℓ'_m 进行了推断，则空间线段 ℓ'_m 在图像 I 中的投影线段 l_m 可能位于区域 Q_{ik} 的内部；因而，若 ℓ'_m 与 ℓ_i 或 ℓ_k 可以构成可靠空间平面，则将 Q_{ik} 进行分裂并分别确定两分裂区域对应的空间平面。如图 8.5 所示，空间线段 ℓ'_5 的投影线段 l_5 位于区域 Q_{23} 内部且 ℓ'_5 与 ℓ_2 以及 ℓ'_5 与 ℓ_3 可构成可靠空间平面，则将区域 Q_{23} 分裂为区域 Q_{25} 与 Q_{53} 并分别为其分配相应的空间平面，同时将线段 l_m 添加至线段集 L。

（二）全局优化

局部优化仅对小部分线段、区域及其对应的空间线段与平面进行调整，为获得整体一致的"线－面"结构，本章算法在能量优化框架下进一步对当前结果进行全局优化，相应的能量函数定义为：

$$E(H) = \sum_{s \in R} E_{point}(s, h_s) + \alpha \cdot \sum_{t \in N_1(s)} E_{line}(h_s, h_t) + \beta \cdot \sum_{k \in N_2(s)} E_{plane}(h_s, h_k) \quad (8.7)$$

式中，R 与 H 分别表示图像 I 中所有区域及相应的空间平面，$N_1(s)$ 表示两垂直边位于相同直线且与区域 s 相邻的区域集合，$N_2(s)$ 表示其他与区域 s 相邻的区域集合；α 与 β 为权重参数，两者设置较大时将导致优化过程产生较少的空间平面而不利于突出结构细节，而较小时则不利于获取全局一致性的空间平面，实验中均设置为 0.5 时可获得较好的结果；$E_{point}(s, h_s)$、$E_{line}(h_s, h_t)$、$E_{plane}(h_s, h_k)$ 分别为点特征度量、共线约束与平面先验约束。

（1）点特征度量。主要用于度量为区域 s 分配空间平面 h_s 的代价，利用像素特征定义如下：

$$E_{point}(s, h_s) = \frac{1}{m} \sum_{i=1}^{m} D(q_i, h_s(q_i)) \tag{8.8}$$

式中，像素 q_i 为区域 s 的顶点（$m=4$），$h_s(q_i)$ 为像素 q_i 的反投影线与空间平面 h_i 的交点在图像 I' 中的投影点，$D(q_i, h_s(q_i))$ 表示像素 q_i 与投影点 $h_s(q_i)$ 之间 DAISY 特征相似度。

（2）共线约束。主要用于鼓励垂直边位于同一垂直直线上的两相邻区域分配相同的空间平面，具体定义为：

$$E_{line}(h_s, h_t) = \begin{cases} e^{-\frac{D(s,k)}{\sigma_3}} & h_s \neq h_t \\ 0 & \text{otherwise} \end{cases} \tag{8.9}$$

式中，$D(s, k)$ 为区域 s 与 k 质心间的 DAISY 特征相似度（实验中也采用颜色度量，效果差别不大但速度较慢），参数 σ_3 控制特征度量的平滑约束力度。

（3）平面先验约束。对于不具备显著共面特征的相邻区域，用于为其分配属于指定结构先验的空间平面，具体定义为：

$$E_{plane}(h_s, h_k) = \begin{cases} \tau \cdot e^{-\frac{D(s,k)}{\sigma_3}} & A(h_s, h_k) \notin A_{prior} \\ 0 & \text{otherwise} \end{cases} \tag{8.10}$$

式中，$A(h_s, h_k)$ 为空间平面 h_s 与 h_s 的夹角，τ 为平滑项松弛参数，设置较小有利于突出空间平面之间的特定夹角特征而重建更多结构细节，但设置过小却不利于获取全局一致性的结构；实验设置为 0.4 可获得较好的结果。

对于式（8.7）所示能量函数的求解属于 NP-hard 问题，本章采用协同优化方法获取其近似最优解；最后，本章算法利用式（8.6）所定义条件对两幅图像不一致的结构（区域及相应空间平面）进行剔除。如图 8.6（a）~（d）所示，除遮挡线段与区域之外（如实线矩形标示区域），其他线段与区域皆可得到较好的重建，位于相同平面上的空间面片在图像中对应的区域与边界（如虚线矩形标示的两空间平面交线）较为一致，纹理化后的"线－面"结构较为完整。此外，由于线、面基元的融合与平面夹角先验的引导，本章算法整体运行速度也较快（在本例实验中，运行时间共约 13 秒）。

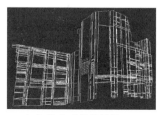 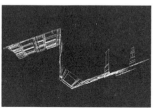 

（a）优化后的线结构　　　（b）线结构顶端视图　　　（c）优化后的面结构

（d）相同平面对应相同颜色　　（e）纹理化后的"线–面"结构　　（f）顶视图
　　表示的图像区域

图 8.6　"线－面"结构优化

第三节　实验与分析

为了验证本章算法的性能，除生命科学院（以下简称 LSB，4368×2912）数据集外，本章进一步采用如图 8.7 所示的数据集对其进行测试：

（1）牛津大学数据集[105]：Valbonne（图像分辨率为 512×768）；

（2）中科院数据集[124]：清华学堂（以下简称 TS，图像分辨率为 2184×1456）；

（3）实拍城市建筑数据集：City#1 与 City#2（图像分辨率为 1884×1224）。

对于当前图像，本章算法采用其 1 幅相邻图像以重建相应的"线－面"结构；此外，本章采用可靠空间点比例 T_1 与可靠空间平面总数 T_2 衡量算法的可靠性，其中，T_1 为式（8.6）所定义已获取可靠空间点的像素所占建筑区域内所有像素的比例，T_2 为根据式（8.7）确定的建筑区域内可靠空间平面的总数。

（a）Valbonne   （b）TS   （c）City#1   （d）City#2

图 8.7   数据集图像示例

本章实验环境为 64 位 Windows 7 系统，基本硬件配置为 Intel 4.0 GHz 四核处理器与 32G 内存。此外，所有算法均采用 Matlab 语言实现。

一、参数设置

本章算法所有实验均采用相同的参数设置。前文已对各个参数的具体设置进行了讨论，表 8.1 所示为其默认取值与功能描述。

表 8.1   参数配置

序号	名称	默认值	功能描述
1	$\in$	2	距离阈值
2	μ	0.7	短线段匹配约束项权重
3	λ	0.6	主平面拟合正则项权重
4	σ_1	20	主平面拟合距离控制参数
5	σ_2	2	主平面拟合特征度量控制参数
6	ε	0.8	平面可靠性判断阈值
7	σ_3	2	"线 – 面"结构优化特征度量控制参数
8	τ	0.4	平滑项松弛参数
9	α	0.5	"线 – 面"结构优化正则项权重（共线约束）
10	β	0.5	"线 – 面"结构优化正则项权重（平面先验约束）

二、结果分析

本章算法主要利用线段匹配的方式快速获取建筑立面完整的结构，之前需进行线段检测、区域分割等初始化处理。表 8.2 所示为不同图像对应的初始化结果。

表 8.2　不同数据的初始化

数据集	初始线段	垂直直线	区域
LSB	1074	76	1655
TB	5296	207	9805
Valbonne	521	40	723
City#1	4710	255	6303
City#2	4577	219	4531

在第一组实验中，本章采用 Valbonne 数据集测试本章算法的可行性。Valbonne 建筑立面结构相对简单，如表 8.3 与图 8.8（a）~（b）所示，由于在建筑区域检测到的初始线段较少，因而从中仅确定较少的垂直直线，依此对图像进行分割产生的区域也较少。在线段匹配阶段，由于匹配图像中垂直直线的约束与 DAISY 特征描述子对旋转、尺度等因素具有较好适应性，建筑立面中的大部分线段皆被可靠地匹配，进而可求取初始可靠空间线段并通过多平面拟合的方式获得可靠的建筑主平面［见图 8.8（c）］。以此为基础，在建筑结构先验的引导下，未匹配线段对应的空间线段可被有效地推断，同时保证了后续"线–面"结构优化的可靠性。最终，通过融合点、线、面之间的几何约束与特征表达，通过协同优化方法可获得全局一致性的"线–面"结构；如图 8.8（d）~（e）所示，线结构与面结构相对较为完整，位于相同平面的空间面片对应的图像区域被合并［见图 8.8（f）~（g）］，不同平面面片间的边界与建筑结构基本一致，整体上具有较高的精度。

表 8.3　不同算法的重建结果

数据集	线段匹配	主平面	线段推断	初始平面	本章算法		算法［43］	
					T_1	T_2	T_1	T_2
LSB	1447	11	646	1534	0.8690	18	0.8311	12
TB	7988	17	1785	9577	0.9195	27	0.8994	18
Valbonne	414	4	289	649	0.8934	6	0.8737	6
City#1	5153	6	1046	5965	0.7686	9	0.6836	7
City#2	3899	5	608	4178	0.8005	8	0.6491	8

（a）初始线段　　　（b）区域分割　　　（c）主平面拟合　　　（d）优化后的线结构

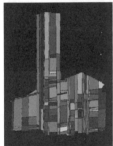

（e）优化后的面结构　（f）面结构在图像中　（g）纹理化的"线-面"　（h）算法［43］生成
　　　　　　　　　　对应区域（相同平面　　　结构　　　　　　的结果
　　　　　　　　　　对应相同颜色）

图 8.8　利用 Valbonne 数据集生成的结果

　　相对而言，算法［43］虽然通过 DAISY 特征的稠密匹配可对建筑结构进行充分的探测并获得稠密的初始空间点，进而通过对不同图像区域包含的空间点进行平面拟合与全局优化的方式获取建筑完整的结构。然而，如图 8.8（h）所示，该算法由于在初始阶段难以确定与建筑结构相一致的图像区域（本章在算法实现中采用 Mean-shift 算法对图像进行分割），因而在获取的结果中存在边界不精确问题。

　　在效率上，如表 8.4 所示，由于图像稠密匹配非常耗时，算法［43］整体运行速度较低。相对而言，本章算法在"点－线"约束匹配阶段，通过垂直直线与建筑语义区域的约束，极大地减少了当前像素对应候选匹配点的数量，有效提高了匹配效率。此外，建筑主平面拟合仅针对数量不多的空间线段，因而未消耗过多时间，而建筑结构先验的引导作用使空间线段推断与"线－面"全局优化可快速收敛。整体上，本章算法相对具有更高的效率。

表 8.4　本章算法的运行时间

单位：秒

数据集	区域分割	初始匹配	主平面	线段推断	结构优化	合计	算法［43］
LSB	3.4	3.1	1.4	2.2	2.7	12.8	354.2
TB	2.3	4.5	2.1	1.9	3.1	13.9	299.1
Valbonne	1.1	1.4	0.6	0.7	1.1	4.9	109.6
City#1	1.6	5.3	1.8	2.9	2.7	14.3	240.9
City#2	2.1	4.8	1.2	3.1	2.4	13.6	226.4

在第二组实验中，本章采用 TB 数据集进一步验证算法的鲁棒性。如图 8.7（a）所示，TB 建筑结构虽然相对较为复杂，但其直线、平面等结构特征却更加明显。因而，利用如图 8.9（a）所示的初始线段对建筑区域进行分割可获得与实际结构相一致的区域［见图 8.9（b）］，有效保证了后续环节线段匹配、主平面拟合以及"线－面"结构优化的可靠性。整体上，如图 8.9（c）~（e）与表 8.2 所示，本章算法仍可获得较好的结果，尤其在重建细节结构（如窗户）时，其效果尤其明显。值得注意的是，如图 8.9（c）矩形标示的植物区域，在初始阶段也在其中检测到较多的线段，但由于这些线段不满足垂直性约束条件，因而未对后续环节产生影响；相反地，此区域在建筑区域结构的约束下，在"线－面"结构全局优化阶段被分配了建筑区域对应的空间平面，在一定程度上表明本章算法具有较好的可靠性。

（a）初始线段　　　（b）区域分割　　　（c）主平面拟合　　（d）优化后线结构

（e）优化后的面结构　（f）面结构在图像中对　（g）纹理化的"线-面"　（h）算法［43］生成
　　　　　　　　　　应区域（相同平面对应　　　结构　　　　　　的结果
　　　　　　　　　　相同颜色）

图 8.9　利用 TB 数据集生成的结果

相对而言，如图 8.9（h）所示，算法［43］仍然存在结构边界重建不精确的问题；而在效率上，由于图像分辨率相对较高，算法［43］在稠密像素匹配阶段消耗更多时间，整体效率更低；本章算法由于利用垂直直线对像素的匹配进行了约束，因而线段匹配过程较快，而主平面拟合、空间线段推断与结构优化等过程由于仅针对数量不多的线段或区域并在结构先验的引导下完成，整体上也未消耗过多时间。

在第三组实验中，本章采用实拍城市建筑数据集测试本章算法的适应性。相对于标准数据集，实拍数据集包含更多干扰因素（如光照变化、重复纹理等），完整重建其结构具有较大的难度。在实验中发现，由于建筑区域距离相机较远且包含较多重复纹理，直接进行像素匹配通常不易获得较好的结果，对已匹配像素所求取的空间点往往也与真值之间存在较大的偏差。在此情况下，通过线、面等层次基元或结构先验的融入，往往可获得相对较好的结果。

在此实验中，如图 8.10（a）所示，由于城市建筑较高、重复纹理较多等特征，在图像中检测到的实际位于同一垂直直线上的线段通常较短，通过对同一垂直直线上短线段的聚类与合并，往往更有利于探测建筑的主体结构。此外，本章算法通过两幅图像建筑区域的检测避免了天空、地面等区域不必要的线段匹配与结构重建，在一定程度上提高了建筑区域内线段匹配与结构重建的可靠性与效率。如图 8.10（c）所示，根据建筑区域内线段匹配结果，建筑主平面可被有效地拟合，而在已知其建筑主平面的情况下，根据多平面结构与特定平面夹角等结构先验，更多结构细节可被重建。如图 8.10（d）~（i）所示，更多平面以及平面之间的交线被重建，线结构与面结构均具有较高的可靠性。相对而言，算法［43］由于诸多干扰因素的影响而未能获得较好的结果，如图 8.10（j）所示，部分建筑区域由于未包含空间点或空间点与真值偏差较大而在空间平面推断中未获得可靠的结果。

在效率上，由于建筑区域在图像中所占比例较小，而本章算法仅针对建筑区域进行重建而且在结构先验的引导下完成线段匹配与结构优化等过程，因而整体效率相对于算法［43］更高。

图 8.11 所示为图 8.10（g）中矩形标示区域的放大显示结果，从中可以发现，本章算法可准确地重建城市建筑结构边界，有效解决了算法［43］存在的问题。

（a）初始线段　　　（b）区域分割　　　（c）主平面拟合　　（d）优化后的　　（e）图（d）中
　　　　　　　　　　　　　　　　　　　　　　　　　　　　　　　线结构　　　　矩形标示区放大
　　　　　　　　　　　　　　　　　　　　　　　　　　　　　　　　　　　　　　　显示

（f）优化后的　　（g）面结构在图像　　（h）纹理化的　　（i）图（h）中矩　　（j）算法［43］
　　面结构　　　　中对应区域（相同平　　"线–面"结构　　形标示区放大显示　　生成的结果
　　　　　　　　面对应相同颜色）

图8.10　利用实拍数据集生成的结果

（a）City#1（左:本章算法; 右:算法［43］）　　（b）City#2（左:本章算法; 右:算法［43］）

图8.11　图8.10（g）矩形标示区局部放大显示

以上实验结果表明，在城市建筑立面的重建中，以线段匹配为基础，将点、线、面等基元进行有效的融合更有利于快速获取其完整的结构，而建筑结构先验的融合则可有效提高整体重建的效率与可靠性。

第四节　本章小结

为了快速重建城市建筑立面完整的三维结构，本章根据其结构特征，利用在图像中检测的线段将建筑区域进行了分割，然后在点－线约束空间内对分割所得区域的垂直边进行了快速匹配并全局地拟合了建筑主平面，进而利用建筑结构先验对潜在的空间线段进行了推断并在点、线、面统一的框架下对建筑"点－面"结构进行了优化。实验结果表明，本章算法可有效克服传统算法效率低、结构边界重建精度差等缺点，利用两幅图像即可获得较好的结果，整体上具有较高的性能。

本章算法的缺点与改进之处在于：①其精度对初始线段检测的可靠性有一定的依赖性（如场景中的真实直线在两幅图像中均未被检测到，则可能导致利用线段分割的区域包含多个平面，进而会导致不可靠的平面推断）。②场景中的非平面结构可能导致算法可靠性降低。针对此问题，利用多尺度线段检测方法与深层卷积神经网络在图像中检测更多线段与非平面结构有望进一步提高整体算法的可靠性，进而获取更精确的建筑立面结构。

第九章　基于平面夹角约束的
"线－面"建筑结构重建

利用两幅图像重建三维"线－面"形式的建筑结构是城市建模的基本任务。然而，传统的线段匹配方法由于易产生不精确且较少的线段匹配，因而在实际中往往导致三维"线－面"建筑结构重建算法产生不可靠且稀疏的结果。针对此问题，本章提出一种基于角度正则化的三维"线－面"建筑重建算法。本章算法首先利用卷积神经网络对平面之间夹角进行检测并对相关线段进行匹配，其次利用平面之间夹角对不可靠线段匹配进行校正并渐近式地推断未匹配的潜在三维线段，最后在协同优化框架下通过融合几何约束、图像特征与平面夹角正则化项对生成的三维"线－面"建筑结构进行全局优化。在多个数据集上的实验表明，相对于传统算法，本章算法整体上具有更高的精度与效率。

第一节　问题分析

基于图像的三维场景重建技术在数字化城市建模、自主导航与增强现实等领域具有广泛的应用。相对于像素或点基元，线段基元由于易于构造更强的约束或条件而更有利于重建场景的主体结构。

在相关工作中，为了提高线段匹配的可靠性，传统算法[163, 154, 164, 165]通常利用点、线等基元的外观相似度或基于几何约束（如单应性）的局部结构。例如，Wang采用针对局部区域外观特征的均值与标准差直线描述子实现线段的匹配[163]；Fan根据三维空间中以线段为中心的点更可能共面的假设，采用由局部区域内的像素计算生成仿射不变性度量进行线段的匹配[154]；Che首先利用显著性线段计算局部区域的仿射不变性，然后依此匹配其他的线段[164]；Sun利用稀疏空间点估计单应性矩阵以实现线段的匹配[165]；Li利用LJL（Line-Junction-Line）结构解决线段匹配中的尺度变化问题并估计单应性矩阵以提高线段匹配的可靠性[166]。事实上，相对于像素或点几何基元，线段作为更高层的几何基元，更有利于描述场景的空间结构。对于三维线段的重建，线段之间的平行性或正交性等几何约束是提高其性能的关键；例如，根据初始匹配的二维线段，Kim 根据 Manhattan-world 模型假设并通过平面线段聚类的方式探索线段之间的平面性[155]；然而，由于所依赖的模型仅具有三个相互正交的场景方向，因而在具有复杂结构的场景（如多于三个场景方向）的重建中易导致较大的错误；为解决此问题，Hofer 将三维线段重建问题转化为图聚类问题进行求解，而为了在初始线段较少的情况下尽可能恢复场景完整的结构[167, 168]。Ienaga 通过线段匹配、深度信息探测与冗余线段剔除等步骤实现三维线段的重建[169]；Li 则首先对匹配线段进行聚类，然后利用单应性矩阵并在 MRF 框架下对匹配线段进行优化[170]；Bignoli 则提出一种基于图的二维边界检测算法以利用无序图像序列重建场景的直线与曲线结构[171]。

　　在实际中，由于透视畸变、光照变化等诸多干扰因素的影响，传统线段检测与匹配算法通常存在以下问题。

　　（1）不精确的线段检测：如图 9.1（b）~（c）所示，许多线段（如 #104、#341、#240、#259 与 #142 等线段）极大地偏离了真实场景的直线结构。

　　（2）较低的线段匹配比例：如图 9.1（a）所示，仅仅少数具有较高辨识度的线段对可被正确匹配（如 720 条线段中仅有 307 条线段被匹配）。

　　（3）错误线段匹配：已匹配线段中通常存在较多错误的匹配（如 #177、#172、#180、#267 与 #166 线段等）。

　　由于以上问题的存在，如图 9.1（e）~（f）所示，后续的三维"线 – 面"结构重建通常难以产生可靠且稠密的结果。

　　一般情况下，上述问题可以通过多模型拟合算法（尤其是全局式多模型拟合算法）进行解决，其中的三维线段可由多模型拟合算法生成的平面（单应矩阵）进行规则化。然而，以基于单应性矩阵的算法 HLSR[170] 为例，其通过在 MRF 框架下根据距离测度与硬性正则化项构造相关能量函数并进行求解，进而为每个三维线段分配最优单应矩阵。然而，在实际中往往存在以下问题：

　　（1）在线段中点的基础上利用 Delaunay 三角化方法生成的线段邻域系统通常并不可靠，因而，硬性正则化项往往会强制为实际位于不同平面的相邻线段（红色圆圈）分配同一平面，进而导致许多不可靠的平面。此外，如图 9.1（d）中白色矩形标示的线段之间的邻域关系，由于相应的真实三维线段实际相距很远，依此进行平面拟合将导致错误的结果。当初始线段较为稀疏时，由于相邻线段之间可能存在更多潜在的不同平面，此问题将更加严重。

 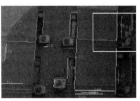 

（a）两幅　　（b）图（a）中白色矩形　　（c）图（a）中白色矩形　　（d）不可靠的邻域系统
图像　　　标示区域匹配的线段　　标示区域匹配的线段　　（方形与圆形分别表示
　　　　　　　　　　　　　　　　　　　　　　　　　　　线段中点及其相邻线段）

（e）根据初始匹配线段　（f）根据初始匹配线段　（g）由算法HLSR生成的　（h）由算法HLSR生成
生成的三维"线－面"　生成的三维"线－面"　三维"线－面"结构与顶　的三维"线–面"结构与
结构及顶视图　　　结构及顶视图　　　视图（不同颜色表示　顶视图（不同颜色表示
　　　　　　　　　　　　　　　　　　不同平面）　　　　不同平面）

图 9.1　三维"线－面"场景结构重建问题与解决方法

（2）仅利用距离测度与硬性正则化项构造的能量函数可靠性通常较差，因而可能在拟合多个平面时产生较大的错误（如无法区分夹角较小的两个平面）；而当两个真实距离较大的三维线段投影至同一个三角网格中时，此错误发生的概率更高。

第二节　算法原理

为了解决以上问题，本章提出一种基于平面夹角约束的三维"线－面"场景结构重建算法，其基本流程如图 9.2 所示。

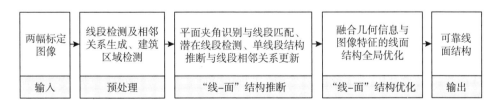

图 9.2　本章算法的基本流程

本章算法的主要创新与特色之处如下：

（1）利用深层卷积神经网络识别线段局部结构特征及相关平面夹角，进而对在图像中检测的初始线段进行匹配，提高线段匹配的可靠性。

（2）利用相邻线段的共面性与平面夹角约束对由噪声引起的误差线段进行校正，同时对由光照变化与透视畸变等因素引起的不易检测线段进行探测及匹配，在提高正确线段匹配数量的同时提高平面检测与线段相邻关系的可靠性。

（3）在协同优化框架下通过融合线段局部结构特征、空间线段与平面之间的几何关系以及平面夹角约束等信息构建能量函数，进而对三维"线－面"场景结构进行全局优化以提高其整体精度。

一、预处理

本章算法预处理步骤包括以下三部分：

（1）建筑区域检测：利用任意图像语义标注算法检测图像中的建筑区域，排除天空、地面等不相关区域以提高算法的可靠性。

（2）线段检测：利用任意线段检测算法在两幅图像中检测线段。

（3）线段相邻关系生成：利用 Delaunay 三角化方法为当前图像中的每个线段构建邻域系统。

二、"线－面"结构推断

在预处理结果的基础上，本章算法利用平面夹角约束对三维"线－面"场景结构进行初始推断，其关键环节描述如下。

（一）平面夹角识别

在实际中，三维线段通常由两个平面以特定的角度相交而生成。因此，对于两幅图像 I_1 与 I_2 中与三维线段相应的线段 $l \in I_1$ 和 $l' \in I_2$，对其进行匹配并识别相关平面夹角有助于后续三维"线－面"场景结构的推断。为此，需要同时确定以下基本信息：①线段 $l \in I_1$ 和 $l' \in I_2$ 匹配的概率；②与线段 $l \in I_1$ 和 $l' \in I_2$ 相关的平面夹角。需要注意的是，虽然识别较多的平面角度有利于探测更多的潜在的三维线段与平面，但同时可能导致较高的计算复杂度。因此，本章算法采用城市建筑中常见的平面夹角，即 A=［ 0° /180°， 30° /150°， 45/135°， 60° /120°， 90° ］。

根据以上分析，本章利用 VGG–F 深度神经网络框架对六种角度进行分类

（五种平面夹角与一种非平面夹角）。需要注意的是，合并两个角度（如45°与135°）对后续的三维"线－面"场景结构推断几乎没有影响，但可以有效降低平面夹角分类模型训练的复杂性。

（二）线段匹配

在平面夹角分类模型的基础上，本章在初始线段集 $\{l_i^0\} \in I_2$ 内搜索每个线段 $l \in I_1$ 的最优匹配。具体而言，对于线段 $l \in I_1$ 和 $l_i^0 \in I_2$，首先计算线段 l 两个端点对应极线与 l_i^0 所在直线的交点并确定新的线段 l_i'；然后利用线段 l 和 l_i' 构造一个双通道图像以输入到平面夹角分类模型中，进而为每个平面夹角类别产生相应的分类概率，而如果该概率在所有平面夹角类别对应概率中最高且大于预定义的阈值，则认为线段 l_i' 与 l 匹配。

事实上，利用 VGG–F 模型提取的以线段 l 为中心图像区域的特征（以下简称 CNN 特征）可有效描绘其局部结构，因而可通过匹配该特征的方式实现线段间的匹配。在本章的实验中，与 VGG–F 模型第二个全连接层对应的特征具有较好的匹配性能，因此被用于度量三维"线－面"场景结构推断中线段匹配的可靠性。

本章利用两个标准评估 VGG–F 模型与 CNN 特征，即正确匹配线段数量与所有匹配线段数量之比（AM）与匹配线段的数量与所有检测到的线段数量之比（CM）。如图 9.3 所示，相对于 CNN 特征匹配与算法 HLSR，利用平面夹角分类模型进行线段匹配的精度最高。此外，相应平面夹角预测的精度也较高。

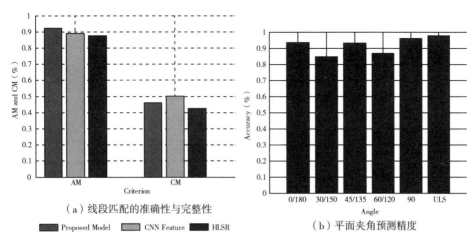

（a）线段匹配的准确性与完整性

（b）平面夹角预测精度

图 9.3　线段匹配与角度预测（ULS 表示不匹配的线段）

需要注意的是，如图 9.3 所示，较低的 AM 和 CM 值说明较多线段没有正确匹配，而已匹配的线段中也存在假匹配或错误匹配。设 $\mathcal{L}$ 和 $\bar{\mathcal{L}}$ 分别表示 I_1 中已匹配的线段与未匹配的线段，$N(l)$ 表示每个线段 $l \in \mathcal{M}$ 的初始相邻线段集（其中，$\mathcal{M}=\mathcal{L}\cup\bar{\mathcal{L}}$），本章算法将时空同时推断 $\bar{\mathcal{L}}$ 中的三维线段与平面并修正 $\mathcal{L}$ 中的不可靠线段匹配。

（三）"线 – 面"结构推断

在集合 $\mathcal{L}$ 中初始线段匹配的基础上，本章算法通过探测潜在的三维线段与平面以提高三维"线 – 面"场景结构重建的整体精度与完整性。其过程如算法 1 所示（见表 9.1）。

表 9.1　算法 1：基于平面夹角约束的线面结构推断

输入：初始线段匹配 $\mathcal{L}$。

输出：推断与修正的线段匹配 $\mathcal{L}^*$ 和面集 $\mathcal{H}$。

1：由 $l \in \mathcal{M}$ 及其邻近线段 $N(l)$ 生成种子平面 S 并将可靠匹配添加至 $\mathcal{L}^*$。

2：探测主平面 $\mathcal{H}$。

3：对于每个种子平面 $P(l) \in S$。

　3.1：由其关联的平面 $h \in \mathcal{H}$ 生成其平面族 H^*：$\{h_i\}$。

　3.2：将最优平面 h_i 分配给 $\{l, N(l)\}$ 中未遍历的线段。

　3.3：将可靠的线段匹配添加至 $\mathcal{L}^*$ 并更新平面 $\mathcal{H}$。

　3.4：如果线段集中任何线段被分配最优平面，则将该线段集添加到 S 中。

　3.5：更新线段 l 的相邻线段。

4：输出线段匹配 $\mathcal{L}^*$ 和平面集 $\mathcal{H}$。

为便于对算法 1 进行描述，下文采用小写字母与相应的大写字母分别表示图像线段与其相应的三维线段。

（1）产生种子平面。给定一个线段 $l \in \mathcal{M}$ 及其相邻的线段集 $N(l)$，根据相邻线段共面的先验，本章算法首先构造匹配线段集 $\mathcal{M}_l=\{l, N(l)\}\cap\mathcal{L}$，并采用三角化方法求取 $\mathcal{M}_l$ 中的每个线段对应的三维线段，然后利用所有三维线段拟合平面并在拟合误差（三维线段到该平面的平均距离）小于指定阈值时将所拟合的平面作为种子平面 $P(l)$。

（2）探测主平面。根据种子平面 $P(l)$，本章算法通过集合 $\mathcal{L}$ 对应的三维线段探测潜在的平面。具体而言，对于一个线段 $x \in \mathcal{L}$，当 $P(l)$ 到三维线段 X 的两个端点的平均距离小于指定阈值时，首先将三维线段 X 作为 $P(l)$ 的内点，然后通过拟合 $P(l)$ 的所有内点的方式更新 $P(l)$，最后选择更新后的平面 $P(l)$ 作为主平面（至少与指定阈值数量的三维线段相关联）并将其添加到平面集合 H 中。

（3）推断三维线段与平面。对于一个平面 $h \in \mathcal{H}$ 及其相关的线段 $\{l, N(l)\}$，本章算法根据平面夹角先验通过旋转平面 h 的方式为每个线段 $x \in \bar{\mathcal{L}}$ 构造候选平面族 H^*：$\{h_i\}$；其中，如图 9.4 所示，对于线段 $x \in \bar{\mathcal{L}}$，由于相应的平面夹角信息未知，因而通过遍历平面夹角先验集合 A 中每个角度（如 45° 与 135°）的方式生成平面族 H^*；对于线段 $x \in \mathcal{L}$，由于相关平面夹角已通过平面夹角分类模型确定，因而可以直接指定平面族 H^* 中的平面以提高三维"线－面"场景结构推断的可靠性与效率。

（a）当前线段及其相邻线段

（b）线段匹配的校正

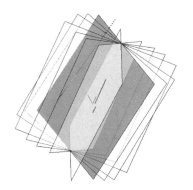

（c）候选平面及最优平面（红色矩形）

（d）"线－面"结构推断结果

图 9.4　线段匹配与初始"线－面"结构推断

根据平面族 H^*，本章算法进一步根据以下两种情况，推断与修正集合 $x \in \{l, N(l)\}$ 中每个线段对应的三维线段与平面。

1）线段 $x \in \mathcal{L}$（线段 x 已经匹配）：计算其对应的三维线段 X 的两个端点到每个平面 $h_i \in H^*$ 的平均距离并选择距离最小的平面 h_i 作为与线段 x 相应的候选平面，而当最小距离小于指定阈值或满足以下条件时认为该候选平面为线段 x 相应的最优平面：

$$F(x, h_i(x)) < F(x, x') \qquad (9.1)$$

式中，$h_i(x)$ 为图像 I_2 中由 h_i 平面诱导的线段，$F(x, x')$ 为线段 x 与 x' 之间的 CNN 特征相似度。

由式（9.1）可知，线段 $h_i(x)$ 在几何和图像特征上均更可能与线段 x 匹配，因此将初始线段匹配 (x, x') 更新为 $(x, h_i(x))$。

2）线段 $x \in \bar{\mathcal{L}}$（线段 x 尚未匹配）：如果满足以下条件则为其分配 h_i^* 平面：

$$h_i^* = \arg\min_{h_i \in H^*} \bar{F}(x, h_i(x)) \qquad (9.2)$$

式中，$\bar{F}(x, h_i(x))$ 表示小于所有匹配线段 CNN 特征相似度均值的 CNN 特征相似度集合。

（4）更新邻域系统。对于上述两种情况，将图像 I_1 上的线段 x 反向投影到指定平面上即可生成相应的三维线段。然而，如果线段 x 未被分配合适的平面，则认为其不属于平面 $P(l)$，进而将其从线段集 $\{l, N(l)\}$ 中删除（消除其与线段集 $\{l, N(l)\}$ 中其他线段的关系）；相反，对于从线段集 $\{l, N(l)\}$ 删除的线段 x，如果其满足以上两个条件，则将其添加至线段集 $N(l)$，否则在所有种子平面被遍历后将其删除。

（5）更新种子与主平面。三维"线－面"场景结构推断旨在将主平面信息从当前种子平面持续传播至邻近的种子平面；在此过程中，如果线段集合中任意一个线段被分配最优平面，则将相应的线段集合 $\{l, N(l)\}$ 作为种子平面。

三、"线－面"结构优化

通过三维"线－面"场景结构推断，集合 M 中的每个线段均可分配到一个平面。为消除其中的错误平面并生成全局一致的三维"线－面"场景结构，本章算法进一步在协同优化框架下对其进行优化，相应的能量函数定义如下：

$$E(H) = \sum_{l \in \mathcal{M}} E_{data}(H_l) + \alpha \cdot \sum_{k \in \overline{N}(l)} E_{plane}(H_l, H_k) + \beta \cdot \sum_{k, m \in \overline{N}(l)} E_{angle}(A_{lkm}) \quad (9.3)$$

式中，$H_l \in \mathcal{H}$ 表示分配给线段 $l \in \mathcal{M}$ 的当前平面，$\overline{N}(l)$ 表示线段 l 在推断三维线段与平面时更新后的邻域系统；$E_{data}(\cdot)$、$E_{plane}(\cdot)$ 与 $E_{angle}(\cdot)$ 分别为数据项、平面正则化项与角度正则化项。

（1）数据项。数据项用于度量将指定平面分配至当前线段的代价，具体定义为：

$$E_{data}(H_l) = L(D(l, H_l)) + \kappa \cdot L(F(l, H_l(l))) \quad (9.4)$$

式中，$D(l, H_l)$ 表示平面 H_l 与线段 l 的两个端点之间的平均距离，$F(l, H_l(l))$ 表示图像 I_2 中由平面 H_l 诱导生成的线段 $H_l(l)$ 与线段 l 之间的 CNN 特征相似度；$L(\cdot)$ 表示逻辑函数 $[f(x) = (1+e^{-x})^{-1}]$。

（2）平面规则化项。平面正则化项用于度量两个相邻的线段在三维空间中共面的可能性（两个相邻的线段更可能分配至一个平面），具体定义为：

$$E_{data}(H_l, H_k) = \begin{cases} e^{-d(L, K)} \cdot e^{-F(l, k)} & H_l \neq H_k \\ 0 & \text{otherwise} \end{cases} \quad (9.5)$$

式中，$d(L, K)$ 表示三维线段 L 与 K 之间的平均距离，$F(l, k)$ 表示线段 l 与 k 之间的 CNN 特征相似度。

（3）角度规则化项。角度正则化项用于度量平面之间存在特定夹角或高阶结构先验的可能性，具体定义为：

$$E_{angle}\left(A_{lkm} = \begin{cases} e^{-\min\limits_{a \in A} |A(H_{lk}, H_{lm}) - a|} & A(H_{lk}, H_{lm}) \notin A \\ 0 & \text{otherwise} \end{cases}\right) \quad (9.6)$$

式中，H_{lk} 表示线段 l 与 k 确定的平面（H_{lm} 与此类似），$A(H_{lk}, H_{lm})$ 表示平面 H_{lk} 与 H_{lm} 之间的夹角。

在实验中发现，在式（9.3）所示能量函数的求解中，采用协同优化方法可获得近似最优解；如图 9.5 所示，最终生成的三维线段与平面能够更好地描述场景完整的结构。

图 9.6 所示为本章算法利用五对图像生成的三维"线 – 面"场景结构合并后的结果，从中不难发现，本章算法利用不同图像对生成的三维"线 – 面"场景结构较为一致，在一定程度上表明了其具有较高的精度与可靠性。

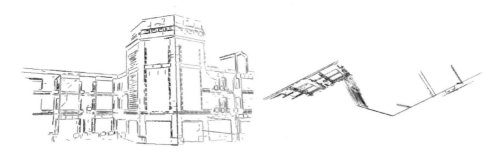

图 9.5　最终生成的三维"线－面"场景结构与顶视图

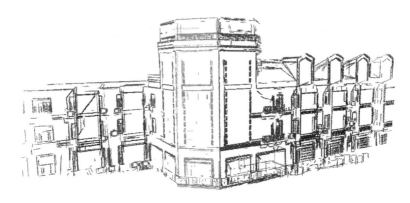

图 9.6　将五对图像对应线面结构合并后的结果（不同颜色表示不同的平面）

第三节　实验评估

本章利用中科院数据集[124]中的物理楼（以下简称 PB，图像分辨率为 4368×2912）与清华学堂（以下简称 TS，图像分辨率为 2184×1456）对本章算法的可行性与有效性进行测试。

一、评估标准

本章通过以下四种情况对本章算法的性能进行分析：

（1）线段匹配：使用平面夹角分类模型从初始的线段集 $\{l_i^0\} \in I_2$ 中为每个线段 $l \in I_1$ 选择最优匹配线段。

（2）"线－面"结构推断：在线段匹配阶段生成的结果的基础上，利用算法 1 推断更多潜在的三维线段与平面。

（3）"线－面"结构优化（无角度正则化项）：利用式（9.3）中的前两项（仅利用平面正则化而不考虑角度正则化项）优化"线－面"结构推断中生成的三维线段与平面。

（4）"线－面"结构优化（有角度正则化项）：利用式（9.3）对"线－面"结构推断中生成的三维线段与平面进行优化（同时利用平面正则化与角度正则化项）。

为定量地评价本章算法的性能，本章采用以下步骤判别指定线段 $l \in I_1$ 是否正确匹配（正确重建）：

（1）通过传统的特征匹配与集束优化方法获取初始空间点。

（2）手工标注图像区域并拟合对应的空间点以生成相应的平面，最后通过线段 $l \in I_1$ 所在的平面计算图像 I_2 中由平面诱导的线段 $m \in I_2$。

（3）当线段 $m \in I_2$ 与 $l' \in I_2$ 之间的平均距离小于指定阈值时，认为线段 l 与 $l' \in I_2$ 正确匹配。

在此基础上，本章采用前文定义的 AM 和 CM 度量标准以及正确重构平面（NP）的数量（当前平面的所有内点与真实平面之间的平均距离小于指定阈值时认为当前平面为正确重构平面）。

二、结果分析

如图 9.7 所示，对于在图像中初始检测的线段，仅有少量线段在线段匹配阶段被正确匹配，但同时产生较多的错误匹配。在此基础上，如图 9.8 所示，算法 HLSR 可以重建场景的部分主平面，但在包含已匹配线段较少而不足以估计单应矩阵的区域则无法重建相应的三维线段。此外，HLSR 倾向于错误地将一个单应矩阵分配给两个或多个实际上不属于同一单应矩阵的三维线段，其主要原因在于：①不可靠的邻域系统不正确地选取两个或多个距离较大的线段作为邻域；②不可靠的能量函数仅通过距离标准错误地度量了三维线段之间的空间一致性。

如表 9.2 与表 9.3 所示，"线－面"结构优化（无角度正则化项）可以在一定程度上缓解 HLSR 存在的问题。实际上，角度正则化有助于平面结构从匹配的线段（重建的三维线段）向未匹配的线段（待重建的三维线段）传播，从而引导三维线段重建获得更好的结果。在此过程中，不断增强的邻域系统与融合几何距离、图像特征以及平面正则化项的能量函数起到了重要作用。因而，

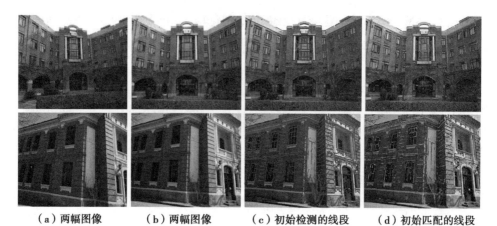

（a）两幅图像　　（b）两幅图像　　（c）初始检测的线段　　（d）初始匹配的线段

图 9.7　初始线段检测与匹配

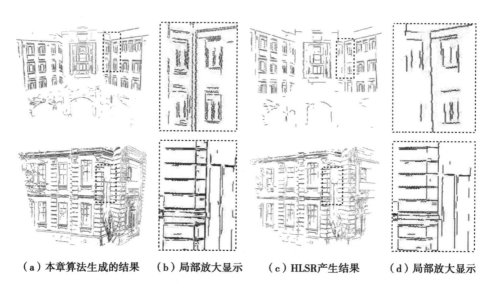

（a）本章算法生成的结果　（b）局部放大显示　（c）HLSR产生结果　（d）局部放大显示

图 9.8　三维"线–面"场景结构重建（不同颜色表示不同平面）

"线–面"结构优化（有角度正则化项）通过使用角度约束进一步对平面进行正则化，进而获得了更好的结果。

图 9.9 是本章算法利用五对图像生成的三维"线–面"场景结构合并后的结果。整体而言，本章算法具有较高的精度与可靠性，利用不同图像对生成的三维"线–面"场景结构较为一致，可以较好描述场景的主体结构。

表9.2 基于平面夹角约束的三维"线-面"场景结构重建结果

数据集	线段	线段匹配		"线-面"结构推断		"线-面"结构优化（无角度正则化项）		
		AM	CM	AM	CM	AM	CM	NP
PB	871	0.5395	0.4768	0.7703	0.7497	0.9394	0.9012	8
TS	3402	0.4198	0.4993	0.7186	0.6983	0.9405	0.8753	7

表9.3 不同算法对应的实验结果

数据集	"线-面"结构优化（有角度正则化项）			HLSR		
	AM	CM	NP	AM	CM	NP
PB	0.9690	0.9140	8	0.8694	0.4961	5
TS	0.9504	0.8911	9	0.9247	0.5107	6

（a）PB　　　　　　　　　　　　　　　（b）TS

图9.9 将多幅图像对应三维"线-面"场景结构合并后的结果（不同颜色表示不同的平面）

第四节 本章小结

为解决三维"线-面"场景结构重建中的线段检测、线段匹配与平面检测等环节存在的问题（如所检测线段与真实线结构存在偏差、部分线段由于光照变化与噪声等因素的影响而无法被检测、线段匹配率较低、错误线段匹配较多且无法对未匹配线段对应的三维线段进行推断、用于线段与平面全局优化的能量函数可靠性低等），本章提出一种基于平面夹角约束的三维"线-面"场景结构重建算法。本章算法首先利用深度卷积神经网络识别平面之间夹角并依此对相应的线段进行匹配，然后根据图像特征与几何约束逐步对不可靠线段匹配进行校正并对未匹配的潜在三维"线 – 面"结构进行推断，最终在协同优化框架下通过融合几何约束、图像特征、平面共面性及平面之间的夹角等信息对三维"线 – 面"结构进行全局优化。实验结果表明，本章算法具有较高的效率与精度，所生成的三维"线 – 面"场景结构具有较高的完整性与可靠性。

第十章 基于结构先验的单视图三维场景重建

在基于单幅图像的三维场景重建中，由于空间信息的不确定性，其精度与可靠性通常较低。为解决此问题，本章提出一种基于结构先验的单图像三维场景重建算法。本章算法首先利用卷积神经网络检测图像中的结构先验（如平面方向与平面之间的交角），然后依此处理单图像三维场景重建中三个具有挑战性的任务：①检测具有结构信息的多边形平面区域（如多边形的构成边由两平面以特定的夹角相交而成）；②利用由结构先验构造的多种约束（如平面夹角约束与相近性约束）逐步推断与多边形平面区域相应的平面；③在 MRF 框架下通过融合图像特征与结构先验对平面结构进行全局优化。利用标准与实拍数据集的实验结果表明，本章算法在精度与效率上均优于当前单图像三维场景重建算法。

第一节 问题分析

基于单幅图像的三维场景重建在自主导航、人机交互等领域具有重要的应用价值，近年来倍受研究者的关注。在实际中，由于单幅图像对应的空间信息存在多义性问题，往往导致传统基于图像特征（如线段与多平面交汇点）与几何先验或假设（如对称性与 Manhattan-world 模型）的算法难以获得可靠的结果。从视觉机理上而言，利用深度卷积神经网络提取的不同层次的图像特征及上下文信息有助于缓解此问题；然而，由于多种干扰因素（如光照变化与噪声等）的影响以及卷积神经网络结构设置的合理性，相关算法在复杂情况下也难以表现出较高的性能。

为解决此问题，分段平面结构假设常用于提高基于单幅图像的三维场景重建的可靠性。整体而言，相关算法大致可分为基于几何的算法[67]与基于学习的算法[15]两类。基于几何的算法通常利用在图像中检测到的几何基元（如线段）或特定的假设（如 Manhattan-world 模型）对场景平面进行推断。例如，

Barinova 假设场景由地面及建筑立面构成，进而通过水平线、消影点、地面与建筑交接线等检测步骤对其结构进行重建[58]；Lee 通过消影点检测与由线段构成的几何约束对场景结构进行推断[60]；Ramalingam 利用 Manhattan-world 模型重建以线段基元表达的场景结构[172]；Akhmadeev 利用平行线重建属于相同消点的平面[61]；Pan 利用平面之间的约束、语义信息及图像特征推断场景立面布局[67]；Liu 利用属性语义描述平面之间的关系并同时实现语义解析与平面推断[173]；Zaheer 利用线段平行与正交性实现建筑平面的重建[174]。此类算法尽管在特定条件下可获得较好的结果，但也存在以下问题：①仅推断场景平面的法向量；②严重依赖于 Manhattan-world 模型；③利用线段估计平面易受噪声与光照变化的影响而生成不可靠的结果；④单独推断图像区域对应的平面而忽略平面之间的关系（约束），因而易导致较多外点。

相对而言，基于学习的算法通常通过学习图像特征与空间结构间相关性推断相应的空间结构。例如，Haines 直接学习图像特征与平面结构（如平面方向）之间的关联[175]；Liu 在指定平面数量的基础上利用卷积神经网络学习场景的主平面[14]；Yu 利用卷积神经网络将图像像素映射到嵌入空间，然后通过对嵌入空间中的相关向量进行分组的方式推断相应的平面[15]；Liu 利用平面检测与区域分割两分支卷积神经网络增强多视点观测同一场景的一致性[176]；Zhou 通过由卷积神经网络检测的建筑结构显著性连接点及直线构造全局性约束以实现线框结构形式的建筑重建[177]；Qian 利用卷积神经网络检测到的平面关系（如平面或正交）优化平面参数[178]；Bacharidis 利用全卷积神经网络估计深度并利用生成式对抗网络检测建筑立面基元[179]（如窗户与门）；Denninger 利用卷积神经网络检测图像中的遮挡区域以实现三维体重建[180]；Yoon 利用消影点、语义信息（如道路、天空等）及由卷积神经网络检测的几何先验（如道路与建筑之间的关系）推断场景的空间布局[181]。在实际中，此类算法主要存在以下局限性：①仅推断指定数量的平面；②虽然可以较可靠地推断特征差异明显的图像区域对应的平面，但却趋于为真实平面变化较小的多个图像区域分配相同的平面而导致较大的错误；③仅生成平面间的布局而非真实的三维模型。

图 10.1 是传统单视图三维场景重建算法生成的结果，从中不难发现，对于结构复杂的建筑立面，两种基于学习的算法并未能产生较好的结果（如平面区域边界不准确、遗漏平面、为实际共面的多个平面区域分配不同的平面等）。

（a）输入图像　　（b）算法［15］　　（c）算法［176］　　（d）本章算法生成　　（e）本章算法生成
　　　　　　　　　生成的平面区域　　生成的平面区域　　的平面区域和相应　　的平面区域和相应
　　　　　　　　　　　　　　　　　　　　　　　　　的纹理化的平面　　　的纹理化的平面

图 10.1　传统算法存在的问题示例

　　为了解决上述问题，本章提出了一种基于结构先验的混合式单视图三维场景重建算法。对于指定单幅图像，本章算法首先通过卷积神经网络检测不同的结构先验（如平面方向与平面之间的交角），然后利用所识别的结构先验检测不同的平面区域并渐近式地推断相应的平面，最后在 MRF 框架下通过融合图像特征与结构先验的方式对所推断的平面进一步进行全局优化。相对于传统算法，如图 10.1（d）~（e）所示，本章算法具有较高的精度与可靠性。

　　本章算法的主要创新之处如下：

　　（1）利用结构先验在图像中检测具有结构信息的平面区域（如平面区域的构成边与两个以特定角度相交的平面关联），有效提高了平面区域检测的可靠性。

　　（2）利用基于结构先验的约束条件（如平面相关性与相近性）以渐近的方式推断出每个平面区域对应的平面，有效提高了平面推断的效率。

　　（3）在 MRF 框架下通过融合图像特征与结构先验的方式对平面进行全局优化，有效提高了多平面建筑结构的精度。

第二节　算法原理

　　在单视图条件下，本章算法旨在自动重建相应场景可靠的分段平面结构。为此，如图 10.2 所示，在当前图像 I 中，平面区域需要被可靠地检测，其相应的平面需要被有效地推断。事实上，具有不同法向量的平面通常以特定的夹角及夹角类型相交，如图 10.2（b）所示，四个平面（表示为 H_1、H_2、H_3 与 H_4）与四个法向量（表示为 n_1、n_2、n_3 与 n_4）、三个角度（表示为 A_{1-2}、A_{2-3} 与

A_{3-4}）及其相应的夹角类型（如凸角或凹角）相关联，而如果已知其中一个平面，则其他平面可根据其相关联的平面方向、夹角与夹角类型确定。在此情况下，这些结构先验可通过特定的卷积神经网络在图像中进行检测，进而可用于提高场景分段平面结构重建的精度与效率。

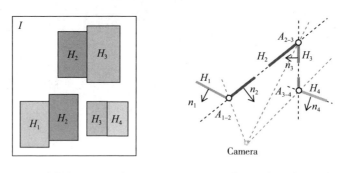

（a）图像中的平面区域
（不同的颜色表示不同的平面）

（b）粗线段表示顶视图下与
图像中的平面区域相应的平面

图 10.2　城市建筑中的几何先验

根据以上分析，如图 10.3 所示，本章算法首先训练可检测不同结构先验的卷积神经网络，然后依其引导场景分段平面重建中的三个关键环节，即平面区域检测、渐近式平面推断与全局平面优化。

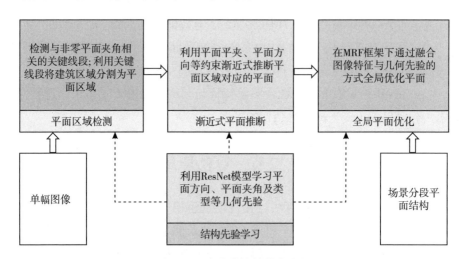

图 10.3　本章算法的基本流程

下文详细描述图 10.3 所示算法基本流程的每个环节。

一、结构先验学习

　　为采用不同的卷积神经网络检测不同的结构先验，如图 10.4（a）所示，对于在图像中检测到每个线段，本章考虑以下以其为中心的局部结构：

（a）输入图像及DP、
SP结构示例（黄：两平
面相交的DP结构；绿：
遮挡的DP结构；红：
SP结构）

（b）不同消影点对应的
线段

（c）沿垂直消影方向检
测到的初始几何先验（红
色三角形：两平面以90°
凸角相交的DP结构；白色
三角形：两平面以90° 凹
角相交的DP结构；红色正
方形：两平面以0° 相交的
DP结构；黄色圆形：左/上
遮挡的DP结构或SP结构；
白色圆形：右/下遮挡的DP
结构或SP结构）

（d）沿垂直消影方向
优化后的几何先验

（e）沿其他消影方向
优化后的几何先验

（f）沿其他消影方向
优化后的几何先验

（g）关键直线（细直线）
与平面区域合并后的构
成边（粗线段）

（h）最终的平面区域

图 10.4　平面区域检测

　　（1）双平面结构（DP）：由具有特定夹角（如90°）的相交平面或遮挡（如不同建筑的立面或同一建筑的不同立面之间的遮挡）构成。

（2）单平面结构（SP）：一个平面与非平面相邻（如天空或树木）或同一建筑中的一个立面被另一个立面全部遮挡。

在此基础上，本章在 Resnet-50[182] 深度卷积神经网络框架下构造以下卷积神经网络模型以学习平面平角与类型以及平面法向量等 DP 与 SP 结构相关平面（表示为 H_1 与 / 或 H_2）对应的几何先验。

（1）A-GP 神经网络：主要用于学习平面之间的夹角（0°、90° 与 135°）与遮挡（与 DP 结构相关的平面左右遮挡与上下遮挡以及与 SP 结构相关的平面自遮挡；此左右或上下平面遮挡表示左上平面被右下平面所遮挡）。需要注意的是，本章算法仅采用建筑中较为常用的平面夹角，在特殊情况下，可采用更多的平面夹角以重建复杂的建筑结构，但同时可能导致较高的计算复杂度。

（2）C-GP 神经网络：主要用于检测平面 H_1 与 H_2 之间的夹角类型（凸或凹）。

（3）O-GP 神经网络：主要用于检测相对于相机的平面朝向（正向、向左与向右）。

以上三个网络的训练样本利用包含空间点真值的 DTU[183] 与 CASIA[124] 数据集构造。具体而言，对于当前图像中检测到的每个线段，本章算法首先以其为中心选取尺寸为 $x \times x$ 的正方形区域（该区域的两边平行于当前线段），然后利用 RANSAC 算法分别拟合当前线段两侧正方形内部区域对应的空间点，进而根据所生成的平面确定不同网络相应的样本（例如，若通过拟合方式可生成两个相交平面，则将该正方形区域与相应的平面夹角作为 A-GP 神经网络的一个样本；而若仅生成一个平面，则将该平面法向量作为 O-GP 的一个样本）。

此外，本章也构建一个双通道卷积神经网络[152]（以下简称 S-GP 神经网络）以度量两个正方形区域之间的特征相似度，进而剔除了冗余样本（特征与几何先验相似度均较高）。为提高 A-GP、C-GP 与 O-GP 神经网络构建的可靠性，本章采用尺寸变换、平移与旋转等操作对训练样本进行扩充处理。

在 A-GP、C-GP 与 O-GP 神经网络（每个网络的末层采用 Softmax 分类器实现相应几何先验的分类）的训练中，本章选择三个尺度（64×64，128×128 与 256×256）的样本分别对其进行训练，对于每个网络在不同尺度的输出精度，则选择输出精度最高者的作为该网络最终的输出结果。在本章实验中，在 A-GP、C-GP 与 O-GP 神经网络的测试精度分别为 83.22%、92.88% 与 85.66%。需要注意的是，对于错分类别或错误识别的几何先验，在后续渐近式平面推断中可得到校正。

二、平面区域检测

一般情况下，图像中的平面区域构成边通常与两个不同平面的交线相对应，因而，通过检测 DP 与 SP 结构中非零平面夹角对应的线段，则可确定相应的平面区域。为此，本章首先检测包含多个非零平面夹角对应线段的直线（称为关键直线），然后依此检测相应的平面区域。

（一）关键直线检测

本章首先利用在图像中检测到的线段生成候选关键直线，然后利用由 A-GP 神经网络检测的平面夹角先验确定可靠的关键直线。

（1）候选关键直线生成。根据在图像中检测的线段，本章利用算法[184]计算相应的消影点，进而通过连接消影点与每个线段中点的方式生成候选关键直线。此外，为剔除冗余关键直线，本章进一步将候选关键直线（如同一消影点对应的两候选关键直线之间的斜率之差小于 5°）进行分组，然后计算每个分组的平均斜率以与相应的消影点确定该分组最终的候选关键直线。

（2）关键直线识别。对于任意候选关键直线 l，本章首先利用方法[185]识别其对应的建筑区域并将其分割为长度为 x 线段集，然后，如图 10.4（c）所示，以每个线段 ℓ_i 对应的局部区域为输入，利用 A-GP 神经网络检测相应的几何先验并在 MRF 框架下通过最小化以下能量函数对不同线段对应的结构先验进行全局优化：

$$E(f) = \sum_{\ell_i} E_{data}(f_i) + \lambda \cdot \sum_{\ell_j \in N(\ell_i)} E_{regularization}(f_i, f_j) \tag{10.1}$$

式中，f_i 表示分配至线段 ℓ_i 的结构先验标记，$N(\ell_i)$ 表示在当前候选关键直线上与线段 ℓ_i 相邻的线段集，$E_{data}(\cdot)$ 与 $E_{regularization}(\cdot)$ 分别表示数据项与平滑项，λ 为相应的权重。

1）数据项：根据 A-GP 神经网络输出概率定义，即：

$$E_{dat}(f_i) = \exp(-P_{A_{GP}}(\ell_i)) \tag{10.2}$$

式中，$P_{A\_GP}(\ell_i)$ 表示 A-GP 神经网络针对线段 ℓ_i 的输出概率。

2）平滑项：根据相邻线段对应局部区域的特征相似度定义，即：

$$E_{reg}(f_i, f_j) = \begin{cases} S_{GP}(\ell_i, \ell_j) & f_i \neq f_j \\ 0 & \text{otherwise} \end{cases} \tag{10.3}$$

式中，$S_{GP}(\cdot)$ 表示 S–GP 神经网络以线段 ℓ_i 与 ℓ_j 相应局部区域作为输入时对应的输出概率。

针对式（10.1）所示能量函数，本章采用 Graph Cuts 方法对其进行求解。

通过不同线段对应的结构先验的全局优化，如图 10.4（d）~（f）所示，利用 A–GP、C–GP 与 O–GP 神经网络识别错误的结构先验可得以有效校正（如具有相近局部结构特征的相邻线段分配相同的结构先验标记，否则分配不同的结构先验标记）。在此基础上，本章通过以下标准度量当前候选关键直线 ℓ 是否可靠：

$$P(l) = (S_l^{no\_bd} = True) \vee ((\overline{N}_l > k_1) \wedge (\overline{P}_l > k_2)) \tag{10.4}$$

式中，$S_l^{no\_bd}$ 表示候选关键直线 l 是否与非建筑区域相邻，条件 $\overline{N}_l$ 定义为：

$$\overline{N}_l = \max_k N(\theta_k) \tag{10.5}$$

式中，$N(\theta_k)$ 表示非零平面夹角 θ_k 对应的线段数。

此外，条件 $\overline{P}_l$ 定义为：

$$\overline{P}_l = \frac{1}{\overline{N}_l} \sum_{i=1}^{\overline{N}_l} P_{A\_Gp}(\ell_i, \theta_*) \tag{10.6}$$

式中，ℓ_i 与 θ_* 表示与 $\overline{N}_l$ 相应的线段与平面夹角，$P_{A\_GP}(\ell_i, \theta_*)$ 表示 A–GP 神经网络关于平面夹角 θ_* 的输出概率。

（二）平面区域生成

根据标准 $P(l)$，如图 10.4（g）所示，可靠的关键直线可被有效地确定。此外，由于关键直线相互交叉，图像中的建筑区域进而被分割为多个平面区域。需要注意的是，图 10.4（g）中的白色虚线框标示区域，在此过程中，可能生成一些假的平面区域（其构成边并不与真实的平面交线相对应），为此，本章进一步采用以下标准对其进行消除处理以合并相关的平面区域：

$$Q(l) = ((R_l^{edge} < k_3) \wedge (P_l^{zero} > k_4) \wedge (S_l^{no\_bd} = False)) \vee (T_l^{alone} = True) \tag{10.7}$$

在式（10.7）中，其四个构成条件分别定义如下：

（1）条件 R_l^{edge} 定义为 $R_l^{edge} = R_l^{edge}/N_l$，其中，$N_l$ 与 R_l^{edge} 分别表示平面区域构成边 l 上的点数量与通过边缘检测方法（如 Canny 边缘检测方法）检测到的边缘点数量。

（2）条件 P_l^{zero} 定义为 A–GP 神经网络针对平面区域构成边 l 输出的零平面夹角的概率。

（3）条件 $S_l^{no\_bd}$ 表示平面区域构成边 l 是否与非建筑区域（如树与天空）相邻。

（4）条件 T_l^{alone} 表示平面区域构成边 l 是否为孤立（不存在与其相邻的平面区域构成边）。

对于两相邻平面区域之间的共享边，条件 $Q(l)$ 同时度量了其存在的概率与相关联的两平面共面的概率，进而将可能共面的平面进行合并；如图 10.4（h）所示，由此生成的平面区域与真实平面更为契合（如其构成边与 DP 结构中的非零平面夹角更为一致）。

三、渐近式平面推断

对于图像中指定平面区域，其对应平面法向量可通过求取相应消影线叉积的方式生成；在此情况下，其相应平面的推断问题转化为沿平面法向量的深度推断问题。为提高深度推断的可靠性，本章利用结构先验构造以下三种约束。

（一）地面与建筑交接线约束

此约束主要用于估计邻地区域（平面区域与地面区域相接）对应平面（以下简称邻地平面）的可靠性。在实际中，不可靠的邻地平面通常导致地面与建筑交接线在图像中的投影与图像中邻地区域底边不一致，为此，本章采用以下标准度量邻地平面的深度可靠性：

$$d^* = \min_{d \in D} \overline{d}(l, L(H_n^d))\tag{10.8}$$

式中，l 表示邻地区域的底边，$L(H_n^d)$ 表示由法向量 $\boldsymbol{n}$ 与当前深度 d 构成的邻地平面在图像中投影线，D 表示预定义的深度范围；$\overline{d}(x, y)$ 定义为：

$$\overline{d}(x,y) = \sum_{i \in x_p} d(i,y)/2\tag{10.9}$$

式中，x_p 与 $d(i, y)$ 分别表示线段 x 的两个端点及点 i 与直线 y 之间的距离。

（二）结构约束

此约束主要用于度量与平面区域构成边 l 相关联的 DP 结构的左/上与右/下构成平面（H_l^1，H_l^2）的可靠性，定义为：

$$T(l) = R_A(l) + \alpha \cdot R_O(l) + \beta \cdot R_C(l)\tag{10.10}$$

式中，$R_A(l)$、$R_O(l)$ 与 $R_C(l)$ 分别表示利用 A-GP、C-GP 与 O-GP 神

经网络识别的平面夹角、平面方向与平面夹角类型，α 与 β 为相应的权重。

在式（10.10）中，其三个构成部分定义如下：

（1）$R_A(l)$：根据 A–GP 神经网络的输出概率度量平面（H_l^1, H_l^2）的可靠性，其定义与式（10.6）类似，但没有平面夹角限制。

（2）$R_O(l)$：度量由几何与学习两种方法求取的平面方向的一致性，定义为：

$$R_O(l) = \exp(-\frac{1}{Z}\max(\langle N_l^1, \bar{N}_l^1\rangle, \langle N_l^2, \bar{N}_l^2\rangle)) \tag{10.11}$$

式中，$\langle x, y\rangle$ 表示平面方向 x 与 y 之间的夹角，（N_l^1, N_l^2）与（$\bar{N}_l^1$, $\bar{N}_l^2$）表示由不同方法（即通过平面区域对应不同消影方向的叉积求取及利用 O–GP 神经网络检测两种方法）求取的平面（H_l^1, H_l^2）的方向，Z 为归一化参数。

（3）$R_C(l)$：度量平面（H_l^1, H_l^2）的方向与相应平面夹角类型的一致性，定义为：

$$R_C(l) = \begin{cases} \exp(-|\langle N_l^1, N_l^2\rangle - \theta_l|) & [N_l^1, N_l^2] = \Lambda_l \\ 0 & \text{otherwise} \end{cases} \tag{10.12}$$

式中，$[N_l^1, N_l^2]$ 表示由平面方向 N_l^1 与 N_l^2 确定的平面夹角类型，Λ_l 与 θ_l 分别表示由 C–GP 与 A–GP 神经网络检测的平面夹角类型与平面夹角，$|x|$ 表示变量 x 的绝对值。

（三）相近性约束

此约束主要用于通过简化建筑结构复杂度的方式估计相关遮挡平面。具体而言，对于已知平面 H 与待推断平面 h，若两者存在遮挡关系，则平面 h 通过以下步骤进行推断（其中，l 表示平面 H 与 h 对应平面区域的共享边）。

（1）确定平面 h 的边界：对于左 / 上遮挡，如图 10.5（a）~（b）所示，平面 h 的边界 L'（红色）通过将共享边 l 的对边反投影至平面 H 上确定；对于右 / 下遮挡，如图 10.5（c）所示，平面 h 的边界 L（红色）将共享边 l 反投影至平面 H 上确定。

（2）确定平面 h 的深度：对于左 / 上遮挡，如图 10.5（a）所示，若平面 H 与 h 具有不同的法向量，平面 h 的边界深度设置为平面 H 的深度；否则，如图 10.5（b）所示，则将平面 h 的边界深度设置为与平面 H 最近且远离相机的参考平面 P 的深度。对于右 / 下遮挡，如图 10.5（c）所示，平面 h 的边界深度设置为与平面 H 最近且接近相机的参考平面 P 的深度。

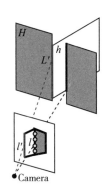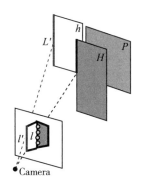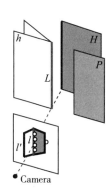

（a）左/上遮挡（平面　　　　（b）左/上遮挡（平面　　　　（c）右/下遮挡（平
H与h具有不同的法向量）　　H与h具有相同的法向量）　　面h的法向量无限制）

图 10.5　相近性约束

（白色：待推断平面 h；绿色：已知平面 H；黄色：参考平面；红色实线：待推断平面的边界；红色虚线：共享边的反投影线）

（3）确定平面 h：利用平面 h 的边界深度与其法向量确定平面 h。

在以上过程中，若参考平面 P 不存在，本章算法将中止当前平面推断过程并从未遍历的平面区域中选择 T(l) 值最大者作为当前平面区域以继续进行平面的推断。此外，本章算法也采用相对于平面 H 的深度偏移确定平面 h，此处理并不改变平面 H 与 h 的空间布局。

根据以上约束，基于结构先验的渐近式平面推断过程如算法 1 所示（见表 10.1 ）。

表 10.1　算法 1：基于结构先验的渐近式平面推断

1：设置邻地平面区域作为当前平面区域，利用地面与建筑的交接线约束推断相应的邻地平面。

2：选择当前平面区域中 T 值最大的构成边：

　2.1：若 DP 结构有效：在已知平面的基础上利用学习的角度及相近性约束求取未知平面，然后将新求取平面对应的平面区域设置为当前平面区域。

　2.2：若 SP 结构有效：平面推断中止，选择与已求取平面的平面区域相邻且 T 值最大的平面区域作为当前平面区域。

3：跳转至步骤 2 直至每个平面区域均被遍历。

4：输出推断的平面。

在算法 1 中，几个关键步骤描述如下：

（1）若出现多个邻地区域，首先选择尺寸最大的邻地区域作为当前平面区域以推断相应的邻地平面，其原因在于尺寸较大的邻地区域有利于构造更强的约束以提高平面推断的可靠性。

（2）对于 DP 结构，若其中一个平面已知且未出现遮挡情况，则另一个平面可在由 A–GP 神经网络检测的平面夹角的基础上通过旋转已知平面而生成；否则，则在已知平面的基础上利用相近性约束求取另一个平面。

（3）若 SP 结构出现或非建筑区域（如树或天空）出现，当前平面推断过程中止并根据未遍历平面区域相应的 T 值重置当前平面区域以继续进行平面的推断。

最终，如图 10.6（a）~（b）所示，图像中每个平面区域均可由算法 1 分配相对可靠的平面。

（a）根据 T 值确定的　　（b）平面推断过程　　（c）平面优化后的结果
　　平面推断次序　　　　　生成的平面

图 10.6　平面推断与优化

四、全局平面优化

在对图像中的平面区域相应平面进行推断的过程中，由于以下两方面的原因，算法 1 可能生成错误的结果：①与平面区域较短的构成边相关的 T 值不可靠；②仅考虑平面区域一个构成边的约束而未考虑其他构成边的约束。为解决此问题，本章算法进一步在 MRF 框架下对算法 1 生成的平面进行全局优化。具体而言，设 H 与 R 分别表示平面集与平面区域集，相应的能量函数定义如下：

$$E(\mathcal{H}) = \sum_{r \in \mathcal{R}} E_{data}(\mathcal{H}_r) + \vartheta \cdot \sum_{s \in N(r)} E_{regularization}(\mathcal{H}_r, \mathcal{H}_s) \tag{10.13}$$

式中，$\mathcal{H}_r$ 表示当前分配至平面区域 $r \in \mathcal{R}$ 的平面，$N(r)$ 表示与平面区域 r 相邻的平面区域，$E_{data}(\cdot)$ 与 $E_{regularization}(\cdot)$ 分别表示数据项与规则化项，ϑ 是相应的权重。

（一）数据项

数据项根据平面区域 r 相应深度与法向量先验定义，即：

$$E_{data}(\mathcal{H}_r) = (1 - \rho) \cdot V(n_r, \bar{n}_r) + \rho \cdot D(\mathcal{H}_r) \tag{10.14}$$

式中，n_r 与 $\bar{n}_r$ 分别表示当前平面 $\mathcal{H}_r$ 的法向量与根据平面区域 r 对应不同消影方向的叉积求取的平面法向量，法向量先验 $V(n_r, \bar{n}_r)$ 表示法向量 n_r 与 $\bar{n}_r$ 之间的差异，深度先验 $D(\mathcal{H}_r)$ 根据以下两种情况定义：

（1）平面区域 r 为邻地区域：深度先验 $D(\mathcal{H}_r)$ 根据地面与建筑的交接线定义，即：

$$D(\mathcal{H}_r) = tanh\left(\frac{\bar{d}(l^r_{bottom}, L(\mathcal{H}_r))}{\mathcal{H}_{PR}}\right) \tag{10.15}$$

式中，l^r_{bottom} 表示平面区域 r 的底边，$L(\mathcal{H}_r)$ 与 $\bar{d}(\cdot)$ 的定义与式（10.8）相同，$\mathcal{H}_{PR}$ 表示所有平面区域的最大高度，$tanh(\cdot)$ 为双曲正切函数。

（2）平面区域 r 为非邻地区域：深度先验 $D(\mathcal{H}_r)$ 根据相近性约束定义，即：

$$D(\mathcal{H}_r) = \min_{s \in N(r)} tanh\left(\frac{\bar{d}(L_r, L_s)}{D_{Plane}}\right) \tag{10.16}$$

式中，L_r 与 L_s 分别表示平面区域 s 与 r 的共享边在平面 $\mathcal{H}_r$ 与 $\mathcal{H}_s$ 上的反投影线，D_{Plane} 表示所有平面的最大深度。

（二）规则化项

规则化项主要用于消除特征相似性较高的相邻平面区域对应平面之间的差异，根据相邻平面区域之间的特征相似性与对应平面夹角先验定义，即：

$$E_{regularization}(\mathcal{H}_r, \mathcal{H}_s) = \begin{cases} \mu(\theta^{ang}_{rs}) \cdot S\_GP(r, s) & (\mathcal{H}_r \neq \mathcal{H}_s) \\ 0 & (\mathcal{H}_r = \mathcal{H}_s) \vee (\theta^{occ}_{rs} = True) \end{cases} \tag{10.17}$$

式中，$S\_GP(r, s)$ 表示由 S-GP 神经网络以平面区域 r 与 s 作为输入而输出的概率，$\mu(\theta^{ang}_{rs})$ 为松弛化惩罚量（若 $\theta^{ang}_{rs} \neq 0$ 设置为 0~1 之间的浮点数，否则设置为 1），θ^{ang}_{rs} 与 θ^{occ}_{rs} 分别表示利用 A-GP 神经网络检测的平面夹角与遮挡先验。

本章算法采用 Graph Cuts 方法对式（10.13）所示能量函数进行求解。实验中发现，由于较低的计算复杂度（如较少的平面区域）与较强的约束（如结构与相似性约束），求解过程在 3~5 次迭代后即可收敛，整体上具有较高的性能。由图 10.1（d）~（e）及图 10.6（c）所示结果可知，在渐近式平面推断阶段生成的错误平面得以有效地校正，整体平面结构更为精确、可靠。

第三节　实验评估

本章采用以下数据集评估所提算法的可行性：

（1）中科院数据集[124]：清华学堂（以下简称 TS，图像数量为 193，图像分辨率为 4368×2912）与生命科学院（以下简称 LSB，图像数量为 102，图像分辨率为 4368×2912），相应的真值空间点通过激光扫描设备生成。

（2）实拍数据集：香港街道场景（以下简称 CITY，图像数量为 150，图像分辨率为 1224×1848），相应的真值空间点采用 COLMAP[36] 算法生成。

为对算法进行定量评估，对于每幅图像，本章通过手工标注的方式生成真值平面区域，然后通过拟合投影至每个平面区域的空间点生成真值平面。

一、度量标准

本章采用以下标准度量本章算法生成的平面区域及相关平面的精度：

（1）可靠平面区域数量（NR）：对于指定平面，若相应的平面区域 IOU 值大小 0.5，则认为该平面区域可靠。

（2）可靠平面数量（NP）：对于指定平面，若采用文献［176］所述的方法确定的平面参数差异小于 0.6，则认为该平面可靠。

（3）平面区域平均精度（AR）：所有图像相应可靠平面区域数与真实平面区域数之比的平均。

（4）平面平均精度（AP）：所有图像相应可靠平面数与真实平面数之比的平均。

二、比较算法

为突出本章算法的特点与优势，本章将其与以下经典算法进行对比：

（1）PlaneAG[173]：在属性语法的基础上，该算法通过联合对场景语义区域及表面法向量进行解析与推断的方式进行场景的重建；其中，图像识别与三维重建两个过程通过分层图的表达形式（每个节点表示一个平面区域）同时完成。

（2）PlaneAE[15]：在卷积神经网络的基础上，首先将图像像素映射至嵌入空间，然后在嵌入空间通过向量分组的方式生成不同的平面，进而通过像素及与实例级的一致性约束对不同平面的参数进行估计。

三、参数设置

在本章实验中，所有数据集的相关参数设置相同。在平面检测中，对于式（10.1）中的权重 λ，本章在区域 [0，1] 遍历其每个取值并输出随机抽取的 50 幅图像相应的 NP 值，最终发现当其取 0.6 时 NP 值最高，故将其设置为 0.6。事实上，较小的 λ 值不利于生成有效的约束，而较大的 λ 值则趋于为相邻的线段分配相同的结构先验。此外，式（10.4）与式（10.7）中的阈值 k_1、k_2、k_3 与 k_4 用于选择关键直线与剔除两共面平面区域的共享边；实验中发现，当 k_1=3、k_2=0.9、k_3=0.9 与 k_4=0.9 时可生成较好的结果。在平面推断中，参数 α 与 β 用于融合不同的结构先验以度量 DP 或 SP 结构的可靠性，类似于权重 λ，本章采用遍历的方式确定其值分别为 0.6 与 0.5。在平面优化中，式（10.13）中的权重 ϑ 依然采用遍历的方式设置为 0.7。此外，式（10.14）中的权重 ρ 用于均衡深度与法向量先验的作用大小，本章将其设置为 0.5，表示深度与法向量先验在平面优化中具有相同的作用。

四、结果分析

本章利用 TS 与 LSB 数据集验证本章算法的可行性。如图 10.7（a）所示，数据集相应场景的 DP 结构包含三类平面夹角且无遮挡（0°、90° 与 135°）情况，因而易于利用平面间的约束实现场景平面结构的推断。然而，由于不同平面相应平面区域的颜色与纹理等特征的相似性，平面边界仍然不易精确确定。在本章实验中，PlaneAG 可以生成场景平面的基本布局，但由于其仅采用粗粒度的语义信息，因而相应平面的可靠性较低。相对而言，PlaneAE 虽然可以检测出图像中的平面区域，但平面区域的边界精度却较低，且无法可靠地推断相应的平面。

实验中发现，针对 PlaneAG 与 PlaneAE 存在的问题，本章算法通过基于结构先验的平面区域检测、平面推断与优化等过程可较好地进行解决。根据表 10.2 与图 10.7（b）~（d）所示结果可知，本章算法检测的平面区域较为精确，相应的平面较为可靠。

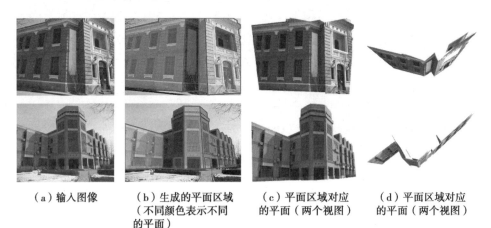

　（a）输入图像　　　（b）生成的平面区域　　（c）平面区域对应　　（d）平面区域对应
　　　　　　　　　　　（不同颜色表示不同　　的平面（两个视图）　的平面（两个视图）
　　　　　　　　　　　的平面）

图 10.7　本章算法利用标准数据集的实验结果（第 1 与 2 行分别为 TS 与 LSB 场景）

表 10.2　不同算法的精度

数据集	真实平面数量	本章算法		PlaneAG		PlaneAE	
		NR	NP	NR	NP	NR	NP
TS	5	5	4	2	2	2	1
LSB	9	8	6	4	2	3	2
CITY #1	4	4	4	1	1	1	1
CITY #2	8	7	6	4	2	3	2
CITY #3	10	8	7	3	1	0	0

本章利用实拍数据集验证本章算法的适应性。相对于标准数据集，如图 10.8（a）所示，实拍数据集相应的场景结构较为复杂（如 DP 结构包含较多的平面夹角、不同的单体建筑等），因而平面区域检测与相关平面推断均存在较大的难度。然而，在结构先验的引导下，如图 10.8（b）~（d）与表 10.2 所示，本章算法仍然可以获得较好的结果（尤其对于两个相邻单体建筑，通过相近性约束可生成可靠的平面区域与相应平面）；相反，PlaneAG 与 PlaneAE 生成的平面区域与相应平面均存在较大的偏差。

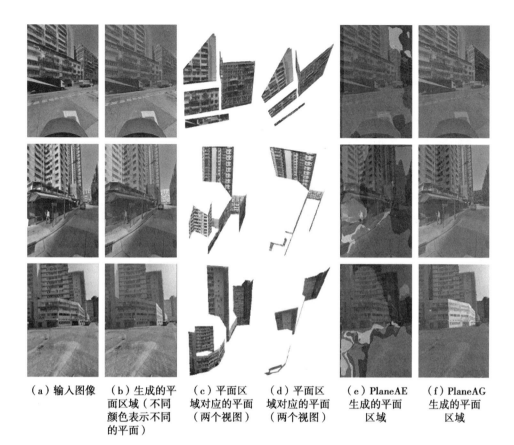

（a）输入图像　（b）生成的平面区域（不同颜色表示不同的平面）　（c）平面区域对应的平面（两个视图）　（d）平面区域对应的平面（两个视图）　（e）PlaneAE生成的平面区域　（f）PlaneAG生成的平面区域

图10.8　不同算法利用实拍数据集的实验结果

（第1、2与3行分别为CITY#1、#2与#3场景）

表10.3所示为不同算法对应的AR/AP精度，从中不难发现，本章算法的精度明显高于PlaneAG与PlaneAE。事实上，在本章算法中，平面推断环节相应的AP值已高于PlaneAG与PlaneAE，表明结构先验在平面推断中具有重要作用。此外，在平面推断中生成的错误平面可在平面优化环节通过更多平面区域之间的约束被有效校正，从而获得较高的精度。

表10.3　不同算法的平均精度（PI：平面推断，PO：平面优化）

数据集	精度	本章算法		PlaneAG	PlaneAE
		PI	PO		
TS	AR	0.89		0.62	0.50
	AP	0.66	0.80	0.51	0.42

续表

数据集	精度	本章算法		PlaneAG	PlaneAE
		PI	PO		
LSB	AR	0.84		0.56	0.37
	AP	0.63	0.72	0.45	0.31
CITY	AR	0.71		0.54	0.34
	AP	0.59	0.65	0.41	0.25

表 10.4 是本章算法（Matlab 语言实现）的运行时间（PD、PI 与 PO 分别表示平面区域检测、平面推断与平面优化等环节）。从中不难发现，由于关键直线检测中需要更多的线段，导致 PD 环节消耗较多的时间，而由于较强的约束与较少的平面区域，也使 PI 环节与 PO 环节运行较快；整体而言，本章算法运行较为稳定。

表 10.4　本章算法的运行时间

单位：分钟

数据集	PD	PI	PO	合计
TS	1.39	1.10	0.73	3.22
LSB	1.75	0.91	0.82	3.48
CITY#1	0.63	0.46	0.43	1.52
CITY#2	0.81	0.72	0.50	2.03
CITY#3	0.78	0.63	0.46	1.87

五、消融性实验

本章通过以下消融性实验对本章算法的性能进一步进行分析。

（1）相近性约束的影响。在平面推断中，相近性约束主要用于在已知平面的基础上推断与 DP 或 SP 结构相关的被遮挡平面。如表 10.2 所示，通过相近性约束，本章算法可通过权衡结构约束而生成更可靠的平面布局；否则，如图 10.9（a）与表 10.5 所示，平面推断过程可能产生错误的结果（PI-noP）或由于过强的结构约束而生成不可靠的平面布局。

表 10.5 无相近性约束（PI–noP）与无角度约束（PO–noA）的 AP 精度

数据集	PI–noP	PO–noA
TS	0.62	0.73
LSB	0.59	0.71
CITY	0.54	0.58

（2）结构约束的影响。在平面推断中，结构约束由不同结构先验构造而成，相应的权重 α 与 β 通过在 0~1 区间遍历（以 0.1 为步长）每个取值并计算随机抽取的 50 幅图像相应的 AP 值而确定。图 10.9（b）所示为不同（α，β）组合对应的 AP 值变化曲线，从中不难发现，当 α=0.6 与 β=0.5 时，平面推断过程可生成最好的结果。

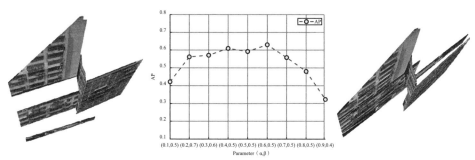

（a）平面推断中无　　　　（b）不同 α 与 β 取值时的精度变化　　　　（c）平面推断中无
相近性约束生成的结果　　　　　　　　　　　　　　　　　　　　　　角度约束时生成的结果

图 10.9 不同约束或不同参数时的结果示例

（3）规则化项的影响。在平面优化中，式（10.13）采用了根据平面夹角约束构造的规则化项，相关参数 ϑ 与 μ 采用遍历方式确定（与参数 α 与 β 确定方式相同）。为突出此规则化项的有效性，本章也采用传统规则化项（两相邻平面区域若分配不同平面则强制给予指定惩罚量）对平面推断阶段生成的平面进行优化（PO–noA）；如表 10.3 与表 10.5 所示，传统规则化项对应的精度明显低于根据平面夹角约束构造的规则化项对应的精度。此结果表明平面夹角有利于增强平面优化的可靠性。事实上，对于传统规则化项，如图 10.9（c）所示，两相邻平面区域（尤其具有相似特征的平面区域）往往被强制地分配同一平面而生成不可靠的结果。

第四节　本章小结

在单视图条件下，根据由不同卷积神经网络识别的平面方向、平面夹角与类型等结构先验，本章算法首先利用图像中的关键直线（与非零平面夹角或平面遮挡相关的直线）检测平面区域，然后通过不同的约束（如相近性约束、结构约束等）渐近式地对平面区域相应的平面进行推断，进而在 MRF 框架下通过融合图像特征与结构先验的方式对平面进行全局优化。实验结果表明，本章算法整体上具有较高精度与效率。

当前，本章算法的主要缺点在于：①由于输入至卷积神经网络的图像尺寸固定，易导致距离相机较远的场景结构对应图像区域相关结构先验识别错误；②由于所采用的平面夹角与平面方向类别较少，因而可能在复杂场景结构的重建导致较大的偏差。针对此问题，可通过多尺度的卷积神经网络提高多类别结构先验识别的可靠性。此外，通过融合场景高层结构先验或语义信息（如立方体、门等）的方式则有望进一步提高场景重建的整体精度与效率。

第十一章 多视图交互式场景多平面结构重建

在基于图像的三维场景重建中，由于弱纹理区域及曲面结构的存在，传统自动重建算法通常仅能获得不完整或过于简单化的场景结构，而传统的交互式重建算法则由于过于复杂的交互方式难以被用户操作。为了解决此问题，本章提出一种多视图条件下快速交互式三维场景重建算法。基于稀疏的初始重建的空间点，本章算法可根据用户提供的交互区域及场景结构先验快速重建出精确的几何模型（如平面、柱面等），而交互区域的确定完全采用基于图像的交互方式，不但便于用户操作，而且便于移植于平板、手机等移动终端。在标准数据集与实拍数据集的实验表明，本章算法能有效克服传统算法过于依赖场景分段平面假设的缺点，可以快速重建包括球面、柱面等结构在内的完整的场景结构。

第一节 问题分析

在利用多幅图像重建三维场景结构中，由于各种干扰因素（如弱纹理区域、透视畸变、光照变化等）的影响，传统像素级匹配或扩散的重建算法（如PMVS[3]）通常只能获得不完整的结果，特别是在结构化的城市建筑场景中，由于更多弱纹理、倾斜表面等区域的存在，此问题尤为严重。为了解决此问题，分段平面重建算法[85, 116]近年来得到深入的研究与广泛应用。相对而言，此类算法不但能有效地获得可以表达场景主体结构完整的重建结果，而且由其获得的分段平面场景模型往往也便于存储、传输与实时处理。然而，此类算法虽然在理想情况下可以获得较好的结果，但在复杂场景中的适应性及精度并不理想，其主要原因在于：采用平面模型近似位置相近及颜色相似的像素集合所对应的空间面片更适于场景中平面结构特征比较明显的区域的重建，但对于场景中存在具有曲面结构的对象（如球体、柱体等），其重建可靠性通常难以得到保证。在此情况下，更高层场景结构先验（如空间平面的夹角、图像中的区域所对应的几何模型等）的融入有望获得更完整、准确的重建结果。

在交互式城市场景的建模中，相关系统或算法的可靠性与易操作性是快速获取完整、准确场景模型的关键。对于传统基于几何造型的方法，尽管当前存在许多相对成熟的软件（如 3DsMax、AutoCAD 等）可以重建出逼真的三维模型，但由于其从无到有的整个重建过程需要大量的人工干预，而且需要用户具备较高的相关理论基础与操作能力，因而应用范围具有一定的局限性。为了快速对场景进行重建，Nan 等在利用激光扫描仪等设备获取的高精度三维点云的基础上，提出一种称为 SmartBox 的交互式建模系统[186]。该系统仅需要用户在点云中指定相关的 SmartBox 即可通过自动调整大小及位置等操作对相应的区域进行建模。然而，由于系统偏重于基于高质量点云的图形学建模，并没有充分利用图像信息，因而在点云过于稀疏或质量较差的情况下，系统的可靠性将受到极大的影响。类似地，其他基于图形学的城市建模方法[187]由于要求用户具备较好的相关理论基础，因而普适性通常也不够理想。

基于图像的交互式城市场景建模方法通过利用计算视觉技术而在一定程度上缓解了对图形学理论与技术的依赖，由于图像中包含丰富的场景结构信息，因而更有利于获取真实感的场景模型。在特定情况下，通过消影点或直线的约束，仅基于单幅图像[188]即可恢复出较完整的场景结构；然而，由于单幅图像所包含的约束条件较少，此类方法通常难以适用于复杂场景的重建。相对而言，基于多幅图像的交互式重建方法往往更有利于恢复复杂场景的结构。如 Debevec 首先定义不同类别的参数化的 3D 模型基元（如平面、立方体、棱柱等），然后由用户选择合适的基元对场景局部结构进行近似或建模[189]。然而，为了获得可靠的结果，该算法通常需要用户提供大量的交互信息以完成 3D 基元在多幅视图中的对应关系或位置。El-Hakim 首先在初始空间点的基础上根据用户的输入创建不同类别的模型（如窗户、天花板等），然后通过旋转、缩放等基本操作选择合适的模型以匹配图像中的不同区域[190]。与 Debevec 的算法类似，该方法仍需要大量的用户交互信息去指导重建。Van Den Hengel 提出一种利用交互的方式从视频中恢复场景结构的方法（VidelTrace）[191]。该方法首先利用 SFM（Structure From Motion）技术恢复初始空间点云及相机的姿态，然后根据用户在二维交互界面中的输入（如利用多边形工具描绘模型轮廓）以重建更完整的场景结构。为了获得可靠的结果，该方法利用几何模型在不同视频帧之间的对应或约束关系对其进行校正，此过程往往需要用户提供更多的交互信息。

针对具有结构化特征的城市场景，Sinha[192]的算法与本章算法最为相关。该算法首先利用无序图像恢复初始空间点及线段，然后以消影点作为约束，采用二维及三维交互的方式获取分段平面的重建结果。此算法虽然在一定程度上可以较好地解决场景重建的完整性问题，但在复杂场景的重建中往往存在以下问题：①算法过于依赖消影点的约束。在复杂场景中，消影点检测的可靠性通常比较低，而且相应于特定场景方向的消影点的数量通常也比较少，因而，算法依此进行的平面拟合的可靠性会受到极大的影响。②算法在求取用户交互区域对应的空间平面时，不但依赖于消影点，而且假定当前区域中包含一定数量的空间点。事实上，传统基于像素或空间点的三维重建算法通常难以在弱纹理区域生成空间点，因而，当用户所选的弱纹理区域并不包含空间点时，相应空间平面的求取并不可靠。③实际的城市场景通常也包含许多具有曲面结构（如柱面、球面等）的区域，而该算法仅采用平面模型对其进行近似，往往难以获取更真实的重建结果。④相对于二维交互方式，算法所采用的三维交互方式在实际中并不容易操作，通常需要用户具有较高场景重建知识及技能，因而适用范围也会受到一定程度的局限，而且不易移植于移动设备。

第二节　算法原理

为了解决以上问题，本章提出一种在多视图条件下利用用户交互方式快速重建完整场景结构的算法。在初始重建的稀疏空间点的基础上，通过用户在图像中利用交互方式指定的结构先验，本章算法仅利用少量的普通分辨率图像即可有效地对场景中存在的弱纹理、曲面等区域进行重建，进而克服传统三维重建算法过于依赖特定的假设条件（如场景分段平面假设）或对复杂场景结构的适应性较差等缺点，整体上具有较高的适应性与灵活性。本章算法基本流程如图 11.1 所示。

与传统算法不同，在本章算法中，消影点的检测仅用于确定场景的垂直方向，根据建筑垂直于地面的特征，垂直方向消影点的检测通常具有较高的可靠性。而对于交互区域的重建，无论其是否包含空间点，本章算法采用基于能量优化的平面拟合、约束空间内的平面扫描、非线性拟合等多种方式均可确定包括平面与曲面在内的可靠几何模型，因而可以恢复出更完整、准确的场景结构。此外，本章算法完全采用基于图像的二维交互方式，不但更易于实

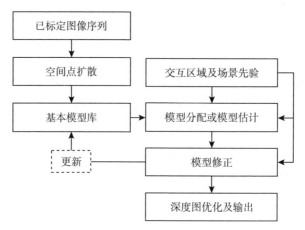

图 11.1 本章算法的基本流程

现，而且相关系统更易于操作及移植。整体而言，本章算法的主要创新之处如下：

（1）提出一种在多视图条件下基于二维交互方式的三维场景重建框架，可通过最少的交互代价快速对图像中指定区域的结构进行重建。

（2）通过由交互方式确定的场景结构先验及多视图之间的结构约束，可有效地对场景中弱纹理区域及曲面形体（如球面、柱面等）对应结构进行重建。

一、预处理

本章算法旨在采用最简单的交互方式从已标定图像序列中快速重建完整、精确的场景结构。对于未标定图像序列，可采用特征匹配与集束优化等方法生成相应的相机参数及初始空间点，相关内容在此不再作详细介绍。

在交互式三维场景重建的初始阶段，本章算法采用以下三个预处理步骤获取交互过程所需的空间点及空间平面，即初始模型库构建、参考方向估计与图像过分割。为方便表述，下文以 I_r 与 $\{N_i\}$（$i=1$, $\cdots$, k）分别表示当前图像及 k 个与其相邻的图像。

本章算法中的初始空间点通过当前图像与其左、右相邻图像的 SIFT 特征检测、匹配及三角化等步骤生成［见图 11.2（a）］。事实上，由于较多的初始空间点更有利于后续环节几何模型的求取，因此，当初始空间点过于稀疏时，本章算法也采用第三章所述的快速空间点扩散方法对其进行扩散处理。

（a）初始空间点　　　（b）扩散后的空间点　　　（c）图像过分割　　　（d）初始场景主平面
（不同的颜色表示不同
的平面）

图 11.2　预处理

事实上，像素级的空间点扩散的方法通常难以解决弱纹理、倾斜表面及曲面等区域的重建问题，如图 11.2（b）所示，由于场景中存在较多的弱纹理、重复纹理等区域，对图 11.2（a）所示的初始空间点进行扩散后仍然难以获得较好的结果。此外，传统基于场景分段平面重建的算法虽然在一定程度上可解决弱纹理、重复纹理等区域对应结构的重建问题，然而，在场景深度变化较小时，此类算法通常易将深度变化较小而实际不在同一平面的两个区域错误地分配到相同平面，因而难以重建场景的结构细节。另外，此类算法在本质上难以重建场景中存在的曲面结构（如圆柱）。

（一）初始模型库的构建

对于城市建筑，其主体结构通常由分布于数量不多的场景方向（如 Manhattan-world 场景的三个场景主方向）上的平面（以下简称场景主平面）构成，因此，本章算法首先利用多模型拟合方法 ［123］从初始空间点中检测场景主平面以构建初始模型库，进而利用其引导用户在交互时完成更可靠的操作。对于曲面结构对应区域的空间点 ［如图 11.2（d）所示圆柱结构对应区域的空间点 ］，利用平面对其进行拟合往往会产生较大的错误，为此，本章算法在后续采用交互方式对其进行校正。

（二）参考方向的估计

在场景主平面确定后，为便于后续快速、可靠地求取用户交互区域对应的几何模型（如平面、柱面等），同时引导用户进行更有效的交互或减少用户交互的工作量，本章算法确定以下三个场景主方向以用于设定几何模型求取时的初始值。

（1）场景主平面方向 X_0：在场景主平面抽取阶段，由于每个空间点均被分配了相应的最优平面，本章算法将对应空间点数量最多的空间平面的法向量定义为 X_0 方向。从理论上而言，交互区域对应几何模型的方向（如平面法向量或柱面主轴方向）更可能与主平面方向保持一致或相互垂直。

（2）地平面法向量 Z_0：根据城市场景的结构特征，在垂直方向通常可以检测到大量的平行线段，而与每对平行线段对应的消影点可用于求取地平面法向量。为了增强算法的鲁棒性，本章采用文献［92］所述的消影点检测方法确定消影点以求取相应的地平面法向量 Z_0。

（3）其他方向 Y_0：定义为与场景主平面方向 X_0 和地平面法向量 Z_0 均垂直的方向。

需要注意的是，在实际中，为了简化运算步骤，通常先将相机坐标系 (X, Y, Z) 下的空间点转换到坐标系 (X_0, Y_0, Z_0) 下进行交互区域相应几何模型的求解。

（三）图像过分割

为便于后续环节交互区域边界的自动调整及空间点的采样显示，如图 11.2（c）所示，本章算法采用文献［145］的图像过分割算法对当前图像进行过分割。相对于其他图像过分割算法，该算法不仅具有较高的运算速度，而且所生成的超像素尺寸较易控制，且边界与场景中真实结构的边界具有较高的一致性，因而有利于提高交互区域相应边界自动调整的可靠性及空间点采样后的可视化效果。

二、交互方式的定义

合理、有效的交互方式是交互式三维场景重建的关键，过于复杂的交互方式不易于被用户操作，而过于简单的交互方式又难以提供有效的结构先验。相对而言，用户更易于接受的交互方式是直接在其选定的图像上进行二维交互。事实上，尽管三维交互方式（如对空间点或直线进行操作）更加直观、有效，但通常需要用户具备较高的专业知识与熟练的操作技能，因而不易被普通用户所接受。

（一）交互方式

本章算法主要采用基于图像的二维交互方式对相应场景进行三维重建（用户仅在其所选定的图像中进行指定类型的交互操作即可快速重建相应区域对应的几何模型）。为了引导用户完成更可靠的交互，已被分配空间平面的初始空间点由系统采用不同的颜色显示于当前图像中［见图 11.2（d）］。需要注意的是，当空间点扩散环节生成的空间点数量较多时，在图像中全部将其显示有可能干扰用户的交互操作；为此，对于每个包含空间点的超像素，如图 11.4（a）所示，本章算法仅显示投影位置距离超像素中心最近的空间点在一定程度上降低用户交互操作中的干扰。

在此基础上，本章算法采用以下几种交互方式：

（1）直线／折线：用户通过鼠标连续点击的方式在当前图像中绘制直线或折线，封闭折线所确定的区域即当前交互区域。由于城市场景具有丰富的直线特征，此工具可用于快速选取预重建结构。

（2）自由绘制：用户通过鼠标拖动的方式在当前图像中绘制任意形状的曲线，封闭曲线所确定的区域即当前交互区域。针对场景中曲线特征比较明显的区域（如拱形门），相对于直线或折线工具，自由绘制工具可以更快速、准确地选定预重建结构。

（3）智能选取：自动选取与用户鼠标单击处的像素颜色相似的全部像素构成的区域。该工具主要用于快速选取形状复杂、颜色分布均一的弱纹理区域（如白色墙壁）。

（4）选区修正：用户利用以上三种工具确定交互区域后，可根据需要对其进行修正以获取更精确的交互区域。当交互区域处于修正状态时，其边界会自动生成等间隔的节点以便用户进行拖动、增加或删除等相应的修正操作。

（二）边界自动调整

在实际中，用户利用上述交互方式确定区域可能并不精确，其边界往往与真实的结构边界存在偏差。为解决此问题，在用户确定交互区域时，本章算法根据超像素的边界对交互区域的边界进行自动调整，进而使其与场景真实的结构边界相一致。在实验中发现，文献［192］所述算法通过将用户所选区域的边界吸附至已知线段的方式实现用户所选区域边界的自动调整，然而，由于场景中可能存在较多的具有曲面结构特征的区域，相应线段的检测及以此进行边界调整的可靠性通常难以得到保证。事实上，由于图像过分割得到的超像素为颜色相似、位置相近像素的集合，其边界通常与场景中真实结构边界相一致，因此，本章算法以此实现更快速、可靠的自动边界调整功能。为便于用户更准确地对交互区域进行修正，自动边界调整功能通常可作为可选项被用户关闭。如图 11.3 所示，对于当前交互区域的边界（虚线所示）及与其相交的超像素，设超像素与交互区域相交部分的像素数量与超像素内部全部像素数量之

比为 ρ，根据预先设定的阈值 K_{min} 与 K_{max}，本章算法通过度量 ρ 值的大小将超像素分为三类，即：

（1）$\rho \geqslant K_{max}$：超像素大部分区域在选区内部，如超像素①。

（2）$\rho \leqslant K_{min}$：超像素大部分区域在选区外部，如超像素②。

（3）$K_{min} < \rho < K_{max}$：超像素大约一半区域在选区内部，如超像素③。

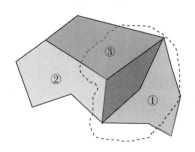

图 11.3　选区边界的自动调整（不同灰度表示不同的超像素）

显然，相对于当前交互区域的边界，由于前两类超像素的边界更可能为场景中的真实结构边界，本章算法因而以其边界替换相应交互区域的边界（红色折线所示）；而对于第三类超像素，由于难以确定其边界是否与场景中的真实结构边界相一致（此类超像素通常对应于图像中对比度较低的区域），本章算法则保持用户所确定的交互区域边界不变（红色虚线所示）。

相对于传统的边界跟踪算法或文献［192］所述算法，以上边界调整算法可以更快速、更准确地确定场景中的真实结构边界，而且易于实现。事实上，由于较小超像素往往更有利于确定更准确的真实结构边界，因而，在特殊情况下（如由于对比度较低或特征较相似而无法辨识两平面之间的交线），图 11.3 中的第三类超像素可被继续分割，真实结构边界可进一步被检测。在实验中发现，在传统边缘检测算法失败的低对比度区域，以上自动边界调整方法仍然可以获得较好的结果。

三、交互区域的重建

在用户确定交互区域之后，相应的结构需要被可靠地重建。尽管城市场景结构以平面模型为主，但同时也包含少许曲面结构。所以，根据用户提供的场景结构先验，本章算法采用多种几何模型（如平面、柱面等）对用户交互区域对应的结构进行重建，如图 11.4 所示。

（a）空间点及交互示例　（b）用户交互区域　（c）已重建几何模型　（d）重建结果顶视图

图 11.4　交互式重建的过程

（一）平面模型的重建

设用户交互区域为 R，根据其包含空间点的数量，本章算法采用以下两种方法确定相应的平面模型：

（1）统计选取方法。如果用户交互区域 R 包含空间点，则从初始模型库中选择包含最多空间点的平面作为其对应的最优平面。在极端情况下，如果每个空间点被分配的平面均不相同，则根据所有空间点到平面的平均距离为度量，从初始模型库中选择平均距离最小的平面作为其对应的最优平面。通过此方法确定的最优平面可能与真实平面存在一定的偏差，此时用户可通过输入先验信息对其进行修正或优化。

（2）直接求取方法。对于场景中的弱纹理区域，即用户交互区域 R 不包含任何重建的空间点，则相应的最优平面采用在指定方向上进行平面扫描的方法求取。

为了在平面扫描过程中度量候选平面 H 的可靠性，如图 11.5 所示，本章算法采用用户交互区域 R 的边缘点 $\{e_l\}$（$l=1, \cdots, m$）及其在平面 H 诱导下在相邻图像中的对应点的 DAISY 特征的匹配程度 $\phi(R, H)$ 定义相关标准：

$$\phi(R,H) = \frac{1}{k} \sum_{i=1}^{k} \sum_{p \in |e_l|} \| D_r(p) - D_i(H(p)) \| \tag{11.1}$$

式中，$H(p)$ 表示边缘点 p 在平面模型 H 的诱导下在图像 N_i 中的映射点，$D_r(\cdot)$ 与 $D_i(\cdot)$ 分别表示当前图像与其相邻图像的 DAISY 特征。

相对传统的灰度一致性度量，DAISY 特征可以较好地反映当前点邻域的结构特征，因而具有更好的度量性能。实验中发现，如果采用灰度或颜色的度量，为了获得可靠的度量效果，通常需要考察用户交互区域 R 在较多的相邻图像中的区域匹配，而利用 DAISY 特征进行度量，往往需要较少的相邻图像即可获得较好的区域匹配效果。此外，仅选择边缘点进行区域匹配的主要原因在于：相对于区域内部点，边缘点往往具有更好的可区分性，因而可以更有效地提高区域间匹配的可靠性。在实际中，如果对边缘点进行采样处理或仅选择角点（红点所示）进行区域间的匹配度量，则可进一步提高区域匹配的效率。

在式（11.1）的基础上，本章算法从基本模型库中选择 $\phi(R, H)$ 值最小的平面 H_0 作为用户交互区域 R 对应的初始平面。事实上，虽然平面 H_0 并不一定是用户交互区域 R 对应的真实平面，但用户以其为参考进一步输入先验信息（如绕 Z_0 顺时针旋转 $90°$），从而确定真实平面的法向量。

在真实平面的法向量确定后，由于用户交互区域 R 中并不包含任何空间点，因而需要沿法向量进行平面扫描以确定最优平面，相应的深度扫描范围由初始空间点确定。在实际中，由于深度扫描范围可能较大，传统穷举式的扫描方法不但会导致较高的计算复杂度，而且可能会由此产生大量的干扰平面，从而降低最优平面求取的可靠性。因此，本章算法采用以下两种方法解决此问题：

（1）根据区域之间的匹配约束滤除不可靠的候选平面。如图 11.5 所示，已知区域 $M \in I_r$ 与 $P(M) \in N_i$ 为平面 P 诱导下的相互匹配的可靠区域，则在沿法向量 n 进行平面扫描确定区域 $R \in I_r$ 对应的最优平面的过程中，如果在候选平面 H 的诱导下，区域 R 在图像 N_i 中的映射区域 $H(R)$ 与 $P(M)$ 重叠部分越多 [如重叠部分占区域 $H(R)$ 的百分比大于指定阈值 ϑ]，则平面 H 成为真实平面的可靠性就越低；或者说，已知可靠区域 $P(M) \in N_i$ 约束了区域 $R \in I_r$ 在图像 N_i 中匹配区域的求解空间，进而保证了对区域 $R \in I_r$ 相应平面求解的可靠性。

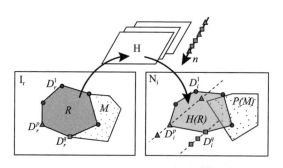

图 11.5　平面扫描与区域匹配

显然，如果用户可事先确定全部包含空间点的交互区域对应的平面，则不包含空间点的交互区域对应平面的求解空间将会极大地缩小，相应平面求取的可靠性将会增强。此外，在多个相邻图像中考察区域 $R \in I_r$ 的匹配约束，也有利于增强相应平面求取的可靠性。

（2）仅在特定深度位置处进行平面扫描。对于用户区域 R 的边缘点或角点，首先在相邻图像中沿相应极线方向根据 DAISY 特征度量确定最可能的 K 个匹配，然后由匹配求取的空间点相应的深度位置作为平面扫描的位置。如图 11.5 所示，区域 R 的角点 p（三角形所示）与 q（正方形所示）在相邻图像中分别找到三个可靠的匹配，进而确定平面扫描的六个特定位置。

在实验中发现，由于以上区域匹配的约束与扫描空间的缩小，不包含任何空间点的用户交互区域 R 所对应的最优平面往往可被快速、可靠地确定。

（二）曲面模型的重建

城市场景的结构除以平面模型为主外，圆柱面与球面也是常见的结构模型。事实上，对于场景中具有曲面结构特征的区域，由于像素级匹配度量可靠性的降低或仅采用平面模型对相应曲面结构的简单近似，传统自动或交互式重建算法通常难以获得完整、可靠的结果。实际中，为了获得更准确的重建结果，场景中存在的曲面结构应该采用相应的几何模型进行重建。下文主要介绍场景中柱面、球面等结构的重建，其他曲面结构（如锥面、圆台）的重建思路类同，在此不再赘述。

对于当前用户交互区域，本章算法根据其对应空间点的数量采用三种方法求取相应的曲面模型。为便于下文表述，以 P 表示当前用户交互区域对应的空间点集。

1. 拟合方法

当集合 P 中的空间点数量较多时，相应的几何模型可直接采用拟合方法（如非线性最小二乘拟合）进行求取，最终几何模型上的空间点通过交互区域上每个像素的反投影线与几何模型的交点确定。在实际中，当反投影线会与几何模型相交为两个交点时，本章算法选取相对于相机深度值最小的交点。

以下为采用不同的拟合方法对几何模型的求取过程：

（1）球面模型。对于球面上任意不共线的三点所确定的空间平面，由相应平面法向量与该三点所构成的圆的圆心（三角形的外心）可确定一条通过球心的直线。如图 11.6（a）所示，由球面上不共线的三点 ABC 求取的平面法向量 n_1 及三角形的外心 E 所确定的直线必通过球心 O，因而，当可确定另外一条同类直线（如平面法向量 n_2 与三角形 BCD 的外心 F 确定的直线）时，球心坐标 O 可通过求取两直线交点的方式确定，进而可确定相应的球面模型。

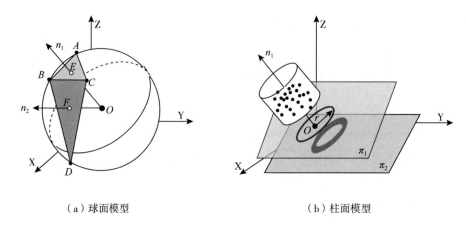

（a）球面模型   （b）柱面模型

图 11.6   曲面模型的求取

为了增强球面模型求取的可靠性，本章算法采用 RANSAC 方法通过多次抽样的方式确定对集合 P 中的空间点拟合程度最好的球面模型。

（2）柱面模型。为了获取可靠的柱面模型，本章算法首先确定其初始主轴与半径，然后采用 L-M 算法[193]进行优化。

与球面模型不同，柱面模型的主轴方向是特定的，通常可通过用户交互输入主轴与参考方向（如 Z_0）的夹角先验而确定；主轴方向确定后，基于该方向与集合 P 中的任意一点即可确定垂直于主轴的平面 π。显然，将集合 P 中所有空间点投影到平面 π 之后，相应的圆半径及中心可以采用基于 Hough 变换的圆检测方法[194]获得，进而可确定柱面模型的初始主轴与半径。

在实际中，由于用户缺乏对场景结构准确的了解，指定的主轴方向可能并不十分精确，因此，为了增强主轴方向求取的可靠性，本章算法将平面 π 的法向量在较小范围内进行了旋转，同时采用空间点投影熵值度量旋转过程中新平面的可靠性，进而从中选择投影熵值最小的平面进行柱面模型的初始主轴与半径的求取。如图 11.6（b）所示，对于平面 π 旋转后的两个平面 π_1 与 π_2，空间点在 π_1 中的投影（黑色椭圆）熵值比其在 π_2 上的投影（灰色椭圆）熵值小，因此平面 π_1 即平面 π 校正后的平面，相应柱面模型的初始主轴与半径则基于平面 π_1 而求取。

2. 空间约束方法

当集合 P 可能为空或其中的空间点较少时，对应的曲面模型通常难以确定；为此，本章算法采用了用户延迟对相应曲面模型求取的策略。事实上，当其他交互区域对应的几何模型确定后，当前交互区域内的像素在相邻图像相应极线上的候选匹配空间将极大地缩小，此时，通过 DAISY 特征的匹配通常可以生成足够多的空间点，进而可以采用非线性拟合方法进行相应曲面模型的求解。

然而，对于颜色分布均一的无纹理区域，此类方法可能仍然无法获得任何空间点。在此情况下，本章算法采用类似于可视外壳的方法求取近似的曲面模型，但与传统可视外壳方法不同的是，本章算法在已知模型（球面、柱面等）结构的情况下对其初始位置及尺寸的简单估计，因而更易于生成较好的结果。具体而言，基于可视外壳的曲面模型求取过程如下：

（1）匹配区域：在相邻图像中的相应极线上搜索与用户交互区域 R 最匹配的超像素；类似于区域匹配约束方法，在相邻图像中，仅仅包含较少或不包含任何空间点的超像素作为候选匹配，同时根据文献［85］所述的颜色度量确定用户交互区域 R 的最优匹配区域（设为 R'）。

（2）生成初始可视外壳：为了增强几何模型初始位置求取的可靠性，将与区域 R' 相邻且颜色相近的超像素与 R' 共同作为用户交互 R 的匹配区域。当在多幅图像中确定区域 R 的匹配区域后，则可通过可视外壳技术得到对应几何模型的近似外形。

（3）确定曲面模型：以可视外壳在相机坐标系 3 个方向上最小长度的 1/2 作为球面或柱面的初始半径，以可视外壳中心作为球面模型的中心计算初始球面模型，而以通过可视外壳中心的参考方向 Z_0 为主轴计算初始柱面模型。

需要注意的是，此方法所求取的初始曲面模型通常与真实模型间存在一定偏差，因而需要用户进一步输入场景结构先验对其进行缩放、旋转等优化操作，以获得更准确的结果。

3. 直接选取方法

以上两种方法求取的几何模型需要保存至基本模型库中，以便后续环节重复使用，而"直接选取方法"指直接从基本模型库中为当前用户交互区域选取已存储的几何模型。

此方法主要用于城市场景中重复结构（如窗户、支柱等）的重建，例如，由于光照的原因导致用户交互区域不包含任何空间点时，此时可从基本模型库中直接选取与已重建几何模型相同的几何模型对其进行重建，从而避免几何模型的重复求取，以提高整体重建的速度。事实上，此方式确定的几何模型与用户交互区域间并不一定具有准确的对应关系，因而仍需要用户输入特定的场景结构先验对其进行缩放、旋转等优化操作以获得更准确的结果。

（三）模型的优化

由于城市建筑结构具有规则化的特征（如平面之间的夹角为特定值），相应的结构先验往往可以通过用户交互输入的方式用于当前几何模型的优化，进而可以更新或扩充基本模型库以提高后续环节对用户交互区域进行重建的速度与可靠性。

本章算法提供"平移""旋转""缩入"三种基本操作对当前几何模型进行优化，在实际中，通过基本操作之间的相互组合则可生成更复杂的优化方式（如"旋转 + 平移"等）。

（1）平移。对于平面模型，该操作主要对当前平面沿其法向量进行前后平移以生成新的平面。如果用户交互区域中包含空间点，则新平面由平面法向量与相应的空间点确定。此外，为了增强新平面求取的可靠性，在空间点与平面之间距离小于指定阈值时，本章算法选取包含最多数量空间点的平面作为最优平面；相反地，如果交互区域不包含空间点，则由前文所述的"直接求取方法"获取，此时的平面平移其实是平面扫描过程。对于曲面模型，"平移"操作仅将其平移至用户选择的空间点位置（距离用户鼠标单击位置最近的投影点所对应的空间点）或可视外壳的中心位置。

（2）旋转。根据用户指定的参考方向及角度对平面模型的法向量或柱面模型的主轴进行旋转。

（3）缩放。保持当前曲面模型的中心位置不变，根据用户指定比例对其进行缩放。

四、深度图优化

在用户交互区域对应几何模型的重建中，用户交互区域由用户指定而未考虑不同区域间以及相应几何模型之间的相关关系。事实上，由于用户交互区域可能并不准确，通常导致几何模型间存在空隙而无法真正相连。此外，每个用户交互区域对应的几何模型也可能由于过于平滑而无法突出结构细节。为解决此问题，本章算法依据二阶 TGV（Total Generalized Variation）规范化对已重建几何模型构成的深度图进一步进行全局优化。其中，通过各向异性扩散张量对二阶 TGV 规范化项的加权，不但可以较好地增强图像边缘区域的不连续性，同时可以增强对图像中颜色分布一致性区域的平滑力度。然而，在图像对比度较低的区域，仅依赖梯度信息往往难以获得较好的边界检测效果，从而使得相应的结构边界可能被过度平滑。为解决此问题，本章算法首先求取所有几何模型间的交线，然而以此更新各向异性扩散张量中交线位置的权重，从而降低交线区域在二阶 TGV 规范化中被平滑的力度。

在实验中发现，由于根据初始已重建几何模型构成的深度图已非常接近于真实值，因而，以此作为初始值，TGV 规范化过程不但收敛较快，而且求解质量较高。

第三节　实验与分析

本章采用标准数据集与实拍数据集对所提算法的可行性与适应性进行测试。

（1）标准数据集：包括 Valbonne 与 Merton 图像集[105]以及 Mansion 图像集[41]。其中，Valbonne 与 Merton 场景结构仅由平面构成，而 Mansion 场景则包含平面与曲面两种结构，相对较为复杂。

（2）实拍数据集：包括"自动化大厦""清华物理楼"图像集。相关场景不但均由平面与曲线结构构成，而且图像间存在较大的光照变化及较宽的基线。

一般而言，相对于普通分辨率图像，高分辨图像通常包含更丰富的场景结构信息，许多在普通分辨图像中不易区分的特征（如纹理），在高分辨率图像中往往更易于辨识，因而传统三维场景重建算法更偏向于采用高分辨率图像。与其不同，本章算法旨在解决传统自动或交互式三维场景重建算法存在的难以可靠地重建弱纹理区域对应的结构、过于依赖图像数量与分辨率等问题，因而，本章采用数量较少且分辨率相对较低的图像对相关场景结构进行重建，进而验证本章算法针对图像数量及分辨率的鲁棒性。

表 11.1　图像分辨率及数量

序号	数据集	分辨率	数量
1	Valbonne	512×768	3
2	Merton	1024×768	3
3	Mansion	819×614	2
4	自动化大厦	912×684	3
5	清华物理楼	819×546	3

此外，尽管交互式三维场景重建过程通常由于涉及较多的人工交互而难以保证相关算法对比实验的绝对客观性，但为了突出本章算法的主要特点与优势，同时表明传统交互式重建算法所存在的问题，本章仍与算法［192］进行了实量与实性的对比实验，其中包括对算法重建时间、几何模型类型与数量的估计与分析。需要注意的是，算法［192］为了获得较好的重建效果，通常需要较多的图像以增强相关环节的可靠性（如消影线的检测与优化等）。

本章所有实验均在基本硬件配置为 Intel Core 2.33 GHz 四核处理器与 4G 内存的计算机上完成，相关算法均采用 Matlab 语言实现。

一、参数设置

本章所有实验的参数采用相同的配置。在边界自动调整阶段，阈值 K_{min} 与 K_{max} 分别设置为 0.1 与 0.9，用户可通过调整两者取值大小控制边界自动调整的力度；在利用"直接求取方法"确定用户交互区域对应的平面模型时，已匹配区域的约束阈值 ϑ 越小，则滤除候选平面的数量越多，但设置过小，则可能滤除真实的平面；同样，确定平面扫描深度位置时，参数 K 设置越小，越可能遗漏真实的平面。实验中发现，将两者设置为 0.25 与 10 时，本章算法可生成较好的结果并具有较高效率。在模型的优化阶段，空间点与平面之间的距离阈值不应设置过大，在本章实验中，将其设置为 0.05 时，"平移"操作具有较好的稳定性。

二、实验结果

对于 Valbonne 与 Merton 场景，如图 11.7（a）所示，其结构主要由平面构成，尽管纹理比较丰富，但在倾斜平面区域（如 Valbonne 场景的塔柱与 Merton 场景的屋顶），传统自动式重建算法通常难以获得可靠的结果。例如，基于 DAISY 特征的稠密匹配方法[41]虽然可以生成相对稠密的空间点，但在弱纹理、重复纹理等区域，匹配多义性问题往往导致其难以生成较好的结果，因而无法保证场景重建的完整性。此外，像素的稠密匹配过程通常也会导致较高的计算复杂度，因而整体效率较低。

根据图 11.7（c）所示结果可知，本章算法通过用户交互式地对特定图像区域及相关几何模型的确定，可快速重建完整、精确的场景结构（如本章算法仅用 1 分钟即可完成 Valbonne 场景主体结构的重建）。相对而言，算法［192］

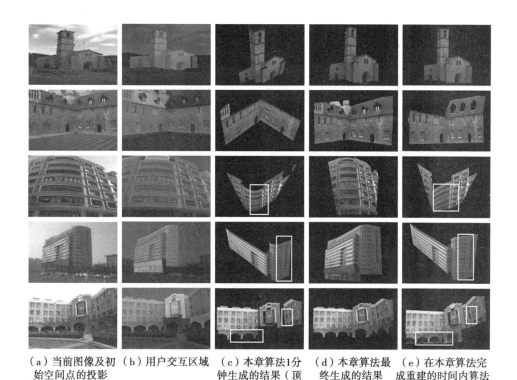

（a）当前图像及初　（b）用户交互区域　（c）本章算法1分　（d）本章算法最　（e）在本章算法完
　始空间点的投影　　　　　　　　　　　钟生成的结果（顶　　终生成的结果　　成重建的时间内算法
　　　　　　　　　　　　　　　　　　　视图）　　　　　　　　　　　　　　[192]生成的结果

图 11.7　不同算法生成的结果

由于交互方式复杂，在重建场景结构时不但要消耗更多的时间，而且可靠性较低。如图 11.7（e）所示，对于 Merton 场景，在本章算法完成重建的时间内算法[192]仅重建部分场景结构。而对于 Mansion 场景中曲面结构对应的区域，算法[192]由于过于依赖场景分段平面的假设而产生了较大的重建错误（红色矩形框标示区域）。需要注意的是，Mansion 场景数据集仅包含两幅图像，采用第三章所述的空间点扩散方法难以获得较好的结果，因此，本章算法未对初始空间点进行扩散处理。然而，从实验结果中可以发现，最终的重建结果仍然较为可靠，充分说明本章算法对图像数量的依赖性较低。

对于"自动化大厦""清华物理楼"场景，其中存在的曲面结构通常难以采用传统自动式场景重建算法进行重建，尤其对于"清华物理楼"场景中的两个体积较小且包含较少纹理的圆柱，不但像素级的场景重建算法难以进行，而且基于场景分段平面假设的自动或交互式场景重建算法均会由于采用平面模型对其进行近似，从而产生较大的错误［如图 11.7（e）矩形框标示区域］。

在本章算法中，根据用户交互区域在不同图像中的匹配区域，通过空间约束下最优几何模型选择的方式可以较为精确地对其进行重建。此外，对于"清华物理楼"场景中的曲面结构［如图 11.7（c）矩形框标示的拱形门］，本章算法通过边界的自动调整功能可生成精确的交互区域，进而可生成相应精确的平面结构；相反，算法［192］由于不易选取曲线结构［如图 11.7（e）矩形框标示的拱形门］，因而产生了较大的偏差。

表 11.2 是不同算法针对所有数据集的重建时间、几何模型类型与数量的统计。从中可以发现，本章算法可以快速重建包括平面、曲面等结构在内的可靠、完整的场景结构，而算法［192］仅采用平面模型近似场景的结构而产生较大的重建错误。此外，由于算法［192］所采用交互方式的复杂性，其重建时间相对消耗较多。

表 11.2　不同算法的运行时间与重建几何模型数量

单位：分钟

序号	数据集	本章算法			算法［192］	
		平面模型	曲面模型	时间	平面模型	时间
1	Valbonne	6	0	1.5	6	4.1
2	Merton	11	0	4.3	11	8.6
3	Mansion	9	3	3.2	10	7.5
4	自动化大厦	5	1	2.1	6	4.6
5	清华物理楼	10	2	2.7	9	5.4

整体而言，本章算法将交互式与自动式场景重建过程融合于统一的框架并利用用户提供的场景结构先验引导场景重建过程，不但可有效解决传统自动式场景重建算法难以解决的问题（如弱纹理区域及曲面结构的重建可靠性较差），而且可有效降低传统交互式场景重建算法交互代价与复杂度，进而可快速生成完整、可靠的重建结果。

第四节　本章小结

为提高场景中弱纹理区域及曲面结构的重建可靠性，进而生成完整、精确的场景结构，本章提出一种多视图条件下快速交互式三维场景重建算法。根据城市场景多平面结构的假设，本章算法首先根据用户采用直线、自由绘制等交互方式确定的图像区域及相关场景结构先验对场景主平面进行重建，然后以其构造约束以重建其他平面及曲面（如球面、柱面等）结构，最后为进一步提高相应几何模型的可靠性，本章算法采用二阶 TGV 规则化方法对所重建几何模型相应的深度图进行全局优化，进而生成完整、精确的场景结构。此外，本章算法完全采用基于单幅图像的二维交互方式并利用自动边界调整功能对相应的交互区域进行优化，不但易于操作与移植，而且具有较高的可靠性与鲁棒性。

第十二章 单视图交互式场景多平面结构重建

利用单幅图像重建场景的多平面结构是计算机视觉领域重要且具有挑战性的问题，尽管自动式单图像场景多平面结构重建算法具有较高的效率，但在复杂情况（如具有复杂结构的建筑）下却不易获得较好的结果。为了解决此问题，本章提供一种在结构先验的基础上融合自动式平面推断与交互式平面优化的单图像场景多平面结构重建算法。根据由卷积神经网络识别的结构先验（如平面方向、平面夹角及夹角类型等），本章算法首先通过单击交互方式快速将图像中的建筑区域分割为多个具有结构信息的多边形区域，然后利用结构先验构造约束以渐进式地推断每个多边形区域相应的平面，最终在单击交互相关性信息的引导下，进一步在协同优化框架下通过融合图像特征与结构先验的方式对场景多平面结构进行全局优化。实验结果表明，本章算法可在最少交互代价的情况下快速、精确地重建场景多平面结构，整体上具有较高的性能。

第一节 问题分析

基于单幅图像的场景多平面结构重建，旨在采用自动或交互的方式从单幅图像中重建场景完整、可靠的分段平面结构，近年来在增强现实、数字化城市建模等领域备受关注。本书将相关算法分为基于几何的算法[67, 172]与基于学习的算法[15, 176]两类并对每类的算法特点进行了评述。整体而言，基于几何的算法通常适用各种几何约束（如 Manhattan-world 模型）重建场景的多平面结构，然而，由于单幅图像固有的空间结构多义性，此类算法在对具有复杂结构的场景（如包含深度差异较小且外观较为相似的相邻平面）重建中往往不易产生较好的结果。基于学习的算法通过提取不同层次的图像特征，并构建图像特征与平面之间的相关性推断场景的多平面结构。然而，由于不可靠假设（如平面数量固定）或粗粒度几何先验（如两个平面平行或正交）等问题，此类算法在实际中通常难以表现出较好的适应性。

在计算机视觉相关任务（如图像分割与目标检测）的处理中，用户交互可通过提供高层先验知识提高整体精度与可靠性。然而，由于以下原因，当前尚未有利用用户交互提高单视图条件下场景多平面结构重建精度与可靠性的研究：

（1）如何在图像中交互式地标注与平面对应的精确区域（下文简称平面区域）?

（2）如何有效地对所标注的平面区域对应的平面进行推断?

第二节　算法原理

为解决以上问题，本章首先分析不同类型单图像场景多平面结构重建算法及交互操作的特点，然后提出本章算法的基本流程。

（1）基于几何的算法：不同的几何先验（如平面方向）可用于推断图像中平面区域对应的平面。如图 12.1 所示，四个平面（H_1、H_2、H_3 与 H_4）与三个平面夹角 A_{1-2}、A_{2-3} 与 A_{3-4} 相关联，若确定其中一个平面，则其他平面可根据所关联的平面夹角确定。

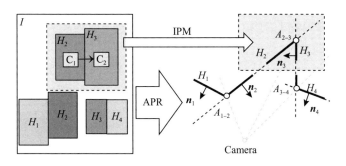

图 12.1　基于结构先验的单视图场景多平面结构重建

（不同的颜色表示与不同平面对应的平面区域；C_1 与 C_2 表示在两个平面区域上的两次单击；粗线段表示顶视图下与平面区域相应的平面；IPM：交互式平面修正；APR：自动式平面推断）

（2）基于学习的方法。特定的结构先验（如平面夹角）可通过卷积神经网络学习，进而可用于提高单视图场景多平面结构重建的精度与效率。在图 12.1 中，平面夹角（A_{1-2}、A_{2-3} 与 A_{3-4}）以及平面法向量（n_1、n_2、n_3 与 n_4）与局部图像区域特征相关联，因而可通过训练特定的卷积神经网络从局部图像特征中识别相应的平面夹角或平面法向量。

（3）交互操作。利用最小代价且有效的交互方式引导自动式平面推断过程，有助于利用其中蕴含的高层结构先验提高场景多平面结构重建的可靠性。如图 12.1 所示，通过关联在两个平面区域中的单击交互，可快速修正自动式平面推断中产生的错误平面。

根据以上分析，如图 12.2 所示，本章算法由交互式区域分割、自动式平面推断、交互式平面修正与自动式平面优化四个环节构成。

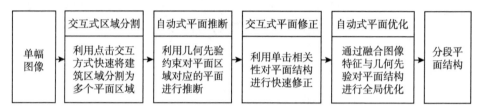

图 12.2　本章算法的基本流程

本章算法的主要创新之处如下：

1）利用单击交互方式快速标注精度较高且具有结构信息的多边形平面区域。

2）在结构先验的约束下渐近式地对多边形平面区域对应的平面进行自动、有效的推断。

3）在最小交互代价的情况下利用单击相关性交互方式对场景多平面结构进行快速修正。

4）在能量最小化框架下通过融合图像特征与结构先验的方式对场景多平面结构进行全局优化。

5）提出一种融合自动式平面推断与交互式平面优化的单图像场景多平面结构重建框架。

一、结构先验学习

本章采用第十章第二节定义的 A-GP、C-GP 与 O-GP 三个神经网络分别学习与 DP 结构及 SP 结构相关联的结构先验（相关平面表示为 H_1 与 H_2）。由于后续自动式交互修正环节可对结构先验进行修正，为此，本章对 A-GP 神经网络输出类别中与 DP 结构相关联的遮挡类型进行了合并处理（不区分 DP 结构相关平面的左右遮挡与上下遮挡以及 SP 结构相关的自遮挡），进而简化其复杂度以提高整体训练效率。

在本章中，A-GP、C-GP 与 O-GP 三个神经网络的训练样本利用包含真值的 DTU[183]、LUND[195] 与 CASIA 数据集[124] 进行构造。在每幅图像中，本章首先利用 LSD 线段检测算法[11] 进行线段检测，然后以每个线段 l 为中心选择正方形区域 R_l（线段 l 与正方形区域 R_l 的两个边平行且相等），最后设与正方形区域 R_l 相应的空间点为 P_l 及位于线段两侧的空间点分别为 $P_1 \subset P_l$ 与 $P_2 \subset P_l$，本章根据以下两种情况生成不同神经网络的样本。

（1）若空间点 P_1 与 P_2 均可拟合为平面（DP 结构有效）：首先将线段 l 反投射至平面 H_1 与 H_2 上以生成三维线段 L_1 与 L_2，然后计算三维线段 L_1 与 L_2 之间的平均距离。当该距离小于指定阈值（如空间点与拟合平面之间距离的两倍）时，表明平面 H_1 与 H_2 相交，进而利用平面 H_1 与 H_2 之间的夹角以及正方形区域 R_l 构造 A-GP 神经网络的前四个平面夹角类型的样本，同时利用平面 H_1 与 H_2 的法向量以及正方形区域 R_l 构造 C-GP 与 O-GP 神经网络的样本；相反，若该距离大于指定阈值，表明平面 H_1 与 H_2 之间存在遮挡，则利用遮挡标记与正方形区域 R_l 构造 A-GP 神经网络第五个类型的样本。

（2）若仅有空间点 P_1 或 P_2 可拟合为平面（SP 结构有效）且空间点 P_2 或 P_1 对应的大部分像素被图像语义标注算法识别为非建筑区域：平面 H_1 与 H_2 之间的夹角以及正方形区域 R_l 构造 A-GP 神经网络的前四个平面夹角类型的样本或利用遮挡标记与正方形区域 R_l 构造 A-GP 神经网络第五个类型的样本。

此外，类似于结构先验学习，本章构建一个双通道卷积神经网络[152]（以下简称 S-GP 网络），以度量两个正方形区域间的特征相似度，进而剔除了冗余样本（正方形区域的特征与结构先验相似度均较高）。为提高 A-GP、C-GP 与 O-GP 神经网络构建的可靠性，本章采用尺寸变换、平移与旋转等操作对训练样本进行扩充处理。

本章在 ResNet-34[182] 框架的基础上通过融合 ResNet2[196] 模块（此模块可通过提取多尺度的图像特征并增大感受区域的方式提高图像分类的可靠性）构建 A-GP、C-GP 与 O-GP 神经网络；每个神经网络的末层采用 Softmax 分类器实现相应结构先验的分类。此外，所有样本相应的正方形区域均归一化为 224×224 尺寸的图像，对 A-GP、C-GP 与 O-GP 神经网络进行训练与测试。

在初始实验中，A-GP、C-GP 与 O-GP 神经网络的测试精度分别为 86.67%、93.31% 与 89.42%。经分析发现，结构先验被错误识别的主要原因如下：

（1）正方体区域尺寸太小而无法提取可辨识且对结构先验识别影响较大的纹理信息。

（2）正方体区域与三维空间中两个或更多平面相对应。

（3）噪声与光照变化等干扰因素的影响。

在交互式平面修正环节，本章对错误识别的结构先验进行进一步的修正。

二、交互式区域分割

为了可靠地重建场景的各个构成平面，本章算法首先通过连续单击的交互方式对每个构成平面在图像中相应的多边形平面区域进行标注。在实际中，由于用户单击位置并不准确，因而所标注的多边形平面区域的初始边通常偏离真实的三维线结构（平面的边界），因此有必要对其进行自动校正以提高多边形平面区域的精度。具体而言，对于所标注多边形平面区域的初始边，本章算法采用以下三个约束对其进行修正：

（1）利用自动检测的线段构造约束。当以下条件满足时，利用自动检测的线段的斜率更新边 x 的斜率，即：

$$P(x,y) = (\bar{d}(x,y) < k_1) \wedge (\bar{s}(x,y) < k_2)(\bar{l}(y) > k_3) \quad (12.1)$$

式中，$\bar{d}(x, y)$ 定义为：

$$\bar{d}(x,y) = \frac{1}{4}\left(\sum_{i \in x_p} d(i,y) + \sum_{j \in y_p} d(j,x)\right) \quad (12.2)$$

式中，x_p 表示边 x 的两个端点；$d(i, y)$ 表示点 i 与线段 y 之间的距离 $[y_p$ 及 $d(j, x)$ 的定义与其相同 $]$；$\bar{s}(x, y)$ 表示边 x 与线段 y 之间的斜率差异；$\bar{l}(y)$ 表示线段 y 的长度；k_1、k_2 与 k_3 为相应的阈值。

（2）利用平面边构造约束。当边 x 与 y 属于同一多边形平面区域时，若 $\bar{s}(x, y) < k_2$ 且 $P(A, y) > P(A, x)$，则利用边 y 的斜率更新边 x 的斜率；其中，$P(A, x)[P(A, y)$ 的定义与其相同 $]$ 定义为：

$$P(A,x) = P(A|x) \cdot P(x) \quad (12.3)$$

式中，$P(A|x)$ 表示 A-GP 神经网络的输出概率，$P(x)$ 定义为：

$$P(x) = \frac{\sum_{i \in P} \delta(d(i,x) < k_1)}{\bar{l}(x)} \quad (12.4)$$

式中，P 表示利用算法［197］生成的边缘点，函数 $\delta(\cdot)$ 当输入条件为真时值为 1，否则值为 0。

（3）利用几何一致性构造约束。当边 x 与 y 属于不同多边形平面区域时，若 $\bar{d}(x, y) < k_1$ 且边 y 已被校正，则利用边 y 的斜率更新边 x 的斜率。

在多边形平面区域的初始边对应斜率更新之后，初始边对应的直线替换为根据初始边的中点及更新后的斜率确定的直线。由于这些直线相互交叉，进而生成新的多边形平面区域并清除初始多边形平面区域。整体而言，交互式平面区域分割的具体步骤如算法 1 所示（见表 12.1）。

表 12.1　算法 1：交互式平面区域分割

输入：单幅图像。

输出：具有结构信息的多边形平面区域。

1：单击多边形平面区域的潜在顶点。

2：通过连接相邻的顶点生成多边形平面区域的初始边。

3：利用自动检测的线段、平面线段与几何一致性等约束校正初始边的斜率。

4：利用更新后斜率更新初始边并通过相互交叉的方式生成新的多边形平面区域。

5：利用 A–GP、C–GP 与 O–GP 神经网络检测每个构成边相应的结构先验。

6：重复步骤 1~5 直至所有多边形平面区域均被标注。

7：输出多边形平面区域及相应的结构先验。

根据算法 1，如图 12.3（a）~（b）所示，因不准确单击位置生成的不准确的边可被有效校正，进而可生成精确的多边形平面区域。在本章实验中，对于更新后的多边形平面区域，其顶点与不准确单击位置之间的平均距离一般约小于 $3k_1$，这表示单击位置在小于 $3k_1$ 范围内的偏差均可被有效校正。此外，当所有建筑平面区域被标注后，地面区域根据位于地面与建筑之间的多边形平面区域的顶点进行确定。

对于每个多边形平面区域的每个构成边，本章算法以其中心的正方形区域作为 A–GP、C–GP 与 O–GP 神经网络的输入，进一步检测其与 DP 与 SP 相关联的结构先验。如图 12.3（c）所示，90° 凸与凹平面夹角（白色与青色三角形）对后续推断场景的多平面结构具有重要的作用。需要注意的是，紫色矩形框标示的结构先验识别为遮挡而非平面夹角，这与真实 DP 结构相一致。此外，0° 平面夹角（绿色方形）结构先验表明相关联的两个平面共面且朝向左方；黑色矩形框标示的结构先验由于不可辨识的图像特征而未被正确识别，其将在交互式平面修正环节被校正。

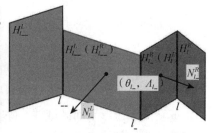

（a）初始边校正（红线段与圆形分别表示初始边与不准确的单击位置；绿线段与方形分别表示校正后的边与重新计算的顶点；黄色线段表示自动检测的线段）

（b）最终生成的多边形平面区域

（c）以多边形平面区域的边中点为中心的正方形区域对应的结构先验（白色与青色三角形分别表示90°凸凹平面夹角；绿方形表示与0°平面夹角相关联的朝向左方的两平面；黄圆形表示DP与SP结构中的遮挡）

（d）基于结构先验的平面推断（绿色表示与种子垂直边相应的平面，红色表示待推断的平面）

图12.3　交互式平面区域分割与自动平面推断示例

三、自动式平面推断

对于在交互式平面区域分割中生成的多边形平面区域，其每个构成边通常与 DP 或 SP 结构相关联，相应的平面（H_l^L / H_l^R）可通过相关结构先验的约束进行推断。在本章算法中，多边形平面区域的垂直构成边用于实现平面的推断，而其他构成边则用于增强平面推断的可靠性。此外，本章算法首先确定具有可靠结构先验的垂直构成边及其相关联的平面，然后以此构造约束以推断其他垂直构成边相应的平面。为此，本章定义以下垂直构成边相关结构先验的可靠性度量：

$$M(l) = (1 - \kappa) \cdot R(N_l) + \kappa \cdot A(N_l, \theta_l) \tag{12.5}$$

式中，$R(N_l)$ 与 $A(N_l, \theta_l)$ 分别表示平面方向与平面夹角一致性约束，κ 为相应的权重。

（1）平面方向一致性约束。平面方向一致性约束根据由不同方法生成的平面方向定义，即：

$$R(N_l) = \exp\left(-\max(\langle N_l^L, \overline{N}_l^L \rangle, \langle N_l^R, \overline{N}_l^R \rangle)\right) \qquad (12.6)$$

式中，$\langle x, y \rangle$ 表示平面方向 x 与 y 之间的夹角，平面 H_l^L 的方向 N_l^L 与 $\overline{N}_l^L$ 分别由两种方法生成：①通过计算当前多边形平面区域中两个不同消影方向的叉积生成；②利用 O–GP 神经网络生成。平面 H_l^R 的方向 N_l^R 与 $\overline{N}_l^R$ 的生成方法与此相同，在此不再赘述。

（2）平面夹角一致性约束。平面夹角一致性约束根据由不同神经网络检测的平面方向、平面夹角及平面夹角类型定义，即：

$$A(N_l, \theta_l) = \begin{cases} exp(-|\langle N_l^L, N_l^R \rangle - \theta_l|) & [N_l^L, N_l^R] = \Lambda_l \\ 0 & \text{otherwise} \end{cases} \qquad (12.7)$$

式中，θ_l 与 Λ_l 分别由 A–GP 与 O–GP 神经网络检测的平面 H_l^L 与 H_l^R 之间的夹角与相应的夹角类型，$[N_l^L, N_l^R]$ 表示根据平面方向 N_l^L 与 N_l^R 计算的平面夹角类型。

根据 $M(l)$ 的定义，若其大于指定阈值，则可认为垂直构成边相应的结构先验是可靠的。因而，本章算法首先选择 $M(l)$ 值最高的垂直构成边（以下简称种子垂直边）并利用相关联的结构先验确定相应的平面 H_l^L 与 H_l^R（场景平面的高度根据先验知识提前设定），然后以种子垂直边 l 相关联的平面为约束，利用相关结构先验推断其左侧与右侧垂直构成边（分别表示为 l_- 与 l_+）相关联的平面。进一步而言，当构成边 l_- 或 l_+ 相应的 $M(l)$ 值大于指定阈值时，则将其设置为种子垂直边并持续进行其左侧与右侧垂直构成边相关联平面的推断，否则从未访问的垂直构成边中选择 $M(l)$ 值最大值继续相关平面的推断。此过程不断重复直至每个多边形平面区域的垂直构成边均为遍历。如图 12.4（d）与算法 2 所示（见表 12.2），本章以垂直构成边 l_- 为例描述其相关联平面的推断过程。

表 12.2　算法 2：基于结构先验的平面推断

输入：与种子垂直边 l 相关联的平面。

输出：与左侧垂直边 l_- 相关联的平面。

初始化：平面集 $\mathcal{M} = null$。

1：对于垂直边 l_-：

2：设置 $H_{l_-}^R = H_l^L$ 与 $H_{l_-}^L = null$。

3：若 θ_{l_-} 可靠：

4：若 $H_{l_-}^L$ 可靠：利用 θ_{l_-} 与 $N_{l_-}^L$ 计算 $H_{l_-}^L$ 并更新 Λ_l，跳转至步骤 8。

5：若 $\varLambda_L$ 可靠：利用 θ_L 与 $\varLambda_L$ 计算 H_L^L 并更新 N_L^L，跳转至步骤8。

6：否则：

7：若 $\left[N_L^L, N_L^R\right]=\varLambda_L$：利用 $\langle N_L^L, N_L^R\rangle$ 更新 θ_L，跳转至步骤3。

8：若 $H_L^L \neq null$ 且无遮挡出现：

9：将 H_L^L 与 H_L^R 保存至 $\mathcal{M}$。

10：若 $M(l) > \theta$：将垂直边 l 设置为种子垂直边 l，跳转至步骤1。

11：否则：

12：将 H_L^R 保存至 $\mathcal{M}$。

13：选择新的种子垂直边作为当前种子垂直边 l，跳转至步骤1。

14：输出平面集 $\mathcal{M}$。

在算法 2 中，影响平面推断可靠性的几个关键步骤描述如下：

（1）若 A–GP、O–GP 与 C–GP 神经网络的输出概率大于 0.9，则认为相应的平面夹角 θ_L、平面方向 N_L^L 与平面夹角类型 $\varLambda_L$ 是可靠性。此外，对于三种结构先验，若其中一个不可靠，则可利用其他两个进行校正（如利用平面夹角 θ_L 与平面夹角类型 $\varLambda_L$ 更新平面方向 N_L^L）；此相互验证的方式有利于提高整体算法的可靠性。

（2）对于已知方向的平面，其深度根据三种情况确定：①若当前多边形平面区域与地面相邻接（其底边为地面与建筑的交接线，简称二维地面线），由于较远或较近的建筑平面相应的三维地面线在图像中的投影往往与多边形平面区域底边之间存在较大差异，因此，通过最小化当前建筑平面相应的三维地面线在图像中的投影与多边线平面区域底边之间的差异，从而确定可靠的建筑平面位置。②若当前多边形平面区域下方与非地面区域相邻接，则将当前多边形平面区域相应的平面深度设置为其下方多边形平面区域对应平面深度与指定偏移（初始为 2 米且在平面修正环节中进行调整）之和。此平面布局先验在城市建筑中较为常见（如建筑中较高区域相应的平面深度一般大于较底区域相应的平面深度），有利于重建复杂的场景多平面结构而避免传统算法为相邻区域强制分配同一平面而产生的偏差。③当多边形平面区域相应的平面不能可靠确定或出现 SP 结构时，算法 2 将中止当前平面推断过程，然后从未被遍历的垂直构成边中选择 $M(l)$ 值最大者作为种子垂直边继续平面的推断。此外，利用不同种子垂直边生成的平面可通过后续的平面修正环节进行合并。

在实验中发现，算法 2 生成的平面整体上较为可靠，仅有少数错误平面需要在交互式平面修正环节进行校正。

四、交互式平面修正

在本章算法中，自动平面推断环节生成的错误平面通过以下基于单击相关性的交互方式（IPM-1、IPM-2 与 IPM-3）进行修正：

（1）IPM-1：在指定多边形平面区域内通过单击鼠标左/右键的方式实现相应的平面沿法向量增加/减少指定的深度。如图 12.4（a）所示，在平面 H_1 相应的多边形平面区域内单击左鼠标键，则平面 H_1 沿其法向量远离相机（增加深度）。

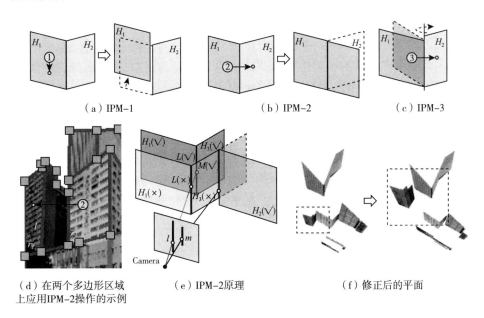

（a）IPM-1　　　　　　　（b）IPM-2　　　　　　　（c）IPM-3

（d）在两个多边形区域　　　（e）IPM-2原理　　　　　（f）修正后的平面
上应用IPM-2操作的示例

图 12.4　基于单击的交互方式

（数字：交互方式；圆形：单击类型；箭头：单击相关性或顺序）

（2）IPM-2：在两个平面对应多边形平面区域内分别单击左键或右键，则将第二次单击对应的平面设置为与第一次单击对应的平面。如图 12.4（b）所示，利用 IPM-2 可将平面 H_2 设置为平面 H_1。

（3）IPM-3：在两个平面对应多边形平面区域内分别单击左键（右键）与右键（左键），则将右键（左键）对应的平面围绕两个平面交线顺时针（逆时针）旋转指定的角度。如图 12.4（c）所示，IPM-3 可使平面 H_1 围绕两平面

H_1 与 H_2 的交线顺时针旋转指定角度。

事实上，IPM-1、IPM-2 与 IPM-3 可以提供更丰富、有效的结构先验与约束以提高平面重建的可靠性。例如，当平面 H_1 与 H_2 之间的夹角被 A-GP 神经网络错误识别时，可通过组合 IPM-2 与 IMP-3 操作的方式进行快速校正（首先利用 IPM-2 将两平面设置为一致，然后利用 IPM-3 操作将其中一个平面设置为与另一个平面呈指定夹角的位置）。

此外，IPM-1、IPM-2 与 IPM-3 可以通过隐藏基础的几何变换有效降低用户交互的代价。例如，如图 12.4（d）所示，可以利用 IPM-2 操作直接将与多边形平面区域 r_1 相应的平面 H_1（×）设置为与多边形平面区域 r_2 相应的平面 H_2（√）。具体而言，如图 12.4（e）所示，首先将三维线段 L（×）对应的图像线段 l 反投射（红直线）至平面 H_2（√）以生成三维线段 L（√），然后将其相关联的平面 H_1（×）与 H_3（×）更新为平面 H_2（√）=H_1（√）与 H_3（√），最终如图 12.4（f）所示，修正后的平面更为可靠。

五、自动式平面优化

在交互式平面修正中，当较多的平面需被修正时，可能导致较高的交互代价。此外，由于基于单击的交互方式更适于单个或两个平面的修正，因而不易生成全局一致性的结果。事实上，在平面修正的过程中，当用户确定少数主平面已被可靠地确定时，应随时以平面进行全局优化，以避免进一步的平面修正所引起的交互代价。为此，本章算法在能量最小化框架下通过融合图像特征与结构先验的方式实现平面的全局优化。具体而言，以 $\mathcal{R}$ 与 $\mathcal{H}$ 分别表示多边形平面区域与相应的平面集，全局平面优化相应的能量函数定义如下：

$$E(\mathcal{H}) = \sum_{r \in \mathcal{R}} E_{data}(\mathcal{H}_r) + \alpha \cdot \sum_{s \in N(r)} E_{regularization}(\mathcal{H}_r, \mathcal{H}_s) \qquad (12.8)$$

式中，$\mathcal{H}_r$ 表示当前分配至多边形平面区域 r 的平面，$N(r)$ 表示与多边形平面区域相邻的区域，α 为相应的权重。

式（12.8）中的第一项为数据项，主要度量将当前平面分配到指定多边形平面区域的代价，第二项为平滑项，主要通过两相邻平面之间的特征相似度规则化相应的平面。

（一）数据项

数据项根据平面的法向量与深度先验进行定义，即：

$$E_{data}(\mathcal{H}_r) = (1-\rho) \cdot V(n_r, \bar{n}_r) + \rho \cdot D(\mathcal{H}_r) \qquad (12.9)$$

式中，n_r 与 $\bar{n}_r$ 分别表示当前平面 $\mathcal{H}_r$ 的法向量与根据平面区域 r 的构成边对应不同消影方向的叉积求取的平面法向量，法向量先验 $V(n_r, \bar{n}_r)$ 表示法向量 n_r 与 $\bar{n}_r$ 之间的差异，深度先验 $D(\mathcal{H}_r)$ 根据以下两种情况定义：

（1）多边形平面区域与地面区域相邻，深度先验 $D(\mathcal{H}_r)$ 定义为：

$$D(\mathcal{H}_r) = tanh\left(\frac{\bar{d}(l_{bottom}^r, L(\mathcal{H}_r))}{H_{PR}}\right) \qquad (12.10)$$

式中，l_{bottom}^r 表示多边形平面区域 r 的底边，$L(\mathcal{H}_r)$ 表示根据当前平面 $\mathcal{H}_r$ 与地面的交接线生成的二维线段（不合理的平面位置将产生与多边形底边相差较大的二维线段），$\bar{d}(x, y)$ 在式（12.1）中定义，H_{PR} 表示集合 $\mathcal{R}$ 中多边形平面区域的最大高度，$tanh(\cdot)$ 为用于归一化相应值的双曲正切函数。

（2）多边形平面区域 r 与非地区域相邻，深度先验 $D(\mathcal{H}_r)$ 定义为：

$$D(\mathcal{H}_r) = \min_{s \in N(r)} tanh\left(\frac{\bar{d}(L_r, L_s)}{\bar{D}_s}\right) \qquad (12.11)$$

式中，L_r 与 L_s 分别表示平面区域 s 与 r 的共享边在平面 $\mathcal{H}_r$ 与 $\mathcal{H}_s$ 上的反投影线，$\bar{D}_s$ 表示三维线段 L_s 上空间点的平均深度值。

（二）规则化项

规则化项主要用于提高相邻多边形平面区域具有相同平面的概率简化场景结构的复杂度，根据两相邻多边形平面区域之间的特征相似度与对应平面夹角先验定义如下：

$$E_{regularization}(\mathcal{H}_r, \mathcal{H}_s) = \begin{cases} S\_GP(\mathcal{H}_r, \mathcal{H}_s) & \mathcal{H}_r \neq \mathcal{H}_s \\ 0 & otherwise \end{cases} \qquad (12.12)$$

式中，$S\_GP(H_r, H_s)$ 表示由 S-GP 神经网络以多边形平面区域 r 与 s 作为输入而输出的特征相似度。

为了提高式（12.8）求解的可靠性，本章算法在 IPM-1 与 IPM-3 操作原理的基础上对在自动式平面推断与交互式平面修正环节生成的平面进行自动扩充处理（如根据指定角度旋转当前平面以生成新的平面）。最后，本章算法采用 Graph Cuts 方法对式（12.8）进行求解。在实验中发现，此过程仅需迭代 3~5 次即可收敛，整体效率与可靠性较高。

第三节　实验评估

本章利用以下标准数据集与实拍数据集评估所提算法的可行性与有效性，同时通过消融性实验对本章算法的性能进行系统、综合的分析。

一、数据集

本章所采用数据集的基本信息如下：

（1）LUND 数据集[198]：恶魔岛（以下简称 AC，图像分辨率为 1936×1296）与 UWO（图像分辨率为 1936×1296）。

（2）CASIA 数据集：清华学堂（以下简称 TS，图像分辨率 4368×2912）与生命科学院（以下简称 LSB，图像分辨率为 4368×2912）。

（3）实拍数据集：香港城市街道（以下简称 CITY，图像分辨率为 1224×1848）。

为便于定量评估本章算法，对于每个图像，本章首先通过手工标注的方式生成真值平面区域，然后通过拟合投影至每个平面区域空间点的方式生成真值平面。需要注意的是，在以上数据集中，LUND 数据集与 CASIA 数据集包含有真值空间点，实拍数据集相应的空间点采用 COLMAP 算法[36]生成。

二、度量标准

本章采用可靠平面区域的数量（NR）、可靠平面的数量（NP）、平面区域平均精度（AR）与平面平均精度（AP）度量平面区域及相应平面的可靠性，同时采用平面修正次数（NI）度量交互操作的可靠性（对于相同的结果，NI 值越小，则平面修正越可靠）。

三、比较算法

本章算法通过融合交互式平面修正与自动式平面推断的方式提高单图像场景多平面结构重建的可靠性与精度。尽管当前全自动式单图像场景多平面结构重建算法（包括基于几何与学习的算法）并不需要用户的交互，但为了突出本章算法的优势，本节仍将其与以下典型的全自动式单图像场景多平面结构重建算法进行对比实验：

（1）建筑立面布局推断（以下简称 LBF）[67]。该算法通过融合不同的几何约束（如平面方向与水平线）对建筑立面的布局进行推断，而相应的平面通过连续的方向向量与深度分布进行表达。

（2）场景重建与解析（以下简称 SRP）[173]。该算法采用属性语法描述平面区域之间的关系，进而采用分层图表达（每个节点表示一个平面区域）的方法对场景的语义信息与平面方向进行联合推断。

（3）基于卷积神经网络的平面推断（以下简称 PR）[199]。该算法利用基于平面结构引导的损失函数训练卷积神经网络以实现平面与非平面的检测，同时生成相应的平面区域。

（4）平面检测与重建（以下简称 PDR）[176]。该算法通过平面检测与平面区域优化神经网络实现平面的检测与重建，其中采用多视图条件下平面结构一致性的损失函数提高平面检测与重建的可靠性。

四、参数设置

在本章实验中，所有数据集对应实验的参数设置相同。

在交互式平面区域分割中，阈值 k_1 与 k_2 分别度量了交互方式生成的多边形平面区域的边界与自动方式检测到的线段间的距离及斜率差异，可根据建筑纹理复杂度与用户交互熟练程度而设置。本质上而言，较大的 k_1 与 k_2 可允许用户采用低精度、高效率的交互方式对建筑区域进行分割，但同时可能导致算法 1 在纹理丰富区域由于丢失一些真实的线型结构而产生较大错误。此外，阈值 k_3 度量了自动方式检测的线段的长度，较小的 k_3 可能导致在校正交互方式生成的多边型平面区域的边时，引入较多与真实线型结构不一致的线段。在本章实验中，当 k_1=10、k_2=10 与 k_3=20 时，算法 1 可产生较好的结果。

在自动式平面推断中，参数 k 用于权衡平面方向与平面夹角之间的一致性。在本章实验中，A–GP、C–GP 与 O–GP 神经网络的精度基本相当，因而将参数 κ 简单地设置为 0.5，表明式（12.5）中与平面方向及平面夹角相关的构成项在度量结构先验可靠性时具有相同的作用。

在平面全局优化中，参数 ρ 用于权衡平面方向与深度的作用大小，可根据平面修正时所修正的平面数量进行设置。事实上，当较多具有可靠结构先验的平面事先确定后，深度先验比方向先验对构造数据项具有更大的作用。在本章实验中，由于平面修正中涉及较少的交互，因而将参数 ρ 设置为 0.5，表明平面方向与深度先验在数据项的构造中具有相同作用。

此外，在自动平面推断与优化中，当 θ=0.6 与 α=0.6 时，本章算法可生成较好的结果，因这两个参数的设置相对较为复杂而不易根据经验设置，本章因而采用遍历方式进行确定，具体参见下文的消融性实验。

五、结果分析

对于每个数据集，本章对所提算法在每个环节生成的中间结果进行分析与评估。

（一）CASIA 与 LUND 数据集

本章利用 CASIA 与 LUND 数据集验证所提算法的可行性。这两个数据集相应的建筑结构虽然较为简单（如建筑构成平面之间的夹角为 90°），但利用传统算法仍难以产生较好的结果（如具有相同外观特征的两个相邻区域对应平面的推断）。如表 12.3 所示。

在此实验中，如图 12.5 与图 12.6 所示，LBF、SRP、PR、与 PDR 未生成较好的结果。其中，对于两个基于几何的算法，LBF 虽可以利用建筑平面之间的约束推断建筑平面布局，但却趋于为实际上与多个深度变化较小的不同平面对应的多个区域分配相同的平面，进而导致较大的错误；SRP 利用 Manhattan-world 模型实现建筑平面的推断，但当建筑平面未分布于三个正交方向上或建筑平面对应平面区域的外观特征相同时易产生错误的结果。相对地，两个基于学习的算法在平面区域检测与相应平面推断中的表现较差。具体而言，这两个算法易丢失真实的平面区域或错误将两个具有相同外观特征的相邻区域视为同一平面区域。表 12.1 所示（灰色框表示交互操作，Without_APO 与 With_APO 分别表示省略与包含平面优化的本章算法，GT 表示真实的平面数量，IRP 表示交互式区域分割，API 表示自动式平面推断，IPM 表示交互式平面修正，APO 表示自动式平面优化）为不同算法的定量实验结果，从中不难发现，这四个算法相应的结果并不理想。

在一定程度上，通过基于结构先验的平面推断与优化以及基于单击的交互方式的引导，对四个算法存在问题可较好地解决。如图 12.5 所示，本章算法可以有效重建所有的建筑平面及其对应的平面区域。在本章实验中，当 NR 度量中的阈值从 0.5 增加至 0.9 时，交互式平面区域分割可产生与真实平面区域相同的结果，表明本章算法具有较高的适应性。此外，交互式平面修正用于对自动式平面推断中生成的不可靠平面进行修正，进而为自动式平面优化提供

表 12.3　不同算法的定量实验结果

数据集	本章算法						LBF (NR/NP)	SRP (NR/NP)	PR (NR/NP)	PDR (NR/NP)	GT
	IRP (NR)	API (NP)	With_APO		Without_APO						
			IPM (NI)	APO (NP)	IPM (NI)	NP					
TS	4	4	0	4	9	4	3/2	3/2	3/1	3/1	4
LSB	8	4	2	7	17	8	3/1	3/3	3/1	5/2	8
AC	5	4	1	5	11	5	4/3	3/2	3/2	4/2	5
UWO	6	3	2	6	20	6	2/2	2/2	4/1	3/1	6
CITY#1	4	3	1	4	14	4	3/2	3/2	3/0	2/1	4
CITY#2	8	5	2	8	17	8	4/3	4/3	2/1	4/2	8
CITY#3	10	5	3	10	12	10	3/1	5/2	3/2	4/3	10
CITY#4	11	6	2	10	17	11	4/2	3/2	3/2	3/1	11
CITY#5	9	4	3	9	19	9	3/1	3/2	3/1	4/0	9

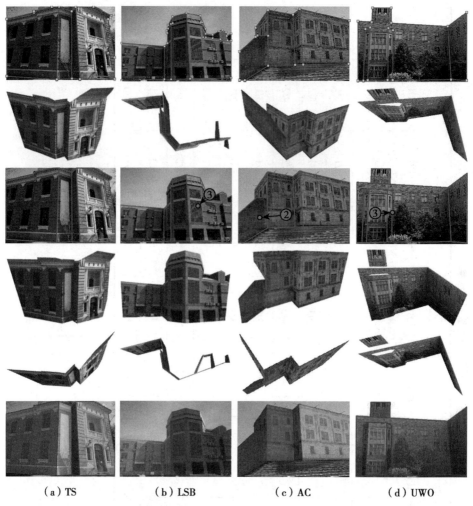

　　　（a）TS　　　　　　　（b）LSB　　　　　　　（c）AC　　　　　　　（d）UWO

图 12.5　本章算法生成的结果（CASIA 与 LUND 数据集）

〔行 1~3：交互式平面区域分割、自动式平面推断、交互式平面修正与自动式平面优化（为便于可视化，仅显示 1 个交互操作）；行 4~5：自动平面优化后的纹理化平面（两个视点）；行 6：与平面相应的平面区域（不同颜色表示不同的平面）〕

更可靠的结构先验。对于相同的结果，NI 值越小，由交互式平面修正生成的结构先验越可靠。如表 12.3 所示，NI 值一般小于 3，表明交互式平面修正可以产生可靠的结构先验。相对而言，Without_APO 虽也可以产生与 With_APO 相同的结果，但却需要更多的交互次数（约 6 倍），表明自动式平面优化可以产生更好的结果且同时降低了交互代价。

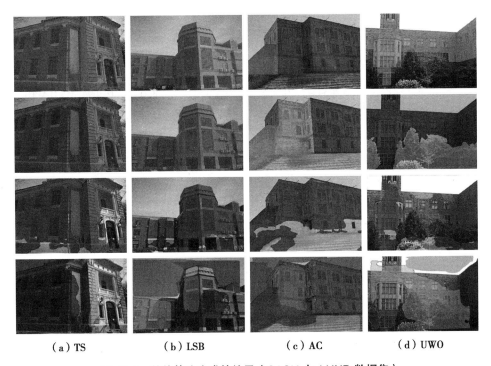

（a）TS　　　　（b）LSB　　　　（c）AC　　　　（d）UWO

图 12.6　其他算法生成的结果（CASIA 与 LUND 数据集）

［行 1~4：LBF、SSRP、PR 与 PDR（不同颜色表示不同的平面）］

表 12.4 是不同算法的平均重建精度（AP 与 AR 值）。从表 12.4 可以看出，本章算法具有更高的精度且 AP 与 AR 值明显高于其他算法。事实上，由于利用结构先验构造了更强的约束，自动式平面推断环节相应的 AP 值已高于其他算法。需要注意的是，在本章算法中，由于与平面对应的平面区域采用交互方式生成，因此其在自动式平面推断与优化中没有变化。

表 12.4　不同算法的平均精度（API 与 APO 分别表示自动平面推断与平面优化）

数据集	精度	本章算法		LBF	SRP	PR	PDR
		API	APO				
TS	AP	0.6713	0.8025	0.5011	0.5306	0.4209	0.4431
	AR	0.9881		0.6290	0.5864	0.5103	0.5381
LSB	AP	0.6386	0.7784	0.4802	0.5131	0.3508	0.3952
	AR	0.9593		0.5443	0.5259	0.3959	0.4568

数据集	精度	本章算法		LBF	SRP	PR	PDR
		API	APO				
AC	AP	0.7034	0.8426	0.4577	0.4860	0.3694	0.4110
	AR	0.9789		0.4412	0.4105	0.4031	0.4325
UWO	AP	0.6683	0.7775	0.3498	0.3793	0.3491	0.3590
	AR	0.9568		0.3646	0.3376	0.3069	0.3268
CITY	AP	0.5932	0.7690	0.4560	0.4376	0.4063	0.4234
	AR	0.9545		0.4897	0.5066	0.4268	0.4605

（二）CITY 数据集

本章利用 CITY 数据集验证所提算法的鲁棒性。对于此数据集，相应的建筑结构较为复杂（如构成平面更多且深度变化较大），若无有效先验信息的融入，将很难产生较好的结果。如图 12.7 所示，本章算法整体上仍表现良好（可重建所有建筑的构成平面），特别是对于两个相邻的建筑（如 CITY #3），由于结构先验依然有效，因而仍生成了较好的结果。此外，在此实验中，地平面根据两个不同建筑平面的法线与位置计算而得，如图 12.7（d）与图 12.7（e）所示，其结果表明本章算法能够生成可靠的平面。相对而言，如图 12.8 所示，其他算法未能获得较好的结果。如表 12.3 与表 12.4 所示，与 CASIA 与 LUND 数据集相比，由于建筑结构的复杂性，CITY 数据集相应的精度相对较低，但本章算法仍优于其他算法。

在实验中发现，基于几何的算法比基于学习的算法具有相对更高的性能，其主要原因在于：前者采用与真实建筑结构基本一致的几何基元（如线段与超像素）直接对建筑平面进行推断，而后者尽管可提取丰富的结构先验与上下文信息，但关联图像特征与建筑平面时并不一定有效。然而，从根本上而言，后者通过优化神经网络结构可提高结构先验与上下文信息检测的可靠性以及图像特征与建筑平面关联的有效性，因而具有巨大潜力。

表 12.5 所示为本章算法利用 Matlab 代码相应的估计行时间。整体而言，为了确定精确的平面区域，交互式区域分割环节消耗了较多时间，而交互式平面修正环节则由于应用较少的交互操作而相对较快。实际上，待重建平面的数量也对交互过程造成较大影响。此外，由于利用结构先验构造了较强的约束及

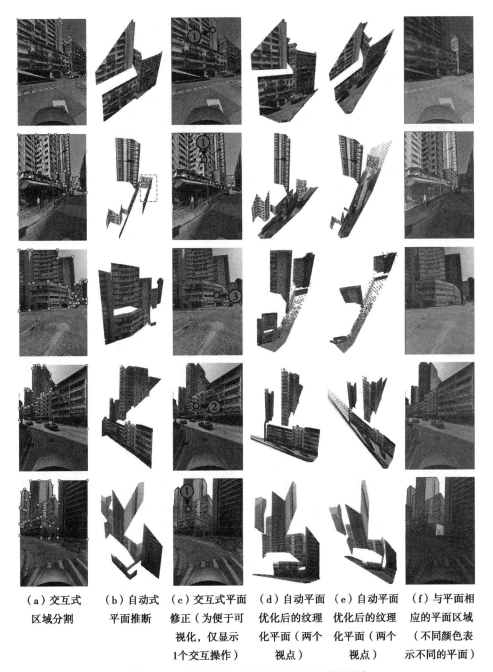

（a）交互式
区域分割

（b）自动式
平面推断

（c）交互式平面
修正（为便于可
视化，仅显示
1个交互操作）

（d）自动平面
优化后的纹理
化平面（两个
视点）

（e）自动平面
优化后的纹理
化平面（两个
视点）

（f）与平面相
应的平面区域
（不同颜色表
示不同的平面）

图 12.7　本章算法生成的结果（CITY 数据集）

图 12.8　其他算法生成的结果（CITY 数据集）

［行 1~5：LBF、SRP、PR 与 PDR（不同颜色表示不同的平面）］

较少的多边形平面区域，自动式平面推断与优化过程消耗时间较少。

表 12.5　本章算法的运行时间

单位：秒

数据集	IRP	API	IPM	APO	合计
TS	6.3	1.1	1.2	1.0	9.6
LSB	9.1	1.4	2.2	0.8	13.5
AC	7.3	0.9	1.5	0.4	10.1
UWO	12.2	1.2	2.8	0.6	16.8
CITY#1	5.2	0.8	1.0	0.5	7.5
CITY#2	8.5	0.6	1.5	0.4	11.0
CITY#3	9.9	1.5	2.4	0.9	14.7
CITY#4	11.3	1.0	2.8	0.6	15.7
CITY#5	10.8	1.7	2.1	0.8	15.4

六、消融性实验

本节利用 CITY 数据集进行消融性实验以对本章算法的性能进一步进行分析。

（一）阈值 θ 的影响

在自动式平面推断中，阈值 θ 用于选择种子多边形区域垂直边。为了确定其最优值，本章在（0，1）区间以步长 0.1 的 θ 方式遍历每一个可能取值并计算相应的 AP 精度。如图 12.9（a）所示，较小的 θ 值可能引入不可靠的种子多边形垂直边，进而导致不可靠的平面推断；相反，较大的 θ 值则可能生成较少或无法生成种子多边形垂直边，进而导致自动平面推断失败。在实验中，将其设置为 0.6 时本章算法可生成较好的结果。

（二）参数的影响

为了验证式（12.8）中基于区域外观特征的规则化项的有效性，本章依然在（0，1）区间以步长 0.1 的方式遍历每一个可能取值并进行平面的优化。如图 12.9（b）所示，较小的 α 值可能不足以构造较强的约束以消除相应的外点，而较大的 α 值可能由于过强的约束而强制地为实际上与不同平面相应的两相邻区域分配同一个平面，进而生成不可靠的结果。在实验中，将其设置为 0.6 时本章算法运行效果最好。

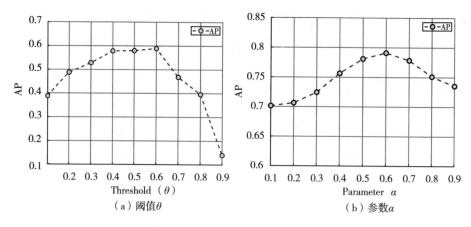

图 12.9　不同参数的影响

（三）交互式平面修正的影响

为了验证交互式平面修正的影响，本章分别在采用与未采用交互式平面修正环节情况下进行平面的优化，结果发现，采用交互式平面修正时的平面优化相应的精度（0.7690）明显高于未采用交互式平面修正时的平面优化相应的精度（0.6384），表明交互式平面修正可校正错误的平面并可为自动式平面优化提供更可靠的结构先验或约束以产生更可靠的结果。

（四）失败的例子

在实验中发现，由于距离相机较远平面相应的图像区域特征不易辨识或者平面之间的夹角不在指定范围，本章算法可能导致结构先验识别错误或自动式平面推断环节生成较多不可靠的平面（参见图 12.7 中虚线框标示的平面）；在此情况下，为了提高场景多平面结构的精度，通常需要采用较多的交互操作，进而可能导致较大的交互代价。

第四节　本章小结

本章提出了一种基于结构先验的交互式单幅图像场景多平面结构重建算法。在本章算法中，由卷积神经网络检测到的结构先验用于以单击交互的方式将建筑区域划分为多个多边形平面区域并采用自动平面推断方式为每个多边形平面区域分配初始平面。此外，在利用单击相关性对平面进行交互式修正的基础上，进一步在能量最小化框架下通过融合图像特征与结构先验的方式对场景多平面结构进行全局优化。实验结果表明，与现有算法相比，本章算法具有更高的精度与更好的适应性。为了进一步提高所提算法的性能，后续计划研究如何利用消失点与图像特征，去估计与建筑相关的尺度及旋转参数，以及如何从图像中检测高层几何先验（如立方体）与语义信息（如门），以提高用户交互的准确性与效率，以及单视图条件下场景多平面结构重建的可靠性。

参考文献

[1] C. Zhao, Z. Cao, C. Li, X. Li, J. Yang. NM-Net: Mining Reliable Neighbors for Robust Feature Correspondences [J] . Proc. of International Conference on Computer Vision, 2019 (1): 215-224.

[2] Z. Lan, Z. J. Yew, G. H. Lee. Robust Point Cloud Based Reconstruction of Large-Scale Outdoor Scenes [J] . Proc. of International Conference on Computer Vision, 2019 (1): 7-14.

[3] Y. Furukawa, J. Ponce. Accurate, Dense, and Robust Multiview Stereopsis. IEEE Transations on Pattern Analysis and Machine Intelligence, 2010, 32 (8): 1362-1376.

[4] A. Bhowmik, S. Gumhold, C. Rother, E. Brachmann. Reinforced Feature Points: Optimizing Feature Detection and Description for a High-Level Task [J] . Proc. of Computer Vision and Pattern Recognition, 2019 (4): 7-14.

[5] X. Gao, S. Shen, Y. Zhou, H. Cui, L. Zhu, Z. Hu. Ancient Chinese Architecture 3D Preservation by Merging Ground and Aerial Point Clouds [J] . ISPRS Journal of Photogrammetry and Remote Sensing, 2018 (143): 72-84.

[6] W. Wang, W. Gao, H. Cui, Z. Hu. Reconstruction of Lines and Planes of Urban Buildings with Angle Regularization [J] . ISPRS Journal of Photogrammetry and Remote Sensing, 2020 (165): 54-66.

[7] W. Wang, W. Gao, Z. Hu. Effectively Modeling Piecewise Planar Urban Scenes Based on Structure Priors and CNN [J] . SCIENCE CHINA Information Sciences, 2019, 62 (2): 029102.

[8] N. William, M. Helmut. Modeling Urban Scenes from Point Clouds [J] . Proc. of International Conference on Computer Vision, 2017 (1): 3857-3866.

[9] H. Fang, F. Lafarge, M. Desbrun. Planar Shape Detection at Structural Scales [J] . Proc. of International Conference on Computer Vision, 2018 (1): 2965-2973.

[10] M. Li, P. Wonka, L. Nan. Manhattan-world Urban Reconstruction from Point Clouds [J] . Proc. of European Conference on Computer Vision, 2016 (1): 54-69.

[11] X. Qi, R. Liao, Z. Liu, R. Urtasun, J. Jia. GeoNet: Geometric Neural Network for Joint Depth and Surface Normal Estimation [J] . Proc. of Computer Vision and Pattern Recognition, 2018 (1): 283-291.

[12] A. Poms, C. Wu, S. Yu, Y. Sheikh. Learning Patch Reconstructability for Accelerating

Multi-View Stereo [J]. Proc. of Computer Vision and Pattern Recognition, 2018（1）: 3041-3050.

[13] L. He, G. Wang, Z. Hu, Learning Depth from Single Images with Deep Neural Network Embedding Focal Length [J]. IEEE Transactions on Image Processing, 2018, 27（9）: 4676-4689.

[14] C. Liu, J. Yang, D. Ceylan, E. Yumer, Y. Furukawa. PlaneNet: Piece-wise Planar Reconstruction from a Single RGB Image [J]. Proc. of Computer Vision and Pattern Recognition, 2018（1）: 2579-2588.

[15] Z. Yu, J. Zheng, D. Lian, Z. Zhou. Single-Image Piece-Wise Planar 3D Reconstruction via Associative Embedding [J]. Proc. of Computer Vision and Pattern Recognition, 2019（1）: 1029-1037.

[16] Z. Li, N. Snavely. MegaDepth: Learning Single-View Depth Prediction from Internet Photos [J]. Proc. of Computer Vision and Pattern Recognition, 2018（1）: 2041-2050.

[17] X. Qi, Z. Liu, R. Liao, P. H. S. Torr, R. Urtasun, J. Jia. GeoNet++: Iterative Geometric Neural Network with Edge-Aware Refinement for Joint Depth and Surface Normal Estimation [J]. IEEE Transations on Pattern Analysis and Machine Intelligence, 2020（3）: 7-14.

[18] M. Poggi, D. Pallotti, F. Tosi, S. Mattoccia. Guided Stereo Matching [J]. Proc. of Computer Vision and Pattern Recognition, 2019（1）: 979-988.

[19] A. Tonioni, O. Rahnama, T. Joy, L. D. Stefano, P. H. S. Torr. Learning to Adapt for Stereo [J]. Proc. of Computer Vision and Pattern Recognition, 2019（1）: 9653-9662.

[20] Z. Liang, Y. Feng, Y. Guo, H. Liu, W. Chen, L. Qiao, L. Zhou, J. Zhang. Learning for Disparity Estimation through Feature Constancy [J]. Proc. of International Conference on Computer Vision, 2018（1）: 2811-2820.

[21] Z. Jie, P. Wang, Y. Ling, B. Zhao, Y. Wei, J. Feng, W. Liu. Left-Right Comparative Recurrent Model for Stereo Matching [J]. Proc. of International Conference on Computer Vision, 2018（1）: 3838-3846.

[22] Y. Yao, Z. Luo, S. Li, T. Fang, L. Quan. MVSNet: Depth Inference for Unstructured Multi-view Stereo [J]. Proc. of European Conference on Computer Vision, 2018（1）: 18-25.

[23] Y. Zheng, X. Chen, M. M. Cheng, K. Zhou, S. M. Hu, N. J. Mitra. Interactive Images: Cuboid Proxies for Smart Image Manipulation [J]. ACM Transactions on Graphics, 2012, 31（4）: 99, 1-11.

[24] T. Chen, Z. Zhu, A. Shamir, S. M. Hu, D. Cohen-Or. 3-sweep: Extracting Editable Objects from a Single Photo [J]. ACM Transactions on Graphics, 2013, 32（6）:

195，1–10.

［25］W. Chen，G. Zhang，X. Xiao，J. Jia，H. Bao. High-Quality Depth Recovery via Interactive Multi-view Stereo［J］. Proc of International Conference on 3D Vision，2014（1）：329–336.

［26］王伟，胡占义. 快速交互式三维城市场景重建［J］. 中国科学：信息科学，2015（45）：1–16.

［27］G. Wolberg，S. Zokai. Photo Sketch：A Photocentric Urban 3D Modeling System［J］. The Visual Computer，2018，34（5）：605–616.

［28］J. Liu，F. Yu，T. Funkhouser Interactive 3D Modeling with a Generative Adversarial Network［J］.Funkhouser，2017（1）：126–134.

［29］P. Mueller，G. Zeng，P. Wonka，L. Van Gool. Image-based Procedural Modeling of Facades［J］. ACM Transactions on Graphics，2007，26（99）：85–89.

［30］G. Nishida，I. Garcia-Dorado，D. G. Aliaga，B. Benes，A. Bousseau. Interactive Sketching of Urban Procedural Models［J］. ACM Transactions on Graphics，2016，35（4）：1–11.

［31］D. G. Aliaga，P. A. Rosen，D. R. Bekins. Style Grammars for Interactive Visualization of Architecture［J］. IEEE Transactions on Visualization & Computer Graphics，2007，13（4）：786–797.

［32］D. Jesus，A. Coelho，A. A. Sousa. Layered Shape Grammars for Procedural Modelling of Buildings［J］. The Visual Computer，2016，32（6–8）：1–11.

［33］H. Tran，K. Khoshelham，A. Kealy，L. Díaz Vilariño. Shape Grammar Approach to 3D Modeling of Indoor Environments Using Point Clouds［J］. Journal of Computing in Civil Engineering，2018，33（1）：1–14.

［34］N. Snavely，S. M. Seitz，R. Szeliski. Modeling the World from Internet Photo Collections［J］. International Journal of Computer Vision，2008，80（2）：189–210.

［35］E. Maset，F. Arrigoni，A. Fusiello. Practical and Efficient Multi-View Matching［J］. Proc. of International Conference on Computer Vision，2017（1）：4578–4586.

［36］J. L. Schönberger，J. M. Frahm. Structure-from-motion Revisited［J］. Proc. of Computer Vision and Pattern Recognition，2016（1）：4104–4113.

［37］S. Kumar，A. Cherian，Y. Dai，H. Li. Scalable Dense Non-rigid Structure-from-Motion：A Grassmannian Perspective［J］. Proc. of Computer Vision and Pattern Recognition，2018（1）：254–263.

［38］O. Wiles，S. Ehrhardt，A. Zisserman. Co-Attention for Conditioned Image Matching［J］. Proc. of Computer Vision and Pattern Recognition，2021（1）：21–26.

［39］L. Magerand，A. D. Bue. Practical Projective Structure from Motion（P2SfM）［J］. Proc. of International Conference on Computer Vision，2017（1）：39–47.

［40］H. Cui，X. Gao，S. Shen，Z. Hu. HSfM：Hybrid Structure from Motion［J］. Proc. of

Computer Vision and Pattern Recognition, 2017（1）: 2393–2402.

［41］ E. Tola, V. Lepetit, P. Fua. Daisy: An Efficient Dense Descriptor Applied to Wide-baseline Stereo［J］. Pattern Analysis and Machine Intelligence, 2010, 32（5）: 815–830.

［42］ Y. Furukawa, J. Ponce. Accurate, Dense, and Robust Multi-View Stereopsis［J］. Pattern Analysis and Machine Intelligence, 2010, 32（8）: 1362–1376.

［43］ C. Verleysen, C. D. Vleeschouwer. Piecewise-planar 3D Approximation from Wide-baseline Stereo［J］. Proc. of Computer Vision and Pattern Recognition, 2016（1）: 3327–3336.

［44］ M. Li, P. Wonka, L. Nan. Manhattan-world Urban Reconstruction from Point Clouds ［J］. Proc. of European Conference on Computer Vision, 2016（1）: 54–69.

［45］ G. Y. Nie, M. M. Cheng, Y. Liu, Z. Liang, D. P. Fan, Y. Liu, Y. Wang. Multi-Level Context Ultra-Aggregation for Stereo Matching［J］. Proc. of Computer Vision and Pattern Recognition, 2019（1）: 3283–3291.

［46］ R. Chabra, J. Straub, C. Sweeney, R. Newcombe, H. Fuchs. StereoDRNet: Dilated Residual StereoNet［J］. Proc. of Computer Vision and Pattern Recognition, 2019（1）: 786–795.

［47］ Y. Xue, J. Chen, W. Wan, Y. Huang, C. Yu, T. Li, J. Bao. MVSCRF: Learning Multi-View Stereo With Conditional Random Fields［J］. Proc. of International Conference on Computer Vision, 2019（1）: 4312–4321.

［48］ Y. Yao, Z. Luo, S. Li, F. Fang, L. Quan. MVSNet: Depth Inference for Unstructured Multi-View Stereo［J］. Proc. of European Conference on Computer Vision, 2018（1）: 785–801.

［49］ Y. Yao, Z. Luo, S. Li, T. Shen, T. Fang, L. Quan. Recurrent MVSNet for High-Resolution Multi-View Stereo Depth Inference［J］. Proc. of Computer Vision and Pattern Recognition, 2019（1）: 5520–5529.

［50］ K. Luo, T. Guan, L. Ju, H. Huang, Y. Luo. P-MVSNet: Learning Patch-Wise Matching Confidence Aggregation for Multi-View Stereo［J］. Proc. of International Conference on Computer Vision, 2019（1）: 10451–10460.

［51］ Z. Yu, S. Gao. Fast-MVSNet: Sparse-to-Dense Multi-View Stereo With Learned Propagation and Gauss-Newton Refinement［J］. Proc. of Computer Vision and Pattern Recognition, 2020（1）: 1946–1955.

［52］ Y. Wang, T. Guan, Z. Chen, Y. Luo, K. Luo, L. Ju. Mesh-Guided Multi-View Stereo with Pyramid Architecture［J］. Proc. of Computer Vision and Pattern Recognition, 2020（1）: 2036–2045.

［53］ X. Gu, Z. Fan, S. Zhu, Z. Dai, F. Tan, P. Tan. Cascade Cost Volume for High-Resolution Multi-View Stereo and Stereo Matching［J］. Proc. of Computer Vision and

Pattern Recognition, 2020 (1): 2492–2501.

［54］ J. Yang, W. Mao, J. Alvarez, M. Liu. Cost Volume Pyramid Based Depth Inference for Multi–View Stereo ［J］. Pattern Analysis and Machine Intelligence, 2021 (1): 7–14.

［55］ M. Ji, J. Zhang, Q. Dai, L. Fang. SurfaceNet+: An End–to–end 3D Neural Network for Very Sparse Multi–View Stereopsis ［J］. Pattern Analysis and Machine Intelligence, 2020, 43 (11): 4078–4093.

［56］ F. Wang, S. Galliani, C. Vogel, P. Speciale, M. Pollefeys. PatchmatchNet: Learned Multi–View Patchmatch Stereo ［J］. Proc. of Computer Vision and Pattern Recognition, 2021 (1): 14189–14198.

［57］ D. Hoiem, A. Efros, M. Hebert. Recovering surface layout from an image ［J］. International Journal of Computer Vision, 2007, 75 (1): 151–172.

［58］ O. Barinova, V. Konushin, A. Yakubenko, K. Lee, H. Lim, A. Konushin. Fast automatic single–view 3–d reconstruction of urban scenes ［J］. Proc. of European Conference on Computer Vision, 2008 (1): 100–113.

［59］ E. Delage, H. Lee, A. Ng. A dynamic bayesian network model for autonomous 3d reconstruction from a single indoor image ［J］. Proc. of Computer Vision and Pattern Recognition, 2016 (1): 2418–2428.

［60］ D. C. Lee, M. Hebert, T. Kanade. Geometric Reasoning for Single Image Structure Recovery ［J］. Proc. of Computer Vision and Pattern Recognition, 2009 (1): 2136–2143.

［61］ F. Akhmadeev. Surface Prediction for a Single Image of Urban Scenes ［J］. Proc. of Asian Conference on Computer Vision, 2014 (1): 369–382.

［62］ E. Delage, H. Lee, A. Ng. Automatic single–image 3d reconstructions of indoor manhattan world scenes ［J］. Proc. of Robotics Research: Results of the 12th International Symposium ISRR, 2005 (1): 305–321.

［63］ H. Yang, H. Zhang. Efficient 3D room shape recovery from a single panorama ［J］. Proc. of Computer Vision and Pattern Recognition, 2016 (1): 49–53.

［64］ K. Köser, C. Zach, M. Pollefeys. Dense 3D Reconstruction of Symmetric Scenes from a Single Image ［J］. Pattern Recognition, 2011 (1): 266–275.

［65］ A. Saxena, M. Sun, A. Ng. Learning 3–D Scene Structure from a Single Still Image ［J］. Proc. of International Conference on Computer Vision, 2007 (1): 1–8.

［66］ A. Cherian, V. Morellas, N. Papanikolopoulos. Accurate 3D ground plane estimation from a single image.［J］ Proc. of International Conference on Robotics and Automation, 2009 (1): 2243–2249.

［67］ J. Pan, M. Hebert, T. Kanade. Inferring 3D layout of building facades from a single image ［J］. Proc. of Computer Vision and Pattern Recognition, 2015 (1): 2918–2926.

［68］D. Fouhey，A. Gupta，M. Hebert. Unfolding an indoor origami world［J］. Proc. of European Conference on Computer Vision，2014（1）: 687–702.

［69］A. Zaheer，M. Rashid，S. Khan. Shape from Angle Regularity［J］. Proc. of European Conference on Computer Vision，2012（1）: 1–14.

［70］J. Huang，B. Cowan. Simple 3D Reconstruction of Single Indoor Image with Perspective Cues［J］. Proc. of Conference on Computer & Robot Vision，2009（1）: 57–64.

［71］P. Kohli，M. Kumar，P. Torr. P3 & Beyond: Solving Energies with Higher Order Cliques［J］. Proc. of Computer Vision and Pattern Recognition，2007（1）: 1–8.

［72］E. Tola，C. Strecha，P. Fua. Efficient large–scale multi–view stereo for ultra high–resolution image sets［J］. Machine Vision and Applications，2012，23（5）: 903–920.

［73］L. Wang，R. Yang. Global stereo matching leveraged by sparse ground control points［J］. Proc. of Computer Vision and Pattern Recognition，2011（1）: 3033–3040.

［74］M. Lhuillier，L. Quan. A quasi–dense approach to surface reconstruction from uncalibrated images［J］. Pattern Analysis and Machine Intelligence，2005，27（3）: 418–433.

［75］Z. Megyesi，D. Chetverikov. Affine propagation for surface reconstruction in wide baseline stereo［J］. Proc. of International Conference Pattern Recognition，2004（4）: 76–79.

［76］J. Kannala，S. S. Brandt. Quasi–dense wide baseline matching using match propagation［J］. Proc. of Computer Vision and Pattern Recognition，2007（1）: 1–8.

［77］P. Koskenkorva，J. Kannala，S. S. Brandt. Quasi–dense wide baseline matching for three views［J］. Proc. of International Conference Pattern Recognition，2010（1）: 806–809.

［78］Y. Taguchi，B. Wilburn，C. L. Zitnick. Stereo reconstruction with mixed pixels using adaptive over–segmentation［J］. Proc. of Computer Vision and Pattern Recognition，2008（1）: 1–8.

［79］Z. F. Wang，Z. G. Zheng. A region based stereo matching algorithm using cooperative optimization［J］. Proc. of Computer Vision and Pattern Recognition，2008（1）: 1–8.

［80］M. Bleyer，M. Gelautz. A layered stereo matching algorithm using image segmentation and global visibility constraints［J］. ISPRS Journal of Photogrammetry and Remote Sensing，2005，59（3）: 128–150.

［81］A. Klaus，M. Sormann，K. Karner. Segment–based stereo matching using belief propagation and a self–adapting dissimilarity measure［J］. Proc. of International Conference Pattern Recognition，2006（3）: 15–18.

［82］Y. Wei，L. Quan. Region–based progressive stereo matching［J］. Proc. of Computer Vision and Pattern Recognition，2004（1）: 106–113.

［83］ D. Gallup, J. M. Frahm, M. Pollefeys. Piecewise planar and non-planar stereo for urban scene reconstruction ［J］. Proc. of Computer Vision and Pattern Recognition, 2010(1): 1418-1425.

［84］ Y. Furukawa, B. Curless, S. M. Seitz, R. Szeliski. Manhattan-world stereo ［J］. Proc. of Computer Vision and Pattern Recognition, 2009 (1): 1422-1429.

［85］ B. Mičušík, J. Košecká. Multi-view superpixel stereo in urban environments ［J］. International Journal of Computer Cision, 2010, 89 (1): 106-119.

［86］ K. Mikolajczyk, C. Schmid. Scale & affine invariant interest point detectors ［J］. International Journal of Computer Vision, 2004, 60 (1): 63-86.

［87］ C. Strecha, W. von Hansen, L. Van Gool, P. Fua. On Benchmarking Camera Calibration and Multi-View Stereo for High Resolution Imagery ［J］. Proc of Computer Vision and Pattern Recognition, 2008 (1): 1-8.

［88］ J. M. Morel, G. Yu. ASIFT: A new framework for fully affine invariant image comparison ［J］. SIAM Journal on Imaging Sciences, 2009, 2 (2): 438-469.

［89］ D. G. Lowe. Distinctive image features from scale-invariant keypoints ［J］. International Journal of Computer Vision, 2004, 60 (2): 91-110.

［90］ B. Deng, H. Song, B. Yang, L. Wu. Feature Point Matching Based on Affine Iterative Model ［J］. Journal of Image and Graphics, 2007 (4): 020.

［91］ K. L. Steele, P. K. Egbert. Correspondence expansion for wide baseline stereo ［J］. Proc. of Computer Vision and Pattern Recognition, 2005 (1): 1055-1062.

［92］ R. Hartley, A. Zisserman. Multiple view geometry in computer vision ［D］. Cambridge, 2000.

［93］ D. Comaniciu, P. Meer. Mean shift: A robust approach toward feature space analysis ［J］. Pattern Analysis and Machine Intelligence, 2002, 24 (5): 603-619.

［94］ D. Gallup, J. M. Frahm, P. Mordohai. Real-time plane-sweeping stereo with multiple sweeping directions ［J］. Proc. of Computer Vision and Pattern Recognition, 2007 (1): 1-8.

［95］ L. Hong, G. Chen. Segment-based stereo matching using graph cuts ［J］. Proc. of Computer Vision and Pattern Recognition, 2004 (1): 74-81.

［96］ M. Bleyer, C. Rhemann, C. Rother. Patch Match Stereo-Stereo Matching with Slanted Support Windows ［J］. Proc. of British Machine Vision Conference, 2011 (1): 1-11.

［97］ S. Shen. Accurate multiple view 3d reconstruction using patch-based stereo for large-scale scenes ［J］. IEEE transactions on image processing, 2013, 22 (5): 1901-1914.

［98］ C. Çığla, X. Zabulis, A. A. Alatan. Region-based dense depth extraction from multi-view video ［J］. Proc. of International Conference on Image Processing, 2007 (1): 213-216.

[99] C. Häne, C. Zach, A. Cohen, R. Angst, M. Pollefeys. Joint 3D Scene Reconstruction and Class Segmentation [J]. Proc. of Computer Vision and Pattern Recognition, 2013 (1): 97–104.

[100] S. Y. Bao, M. Chandraker, Y. Lin, S. Savarese. Dense Object Reconstruction with Semantic Priors [J]. Proc. of Computer Vision and Pattern Recognition, 2013 (1): 1264–1271.

[101] Y. Boykov, O. Veksler, R. Zabih. Fast approximate energy minimization via graph cuts [J]. Pattern Analysis and Machine Intelligence, 2001, 23 (11): 1222–1239.

[102] S. Gould, R. Fulton, D. Koller. Decomposing a scene into geometric and semantically consistent regions [J]. Proc. of 12th International Conference on Computer Vision, 2009 (1): 1–8.

[103] M. Lhuillier, L. Quan. Match propagation for image–based modeling and rendering [J]. Pattern Analysis and Machine Intelligence, 2002, 24 (8): 1140–1146.

[104] B. J. Frey, D. Dueck. Clustering by passing messages between data points [J]. Science, 2007, 315 (5814): 972–976.

[105] OxfordVGG. http: //www.robots.ox.ac.uk/vgg/data/data–mview.html.

[106] S. N. Sinha, D. Steedly, R. Szeliski. Piecewise planar stereo for image–based rendering [J]. Proc. of 12th International Conference on Computer Vision, 2009 (1): 1881–1888.

[107] H. Kim, H. Xiao, N. Max. Piecewise planar scene reconstruction and optimization for multi–view stereo [J]. Proc. of Asian Conference on Computer Vision, 2012 (1): 191–204.

[108] A. L. Chauve, P. Labatut, J. P. Pons. Robust piecewise–planar 3d reconstruction and completion from large–scale unstructured point data [J]. Proc. of Computer Vision and Pattern Recognition, 2010 (1): 1261–1268.

[109] S. Hawe, M. Kleinsteuber, K. Diepold. Dense disparity maps from sparse disparity measurements [J]. Proc. of International Conference on Computer Vision, 2010 (1): 2126–2133.

[110] K. Bredies, K. Kunisch, T. Pock. Total generalized variation. SIAM journal on imaging sciences [J]. SIAM Journal on Imaging Sciences, 2010, 3 (3): 492–526.

[111] D. Ferstl, C. Reinbacher, R. Ranftl, M. Ruether, H. Bischof. Image guided depth upsampling using anisotropic total generalized variation [J]. Proc. of International Conference on Computer Vision, 2013 (1): 993–1000.

[112] G. Kuschk, D. Cremers. Fast and accurate large–scale stereo reconstruction using variational methods [J]. Proc. of International Conference on Computer Vision, 2013 (1): 700–707.

[113] H. Isack, Y. Boykov. Energy–based geometric multi–model fitting [J]. In Ternational

Journal of Computer Vision, 2012, 97（2）: 123–147.

［114］A. Delong, A. Osokin, H. N. Isack. Fast approximate energy minimization with label costs［J］. International Journal of Computer Vision, 2012, 96（1）: 1–27.

［115］M. A. Fischler, Bolles R. C. Random sample consensus: a paradigm for model fitting with applications to image analysis and automated cartogra phy［J］. ACM Transaction on Graphics（TOG）, 1981, 24（6）: 381–395.

［116］A. Bodis-Szomoru, H. Riemenschneider, L. Van Gool. Fast, Approximate Piecewise-Planar Modeling Based on Sparse Structure-from-Motion and Superpixels［J］. Proc. of Computer Vision and Pattern Recognition, 2014（1）: 23–28.

［117］R. Toldo, and A. Fusiello. Robust multiple structures estimation with J–linkage［J］. Proc. of European Conference on Computer Vision, 2008（1）: 537–547.

［118］T. J. Chin, J. Yu, D. Suter. Accelerated hypothesis generation for multi–structure data via preference analysis. IEEE Trans［J］. on Pattern Analysis and Machine Intelligence, 2012, 34（4）: 625–638.

［119］T. T. Pham, T. J. Chin, J. Yu, D. Suter. Simultaneous sampling and multi–structure fitting with adaptive reversiblejump mcmc［J］. Neural Infor mation Processing Systems, 2011（1）: 540–548.

［120］N. Thakoor, J. Gao. Branch–and–bound Hypothesis Selection for Two–view Multiple Structure and Motion Segmentation［J］. Proc. of Conference on Computer Vision and Pattern Recognition, 2008（1）: 1–6.

［121］N. Lazic, I. Givoni, B. Frey, P. Aarabi. FLoSS: Facility Location for Subspace Segmentation［J］. Proc. of International Conference on Computer Vision, 2009（1）: 825–832.

［122］J. Yu, T. J. Chin, D. Suter. A global optimization approach to robust multi–model fitting［J］. Proc. of Computer Vision and Pattern Recognition, 2011（1）: 2041–2048.

［123］T. T. Pham, T. J. Chin, J. Yu, D. Suter. The random cluster model for robust geometric fitting［J］. IEEE Trans. On Pattern Analysis and Machine Intelligence, 2014, 36（8）: 1658–1671.

［124］CASIA. http: //vision.ia.ac.cn/data/index.html.

［125］Z. Jiao, C. Ding, X. Qiu, L. Zhou, L. Chen, D. Han, J. Guo. Urban 3D imaging using airborne TomoSAR: Contextual information based approach in the statistical way ［J］. ISPRS Journal of Photogrammetry and Remote Sensing, 2020（170）: 127–141.

［126］曾涛, 温育涵, 王岩, 等. 合成孔径雷达参数化成像技术进展［J］. 雷达学报, 2021, 10（3）: 327–341.

［127］丁赤飚, 仇晓兰, 徐丰, 等. 合成孔径雷达三维成像——从层析、阵列到微波视觉［J］. 雷达学报, 2019, 8（6）: 693–709.

［128］W. Yifan, S. Wu, H. Huang, D. Cohen-Or, O. Sorkine-Hornung. Patch-based progressive 3D point set upsampling［J］. Proc. of Computer Vision and Pattern Recognition, 2019（1）: 5951-5960.

［129］Y. Wang, X. Zhu. Automatic feature-based geometric fusion of multiview TomoSAR point clouds in urban area［J］. IEEE Journal of Selected Topics in Applied Earth Observations and Remote Sensing, 2015, 8（3）3: 953-965.

［130］C. Rambour, L. Denis, F. Tupin, et al. Urban surface reconstruction in SAR tomography by graph-cuts［J］. Computer Vision and Image Understanding, 2019（188）: 102791.

［131］D. Baráth, J. Matas. Progressive-X: efficient, anytime, multi-model fitting algorithm［J］. International Conference on Computer Vision, 2019（1）: 3779-3787.

［132］F. Kluger, E. Brachmann, H. Ackermann, et al. CONSAC: robust multi-model fitting by conditional sample consensus［J］. Proc. of Computer Vision and Pattern Recognition, 2020（1）: 4633-4642.

［133］L. Magri, A. Fusiello. Robust multiple model fitting with preference analysis and low-rank approximation［J］. Proc. of British Machine Vision Conference, 2015（1）: 20.1-20.12.

［134］L. Magri, A. Fusiello. Fitting multiple heterogeneous models by multi-class cascaded t-linkage［J］. Proc. of Computer Vision and Pattern Recognition, 2019（1）: 7452-7460.

［135］D. Barath, J. Matas. Multi-class model fitting by energy minimization and mode-seeking［J］. Proc. of European Conference on Computer Vision, 2018（1）: 229-245.

［136］D. Barath, J. Matas. Progressive-X: Efficient, anytime, multi-model fitting algorithm［J］. Proc. of International Conference on Computer Vision, 2019（1）: 3779-3787.

［137］E. Brachmann, C. Rother. Neural-guided RANSAC: Learning where to sample model hypotheses［J］. Proc. of International Conference on Computer Vision, 2019（1）: 4321-4330.

［138］X. Zhu, M. Shahzad. Façade reconstruction using multi-view spaceborne TomoSAR point clouds［J］. IEEE Transactions on Geoscience and Remote Sensing, 2014, 52（6）: 3541-3552.

［139］M. Shahzad, X. Zhu. Robust reconstruction of building facades for large areas using spaceborne TomoSAR point clouds［J］. IEEE Transactions on Geoscience and Remote Sensing, 2015, 53（2）: 752-769.

［140］R. Grompone von Gioi, J. Jakubowicz, J. M. Morel, G. Randall. LSD: A fast line segment detector with a false detection control［J］. Pattern Analysis and Machine

Intelligence，2010，32（4）：72-732.

[141] D. P. Huttenlocher，G. A. Klanderman，W. J. Rucklidge. Comparing images using the Hausdorff distance［J］. Pattern Analysis and Machine Intelligence，1993，15（9）：850-863.

[142] 仇晓兰，焦泽坤，彭凌霄，等. SARMV3D-1.0：SAR 微波视觉三维成像数据集［J］.雷达学报，2021，10（4）：485-498.

[143] M. Antunes，J. P. Barreto，U. Nunes. Piecewise-planar reconstruction using two views ［J］. Image & Vision Computing，2016，46（C）：47-63.

[144] C. Raposo，M. Antunes，J. P. Barreto. Piecewise-Planar StereoScan：Sequential Structure and Motion using Plane Primitives［J］. Pattern Analysis & Machine Intelligence，2017（99）：1-1.

[145] R. Achanta，A. Shaji，K. Smith，A. Lucchi，P. Fua，S. Süsstrunk. SLIC superpixels compared to state-of-the-art superpixel methods［J］. Pattern Analysis and Machine Intelligence，2012，34（11）：2274-2282.

[146] X. F. Huang. Cooperative optimization for energy minimization：a case study of stereo matching［EB/OL］，http：//arxiv.org/pdf/cs.

[147] H. Zhao，J. Shi，X. Qi，X. Wang，J. Jia. Pyramid Scene Parsing Network［J］. Computer Vision and Pattern Recognition，2017（1）：7-14.

[148] P. Fischer，A. Dosovitskiy，T. Brox. Descriptor matching with convolutional neural networks：a comparison to SIFT［J］. Computer Science，2015（1）：7-14.

[149] J. Zbontar，Y. LeCun. Computing the stereo matching cost with a convolutional neural network［J］. Proc. of Computer Vision and Pattern Recognition，2015（1）：1592-1599.

[150] Z. Chen，X. Sun，L. Wang，Y. Yu，C. Huang. A deep visual correspondence embedding model for stereo matching costs［J］. Proc. of Computer Vision and Pattern Recognition，2015（1）：972-980.

[151] W. Luo，A. G. Schwing，R. Urtasun. Efficient deep learning for stereo matching［J］. Proc. of Computer Vision and Pattern Recognition，2016（1）：5695-5703.

[152] S. Zagoruyko，N. Komodakis. Learning to compare image patches via convolutional neural networks［J］. Proc. of Computer Vision and Pattern Recognition，2015（1）：4353-4361.

[153] K. Chatfield，K. Simonyan，A. Vedaldi，A. Zisserman. Return of the devil in the details：Delving deep into convolutional nets［J］. Proc. of British Machine Vision Conference，2014（1）：77-91.

[154] B. Fan，F. Wu，Z. Y. Hu. Robust line matching through line–point invariants［J］. Pattern Recognition，2012，45（2）：794-805.

[155] C. Kim，R. Manduchi. Planar structures from line correspondences in a manhattan

world [J] . Proc. of Asian Conference on Computer Vision, 2015 (1): 509–524.

[156] M. Al–Shahri, A. Yilmaz. Line matching in wide–baseline stereo: a top–down approach [J] . IEEE Transactions on Image Processing, 2014, 23 (9): 4199–4210.

[157] B. Verhagen, R. Timofte, L. V. Gool. Scale–invariant line descriptors for wide baseline matching [J] . Proc. of IEEE Winter Conference on Applications of Computer Vision, 2014 (1): 493–500.

[158] Q. Jia, X. Gao, X. Fan, Z. Luo, H. Li, Z. Chen. Novel coplanar line–points invariants for robust line matching across views [A] . Proc. of European Conference on Computer Vision, 2016 (1): 599–611.

[159] K. Li, J. Yao. Line segment matching and reconstruction via exploiting coplanar cues [J] . Isprs Journal of Photogrammetry & Remote Sensing, 2017 (125): 33–49.

[160] W. Nguatem, H. Mayer. Modeling urban scenes from pointclouds [J] . Proc. of International Conference on Computer Vision, 2017 (1): 3857–3866.

[161] P. Wang, X. Shen, B. Russell, S. Cohen, B. Price, A. L. Yuille. Surge: surface regularized geometry estimation from a single image [J] . Advances in Neural Information Processing Systems, 2016 (1): 172–180.

[162] E. J. Almazàn, R. Tal, Y. Qian, J. H. Elder. MCMLSD: A dynamic programming approach to line segment detection [J] . Proc. of Computer Vision and Pattern Recognition. 2017 (1): 5854–5862.

[163] Z. Wang, F. Wu, Z. Hu . MSLD: A Robust Descriptor for Line Matching [J] . Pattern Recognition, 2009, 42 (5): 941–953.

[164] M. Chen, Z. Shao. Robust Affine–invariant Line Matching for High Resolution Remote Sensing Images [J]. Photogrammetric Engineering & Remote Sensing, 2013, 79(8): 753–760.

[165] Y. Sun, L. Zhao, S. Huang, L. Yan, G. Dissanayake. Line Matching Based on Planar Homography for Stereo Aerial Images [J] . Isprs Journal of Photogrammetry & Remote Sensing, 2015 (104): 1–17.

[166] K. Li, J. Yao, X. Lu, L. Li, Z. Zhang. Hierarchical Line Matching Based on Line–Junction–Line Structure Descriptor and Local Homography Estimation [J] . Neurocomputing, 2016 (184): 207–220.

[167] M. Hofer, M. Maurer, H. Bischof. Improving Sparse 3D Models for Man–made Environments Using Line–based 3D Reconstruction [J] . Proc. of International Conference on 3D Vision, 2014 (1): 46–52.

[168] M. Hofer, M. Maurer, H. Bischof. Efficient 3D Scene Abstraction Using Line Segments Computer [J] . Vision and Image Understanding, 2016 (157): 167–178.

[169] N. Ienaga, H. Saito. Reconstruction of 3D Models Consisting of Line Segments [J] .

Proc. of Asian Conference on Computer Vision, 2016（1）: 100–113.

［170］K. Li, J. Yao. Line Segment Matching and Reconstruction via Exploiting Coplanar Cues ［J］. ISPRS Journal of Photogrammetry & Remote Sensing, 2017（125）: 33–49.

［171］A. Bignoli, A. Romanoni, M. Matteucci. Multi–view Stereo 3D Edge Reconstruction ［J］. Proc. of IEEE Winter Conference on Applications of Computer Vision, 2018（1）: 95–103.

［172］S. Ramalingam and M. Brand. Lifting 3D manhattan lines from a single image ［J］. Proc. of International Conference on Computer Vision, 2013（1）: 497–504.

［173］X. Liu, Y. Zhao, S. Zhu. Single–view 3d scene reconstruction and parsing by attribute grammar ［J］. IEEE Transactions on Pattern Analysis and Machine Intelligence, 2017, 40（3）: 710–725.

［174］A. Zaheer, M. Rashid, M. Riaz, S. Khan. Single–view reconstruction using orthogonal line–pairs ［J］. Computer Vision and Image Understanding, 2018（721）: 107–123.

［175］O. Haines, A. Calway. Recognising planes in a single image ［J］. IEEE Transactions on Pattern Analysis and Machine Intelligence, 2015, 37（9）: 1849–1861.

［176］C. Liu, K. Kim, J. Gu, Y. Furukawa, J. Kautz. PlaneRCNN: 3d plane detection and reconstruction from a single image ［J］. Proc. of Computer Vision and Pattern Recognition, 2019（1）: 4445–4454.

［177］Y. Zhou, H. Qi, Y. Zhai, Q. Sun, Z. Chen, L. Wei, Y. Ma. Learning to reconstruct 3D manhattan wireframes from a single image ［J］. Proc. of International Conference on Computer Vision, 2019（1）: 7698–7706.

［178］Y. Qian, Y. Furukawa. Learning pairwise inter–plane relations for piecewise planar reconstruction ［J］. Proc. of European Conference on Computer Vision, 2020（1）: 330–345.

［179］K. Bacharidis, F. Sarri, L. Ragia. 3d building facade reconstruction using deep learning ［J］. ISPRS International Journal of Geo–Information, 2020, 322(9): 1–24.

［180］M. Denninger, R. Triebel. 3d scene reconstruction from a single viewport ［J］. Proc. of European Conference on Computer Vision, 2020（1）: 51–67.

［181］G. J. Yoon, J. Song, Y. J. Hong, S. M. Yoon. Single image based three–dimensional scene reconstruction using semantic and geometric priors ［J］. Neural Processing Letters, 2022, 54（5）: 3679–3694.

［182］K. He, X Zhang, S. Ren, J. Sun. Deep residual learning for image recognition ［J］. Pro. Computer Vision and Pattern Recognition, 2016（1）: 770–778.

［183］H. Aanæs, R. Jensen, G. Vogiatzis, E. Tola, A. Dahl. Large–scale data for multiple–view stereopsis ［J］. International Journal of Computer Vision, 2016（120）: 153–168.

［184］M. Zhai, S. Workman, N. Jacobs. Detecting vanishing points using global image context in a non-manhattan world [J]. Proc. of Computer Vision and Pattern Recognition, 2016 (1): 5657-5665.

[185] L. C. Chen, G. Papandreou, I. Kokkinos, K. Murphy, A. L. Yuille. DeepLab: semantic image segmentation with deep convolutional nets, Atrous Convolution, and Fully Connected CRFs [J]. Pattern Analysis and Machine Intelligence, 2018, 40 (4): 834-848.

[186] L. Nan, A. Sharf, H. Zhang, D. Cohen-Or, B. Chen. SmartBoxes for interactive urban reconstruction [J]. ACM Transactions on Graphics, 2010, 29 (4): 1-10.

[187] M. Lipp, D. Scherzer, P. Wonka, M. Wimmer. Interactive Modeling of City Layouts using Layers of Procedural Content [J]. Computer Graphics Forum, 2011, 30 (2): 345-354.

[188] N. Jiang, P. Tan, L. F. Cheong. Symmetric architecture modeling with a single image [J]. ACM Transactions on Graphics, 2009, 28 (5): 1-8.

[189] P. E. Debevec, C. J. Taylor, J. Malik. Modeling and rendering architecture from photographs: A hybrid geometry-and image-based approach [J]. Proc. of the 23rd annual conference on Computer graphics and interactive techniques, 1996 (1): 11-20.

[190] S. El-Hakim, E. Whiting, L. Gonzo. 3D modeling with reusable and integrated building blocks [J]. Proc. of the 7th Conference on Optical 3-D Measurement Techniques, 2005 (1): 7-14.

[191] A. V. D. Hengel, A. Dick, T. Thormählen, B. Ward, P. H. S. Torr, (2007, August). VideoTrace: rapid interactive scene modelling from video [J]. ACM Transactions on Graphics, 2007, 26 (3): 86-89.

[192] S. N. Sinha, D. Steedly, R. Szeliski, M. Agrawala, M. Pollefeys. Interactive 3D architectural modeling from unordered photo collections [J]. ACM Transactions on Graphics, 2008, 27 (5): 1-10.

[193] D. W. Marquardt. An algorithm for least-squares estimation of nonlinear parameters [J]. Journal of the Society for Industrial & Applied Mathematics, 1963, 11 (2): 431-441.

[194] P. V. C. Hough. Method and means for recognizing complex patterns [J]. United States Patent, 1962 (1): 3-5.

[195] LUND datasets. https://www1.maths.lth.se/matematiklth/personal/calle/dataset/dataset.html.

[196] S. Gao, M. Cheng, K. Zhao, X. Zhang, M. Yang, P. Torr. Res2net: a new multi-scale backbone architecture [J]. Pattern Analysis and Machine Intelligence, 2019, 43 (2): 652-662.

[197] S. Xie, Z. Tu. Holistically-Nested Edge Detection [J]. Proc. of International

Conference on Computer Vision，2015（1）：1395-1403.

［198］LUND datasets. https：//www1.maths.lth.se/matematiklth/personal/calle/dataset/dataset.
html.

［199］F. Yang，Z. Zhou. Recovering 3D planes from a single image via convolutional neural
networks［J］. Proc. of European Conference on Computer Vision，2018（1）：87-
103.